高职高专"十三五"规划教材 土建专业

建筑施工组织与管理

（第二版）

主　编　徐猛勇　何立志　蒋　琳
副主编　王　新　朱　熙　何文轶
　　　　苏叶青　雷　洋　王少辉
参　编　刘　洋　胡顺新

U0353611

南京大学出版社

内 容 提 要

本书是根据国家对高等职业院校土木工程类学生人才培养目标要求编写的。本课程综合了目前建筑施工组织中常用的基本原理方法、步骤、技术以及现代化科技成果，并采用了最新版《工程网络计划技术规程》及新规范、新标准，具有适用性和超前性，有助于学生以后的工程实践。本书主要内容有施工准备、建筑工程流水施工原理、施工网络计划技术、单位工程施工组织设计的编制、建筑工程项目管理、建筑工程项目管理规划。为提高学生的专业技能，教材每章末都安排了实训练习。

本书可作为高等职业学院土建类专业教材，也可供有关工程技术人员参考。

图书在版编目（CIP）数据

建筑施工组织与管理/徐猛勇，何立志，蒋琳主编.
—2 版. —南京：南京大学出版社，2017.1
高职高专"十三五"规划教材. 土建专业
ISBN 978-7-305-18123-8

Ⅰ. ①建… Ⅱ. ①徐… ②何… ③蒋… Ⅲ. ①建筑工程—施工组织—高等职业教育—教材 ②建筑工程—施工管理—高等职业教育—教材 Ⅳ. ①TU7

中国版本图书馆 CIP 数据核字(2017)第 003671 号

出版发行　南京大学出版社
社　　址　南京市汉口路 22 号　　邮　　编　210093
出 版 人　金鑫荣

丛 书 名　高职高专"十三五"规划教材·土建专业
书　　名　建筑施工组织与管理（第二版）
主　　编　徐猛勇　何立志　蒋 琳
责任编辑　陈兰兰　吴 华　　　　编辑热线 025-83596997
照　　排　南京理工大学资产经营有限公司
印　　刷　宜兴市盛世文化印刷有限公司
开　　本　787×1092　1/16　印张 13.75　字数 334 千
版　　次　2017 年 1 月第 2 版　2017 年 1 月第 1 次印刷
ISBN　978-7-305-18123-8
定　　价　34.00 元

网　　址：http://www.njupco.com
官方微博：http://weibo.com/njupco
微信服务号：njuyuexue
销售咨询热线：(025)83594756

扫一扫可见
本书电子资源

前　　言

为落实《国务院关于加快发展现代职业教育的决定》(国发〔2014〕19号)、《现代职业教育体系建设规划(2014—2020年)》等文件精神,在有关部门的精心组织和指导下,南京大学出版社组织相关人员编写了本套精品规划教材。本套教材以培养学生能力为主线,体现职业性、实践性、创新性的教材特色,是一套理论联系实践、教学面向生产的精品规划教材。

本书根据高等职业教育土建类专业人才培养目标,以施工员职业岗位能力的培养为导向,同时遵循高等职业院校学生的认知规律,以专业知识和职业技能及素质培养为课程目标,紧密结合职业岗位技能要求编写。

"建筑施工组织与管理"是高职建筑工程类专业的一门主要专业课程,它主要研究建筑工程施工组织的一般规律,将流水施工原理、网络计划技术和施工组织设计融为一体。

建筑施工组织具有涉及面广、实践性强、综合性大、影响因素多、技术性强、发展快的特点,同时结合高等教育培养应用型、实用型人才的特点,本书注重理论联系实际,解决实际问题,既能保证本课程的系统性和完整性,又能体现本书内容的先进性、实用性、可操作性,便于案例教学、实践教学。

在编写过程中,本书坚持"以应用为目的,专业理论知识以需求够用为度"的原则,注重理论联系实际的适用性,更突出施工组织与施工项目管理的实践性。书中引用大量施工组织与项目管理的案例和例题,深入浅出、通俗易懂,以培养和提高学生解决问题的能力为最终目的,力求体现高等职业技术教育的特色,达到培养高素质技能型人才的目标。

本书由湖南水利水电职业技术学院徐猛勇、湖南工程职业技术学院何立志、广西工业职业技术学院蒋琳担任主编;广西交通职业技术学院王新、湖北工程职业学院朱熙、重庆能源职业学院何文轶、湖南有色金属职业技术学院苏叶青、长江工程职业技术学院雷洋、广西理工职业技术学院王少辉担任副主编;广西理工职业技术学院刘洋和胡顺新参与了编写。全书最后由徐猛勇负责统稿。

教材在编写的过程中,参考了相关专家和学者的著作,在此表示感谢!由于编者水平有限,书中难免有错漏之处,诚挚希望读者提出宝贵意见,给予批评指正。

本书采用基于二维码的互动式学习平台,书中配有二维码,读者可通过微信扫描二维码获取相关的电子资源(课件、规范、习题答案等),体现了数字出版和教材立体化建设的理念。

编者

2016年11月

目　录

模块一
施工组织概论

【任务目标】

了解基本建设的含义及其构成,掌握基本建设程序的主要阶段;了解建筑产品及其生产的特点,以及与施工组织的关系,明确施工组织设计的基本任务、作用、分类及编制原则;熟悉组织施工的原则及施工准备工作内容。

【案例引入】

建筑是人类文明的结晶,上海东方明珠(图 1-1)、浦东国际机场航站楼(图 1-2)、金茂大厦(图 1-3)是如何建造得如此精美的呢?

图 1-1 上海广播电视塔

东方明珠上海广播电视塔

工程概况及施工特点:

高度 468 m 的"亚洲第一高塔"。三个直径分别为 50 m,45 m 及 14 m 的巨型钢结构球体,分别重 450 t,800 t,50 t。最引人瞩目的是长 118 m、重 450 t 的钢天线桅杆采用钢绞线悬挂承重、计算机控制液压整体提升以及高重心、无配重保持平衡等一系列全新技术在 400 m 高空成功实施安装。

获奖奖项及科技创新:

获国家优秀发明二等奖,1995 年获建设部科技进步二等奖,1996 年获上海优秀发明十年成就金奖,1996 年获上海优秀发明一等奖,1995 年获上海市科技进步二等奖,2000 年荣获首届中国土木工程(詹天佑)大奖。

浦东国际机场航站楼

工程概况及施工特点:

总建筑面积达 16 万 m² ,钢结构总重 3 万余 t。主楼的"巨鸥"型钢屋盖采用了"地面节间拼装,屋面空间组装区段整体移位计算机同步控制",该屋盖翼展达 140 m,牵引重量达 1200 t。月钢结构安装量达到 6000t。

获奖奖项及科技创新:

钢结构安装技术获得 1999 年上海市科技进步二等奖,2000 年荣获中国建筑工程鲁班奖。

图 1-2 浦东国际机场航站楼

金 茂 大 厦

工程概况及施工特点：

建筑高度为 420.5 m 的"中华第一高楼"，钢结构总重为 1.9 万 t。三道重 1200～1600 t 的外伸桁架采用了世界超高钢结构的最新设计和最新技术；38 m 高的四层塔楼在 385 m 高空采用双机抬吊整体安装；工程采用独创的"3X 间隙测量法"，使大楼的垂直偏差达到二十万分之一，优于国际公认的美国标准。

获奖奖项及科技创新：

获美国伊利诺伊州工程协会授予"1998 年最佳结构大奖"，1999 年获国家科技进步一等奖。

图 1-3 金茂大厦

让我们再来看看世博中国馆吧（图 1-4）！

图 1-4 中国馆

展馆建筑外观以"东方之冠，鼎盛中华，天下粮仓，富庶百姓"的构思主题，表达中国文化的精神与气质。展馆的展示以"寻觅"为主线，带领参观者行走在"东方足迹"、"寻觅之旅"、"低碳行动"三个展区，在"寻觅"中发现并感悟城市发展中的中华智慧。展馆从当代切入，回顾中国 30 多年来城市化的进程，凸显 30 多年来中国城市化的规模和成就，回溯、探寻中国城市的底蕴和传统；随后，一段绵延的"智慧之旅"引导参观者走向未来，感悟立足于中华价值观和发展观的未来城市发展之路。

经过 16 个月的紧张建设，高达 69 m 的中国馆完成土建，进入内部机电设备安装和外立面施工的新阶段。这意味着中国馆跃出画面，开始接受万众的审视和检验。

造型独特，施工难度陡增。不同于上小下大或上下一般大的常规建筑，中国馆上大下小的造型，给人强烈的视觉冲击。其底部为四个巨型钢筋混凝土核心筒，核心筒外边距约 70 m，而由其挑空托起的四方斗拱，顶层边长达 140 m，即屋顶宽度是底座宽度的 2 倍，屋顶面积达 1.96 万 m²，相当于两个半足球场。

何镜堂教授是中国馆设计团队主持人。身为中国工程院院士、华南理工大学建筑学院院长的何镜堂教授认为，这种造型庄严、大气、华丽，最能体现中国传统特色和风格形象，蕴含了"东方之冠，鼎盛中华，天下粮仓，富庶百姓"的文化理念，但施工难度也是挑战性的。

中国馆共向地下打入约 5000 根水泥钢筋桩，其深度几乎与中国馆地面以上的高度相当。随着建筑层数增高,每一层的面积和承载越来越大,四根核心筒上"站"着的巨型塔吊也在不断增高。最终,四座塔吊的"臂展"覆盖了整个屋顶,并小心翼翼地将总计2.2万t的钢结构吊装至中国馆各个位置。

工期紧张,施工潜力一挖再挖。总建筑面积16万m² 的中国馆的工期底线总共只有24个月,没有回旋余地。而在常规情况下,建成类似建筑,最少需要三年时间。由于期望高、标准严、要求多,中国馆工程是在边修改、边设计、边出图、边施工的特殊状况下进行的,工作难度与时间紧张可想而知。

2008年的6月、7月、8月三个月,正值中国馆四个核心筒浇筑关键期,全场近2000名建设者分班轮流,全天24小时扑在工地,没有休息过一个周末。高温酷暑,每个人都把汗水洒在了浇筑中国馆的水泥和钢筋里。11月,中国馆建设者又创造了单月吊装钢结构1万t的罕见纪录。

作为有史以来中国参展世博会规模最大的展馆,上海世博会的中国馆工程共挖运土方52万m³,浇筑混凝土50万m³,制作、吊装钢结构2.2万t,耗用电焊条125t,焊缝总长18km,铺设各类空调、通风、水电等管线总长40多公里⋯⋯

继颇具争议的外观设计之后,如何为3.6万m² 的中国馆外墙"穿"上合适的"中国红"外衣,成为一道超出预想的难题。所谓"中国红",以往只是一个概念,没有现成答案。这种红色的外衣,由什么材料制成最合适?其视觉效果注重白天还是夜晚?远观近赏是否都合适?能不能经受长期的雨淋日晒?一切都是未知数。

经过长达半年的反复比对和筛选,如同北京故宫整体和谐的红色由多种红色构成一样,中国馆横梁、椽子、斜撑、柱子的"中国红"外衣,颜色既统一又有微妙的变化。最终选用的铝板表面并不光亮平滑,而是有一层类似"城墙"形状的纹理,这种纹理的深浅、宽度都不同,赋予铝板丰富的肌理和质感。

中国馆的设计方由广州、上海和北京的三家知名机构联袂组成;工程总包之下,有全国各地的数十家分包商;数千名头戴统一安全帽的建设者,更是来自天南海北。

1.1 基本建设程序

1.1.1 基本建设的含义及分类

1. 基本建设的含义

基本建设是国民经济各部门、各单位新增固定资产的一项综合性的经济活动,通过新建、扩建、改建和恢复工程等投资活动来完成。

基本建设是国民经济的组成部分。国民经济各部门都有基本建设经济活动,包括建设项目的投资决策,建设布局,技术决策,环保、工艺流程的确定,设备选型,生产准备以及对工程建设项目的规划、勘察、设计和施工等活动。

有计划有步骤地进行基本建设,对扩大社会再生产、提高人民物质文化生活水平和加强国防实力具有重要意义。基本建设的具体作用:为国民经济各部门提供生产能力;影响和改变各产业部门内部、各部门之间的构成和比例关系;使全国生产力的配置更趋合理;用先进的技术改造国民经济;为社会提供住宅、文化设施,市政设施等;为解决社会化大问题提供物质基础。

2. 基本建设的分类

从全社会角度来看,基本建设是由多个建设项目组成的。基本建设项目一般是指在一个总体设计或初步设计范围内,由一个或几个有内在联系的单位工程组成,在经济上实行统一核算,行政上有独立组织形式,实行统一管理的建设单位。凡属于总体进行建设的主体工程和附属配套工程、供水供电工程等,均应作为一个工程建设项目,不能将其按地区或施工承包单位划分为若干个工程建设项目。此外,也不能将不属于一个总体设计范围内的工程,按各种方式归算为一个工程建设项目。

建设项目可以按不同标准分类:

1) 按建设性质分类

基本建设项目可分为新建项目、扩建项目、改建项目、迁建项目和恢复项目。

(1) 新建项目:指根据国民经济和社会发展的近远期规划,按照规定的程序立项,从无到有的建设项目。现有企业、事业和行政单位一般没有新建项目,只有当新增加的固定资产价值超过原有全部固定资产价值(原值)的3倍以上时,才算新建项目。

(2) 扩建项目:指企业为扩大生产能力或新增效益而增建的生产车间或工程项目,以及事业和行政单位增建业务用房等。

(3) 改建项目:指为了提高生产效率,改变产品方向,提高产品质量以及综合利用原材料等而对原有固定资产或工艺流程进行技术改造的工程项目。

(4) 迁建项目:指现有企、事业单位为改变生产布局、考虑自身的发展前景或出于环境保护等其他特殊要求,搬迁到其他地点进行建设的项目。

(5) 恢复(重建)项目:指原固定资产因自然灾害或人为灾害等原因已全部或部分报废,又在原地投资重新建设的项目。

基本建设项目按其性质分为上述5类,一个基本建设项目只能有一种性质,在项目按总体设计全部建成之前,其建设性质是始终不变的。

2) 按投资作用分类

基本建设项目按其投资在国民经济各部门中的作用,分为生产性建设项目和非生产性建设项目。

(1) 生产性建设项目:生产性建设项目是指直接用于物质生产或直接为物质生产服务的建设项目,包括工业建设、农业建设、基础设施建设、商业建设等。

(2) 非生产性建设项目:非生产性建设项目是指用于满足人民物质和文化、福利需要的建设和非物质生产部门的建设,包括办公用房、居住建筑、公共建筑、其他建设等。

3) 按建设项目建设总规模和投资的多少分类

按照国家规定的标准,基本建设项目划分为大型、中型、小型3类。

对工业项目来说,基本建设项目按项目的设计生产能力规模或总投资额划分。其划分项目等级的原则为:按批准的可行性研究报告(或初步设计)所确定的总设计能力或投资总额的大小,依据国家颁布的《基本建设项目大中小型划分标准》进行分类。即生产单一产品的项目,一般以产品的设计生产能力划分;生产多种产品的项目,一般按照其主要产品的设计生产能力划分;产品分类较多,不易分清主次,难以按产品的设计能力划分时,按其投资额划分。

按生产能力划分的建设项目,以国家对各行各业的具体规定作为标准;按投资额划分的基本建设项目,能源、交通、原材料部门投资额达到 5000 万元以上为大中型建设项目,其他部门和非工业建设项目投资额达到 3000 万元以上为大中型建设项目。

对于非工业项目,基本建设项目按项目的经济效益或总投资额划分。

4) 按行业性质和特点划分

根据工程建设的经济效益、社会效益和市场需求等基本特性,可以将其划分为竞争性项目、基础性项目和公益性项目三种。

(1) 竞争性项目:主要是指投资效益比较高、竞争性比较强的一般建设项目。

(2) 基础性项目:主要是指具有自然垄断性、建设周期长、投资额大而收益低的基础设施和需要政府重点扶持的一部分基础工业项目,以及可以增强国力、符合经济规模的支柱产业项目。

(3) 公益性项目:主要包括科技、文教、卫生、体育和环保等设施,公、检、法等政权机关以及政府机关、社会团体办公设施,国防建设等。

1.1.2 基本建设程序

基本建设程序是基本建设项目从策划、选择、评估、决策、设计、施工、竣工验收到投入生产或交付使用的整个建设过程中,各项工作必须遵循的先后工作次序。基本建设程序是经过大量实践工作总结出来的工程建设过程中客观规律的反映,是工程项目科学决策和顺利进行的重要保证。按照我国现行规定,一般大中型工程项目的建设程序可以分为以下几个阶段,如图 1-5 所示。

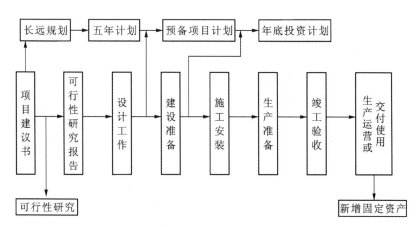

图 1-5 大中型及限额以上基本建设项目程序

1. 项目建议书阶段

项目建议书是由业主单位提出的建设某一项目的建议性文件,是对工程项目建设的轮廓设想。项目建议书的主要作用是推荐一个项目,论述其建设的必要性、建设条件的可行性和获利的可能性。根据国民经济中长期发展规划和产业政策,由审批部门审批,并据此开展可行性研究工作。

项目建议书的内容视项目的不同而有繁有简,但一般应包括以下几方面内容:

(1) 建设项目提出的必要性和依据。

（2）产品方案、拟建规模和建设地点的初步设想。

（3）资源情况、建设条件、协作关系等的初步分析。

（4）投资估算和资金筹措设想。

（5）经济效益和社会效益初步估计。

项目建议书按要求编制完成后，应根据建设规模分别报送有关部门审批。项目建议书经审批后，就可以进行详细的可行性研究工作了，但并不表示项目非上不可，项目建议书并不是项目的最终决策。

2. 可行性研究阶段

可行性研究的主要作用是对项目在技术上是否可行和经济上是否合理进行科学的分析和论证，在评估论证的基础上，由审批部门对项目进行审批。经批准的可行性研究报告是进行初步设计的依据。可行性研究报告主要内容因项目性质不同而有所不同，但一般应包括以下内容：

（1）项目的背景和依据。

（2）需求预测及拟建规模、产品方案、市场预测和确定依据。

（3）技术工艺、主要设备和建设标准。

（4）资源、原料、动力、运输、供水及公用设施情况。

（5）建设条件、建设地点、布置方案、占地面积。

（6）项目设计方案及协作配套条件。

（7）环境保护、规划、抗震、防洪等方面的要求及相应措施。

（8）建设工期和实施进度。

（9）生产组织、劳动定员和人员培训。

（10）投资估算和资金筹措方案。

（11）财务评价和国民经济评价。

（12）经济评价和社会效益分析。

可行性研究经批准，建设项目才算正式立项。

3. 设计阶段

设计是对拟建工程的实施在技术上和经济上所进行的全面而详尽的安排，即建设单位委托设计单位，按照可行性研究报告的有关要求，按建设单位提出的技术、功能、质量等要求对拟建工程进行图纸方面的详细说明。它是基本建设计划的具体化，同时也是组织施工的依据。按我国现行规定，重大工程项目要进行三段设计，即初步设计、技术设计和施工图设计。中小型项目可按两段设计进行，即初步设计和施工图设计。有的工程技术较复杂时，可把初步设计内容适当加深到扩大初步设计。

（1）初步设计是根据批准的可行性研究报告和比较准确的设计基础资料所做的具体实施方案，目的是为了阐明在指定的地点、时间和投资控制数额内，拟建工程在技术上的可能性和经济上的合理性，并通过对工程项目所作出的基本技术经济规定，编制项目总概算。

（2）技术设计是根据初步设计和更详细的调查研究资料，进一步解决初步设计中的重大技术问题，如工艺流程、建筑结构、设备选型及数量确定等，并修正总概算。

（3）施工图设计是根据批准的扩大初步设计或技术设计的要求，结合现场实际情况，完整地表现建筑物外形、内部空间分割、结构体系、构造状况以及建筑群的组成和周围环境的配合。它还包括各种运输、通讯、管道系统、建筑设备的设计。在工艺方面,应具体确定各种设备的型号、规格及各种非标准设备的制造加工过程。在施工图设计阶段应编制施工图预算。

4. 建设准备阶段

项目在开工前要切实做好各项准备工作,其主要内容包括:

(1) 征地、拆迁和场地平整。

(2) 完成施工用水、电、路等畅通工作。

(3) 组织设备、材料订货。

(4) 准备必要的施工图纸。

(5) 组织施工招标,择优选定施工单位。

5. 施工安装阶段

工程项目经批准开工建设,项目即进入施工阶段。项目开工时间,是指工程建设项目设计文件中规定的任何一项永久性工程第一次正式破土开槽开始施工的日期。

施工安装活动应按照工程设计要求、施工合同条款及施工组织设计,在保证工程质量、工期、成本及安全、环保等目标的前提下进行,达到竣工验收标准后,由施工单位移交给建设单位。

6. 生产准备阶段

(1) 招收和培训生产人员。

(2) 组织准备。

(3) 技术准备。

(4) 物资准备。

7. 竣工验收阶段

当工程项目按设计文件规定内容和施工图纸的要求建完后,便可组织验收。竣工验收是工程建设过程的最后一环,是投资成果转入生产或使用的标志,也是全面考核基本建设成果、检验设计和工程质量的重要步骤。

工程项目竣工验收、交付使用,应达到下列标准:

(1) 生产性项目和辅助公用设施已按设计要求建完,能满足要求。

(2) 主要工艺设备已安装配套,经联动负荷试车合格,形成生产能力,能够生产出设计文件规定的产品。

(3) 职工宿舍和其他必要的生产福利设施,能适应投产初期的需要。

(4) 生产准备工作能适应投产初期的需要。

(5) 环境保护设施、劳动安全卫生设施、消防设施已按设计要求与主体工程同时建成使用。

1.1.3　建设项目的组成

根据国家《建筑工程施工质量验收标准》(GB 50300—2001)规定,工程建设项目可分为单位工程、分部工程、分项工程和检验批。

1. 单位工程

具备独立施工条件并能形成具有独立使用功能的建筑物及构筑物为一个单位工程。工业建设项目(如各个独立的生产车间、实验大楼等)、民用建筑(如学校的教学楼、食堂、图书馆等)都可以称为一个单位工程。单位工程是工程建设项目的组成部分,一个工程建设项目可以仅包括一个单位工程,也可以包括许多单位工程。从施工的角度看,单位工程就是一个独立的施工系统,在工程建设项目总体施工部署和管理目标的指导下,形成自身的项目管理方案和目标,按其投资和质量的要求,如期建成交付生产和使用。对于建设规模较大的单位工程,还可将其能形成独立使用功能的部分划分为若干子单位工程。

单位工程的施工条件具有相对的独立性,因此,一般要单独组织施工和竣工验收。

单位工程体现了工程建设项目的主要建设内容,是新增生产能力或工程效益的基础。

2. 分部工程

分部工程是按单位工程的专业性质、建筑部位划分的,是单位工程的进一步分解。工业与民用建筑一般可划分为地基与基础工程、主体结构工程、装饰装修工程、屋面工程,其相应的建筑设备安装工程由给水、排水及采暖、电气、通风与空调工程、电梯安装工程等组成。

当分部工程较大或较复杂时,可按材料种类、施工特点、施工程序、作业系统及类别等划分为若干子分部工程,如主体结构又可分为混凝土结构、砌体结构、钢结构、木结构等子分部工程。

3. 分项工程

分项工程是分部工程的组成部分,一般是按主要工种、材料、施工工艺、设备类别等进行划分。例如模板工程、钢筋工程、混凝土工程、砖砌体工程等。分项工程是建筑施工生产活动的基础,也是计量工程用工用料和机械台班消耗的基本单元。分项工程既有其作业活动的独立性,又有相互联系、相互制约的整体性。

4. 检验批

分项工程可由一个或若干检验批组成,检验批可根据施工及质量控制和专业验收需要按楼层、施工段、变形缝等进行划分。

1.2　建筑产品及其生产的特点

建筑产品是建筑施工的最终成果。建筑产品多种多样,但归纳起来有体形庞大、整体难分、不能移动等特点,这些特点决定了建筑产品生产与一般的工业产品生产不同。只有对建筑产品及其生产的特点进行研究,才能更好地组织建筑产品的生产,保证产品的质量。

1.2.1　建筑产品的特点

与一般工业产品相比,建筑产品具有自己的特点。

1. 建筑产品的固定性

建筑产品是按照使用要求在固定地点兴建的,建筑产品的基础与作为地基的工地直接联系,因而建筑产品在建造中和建成后是不能移动的,建筑产品建在哪里就在哪里发挥作用。在有些情况下,一些建筑产品本身就是工地不可分割的一部分,如油气田、桥梁、地铁、水库等。固定性是建筑产品与一般工业产品的最大区别。

2. 建筑产品的多样性

建筑产品一般是由设计和施工部门根据建设单位(业主)的委托,按特定的要求进行设计和施工的。建筑产品的功能要求多种多样,因而建筑产品在结构、造型、空间分割、设备配置、内外装饰方面都有具体要求。即使功能要求相同,建筑类型相同,但地形、地质等自然条件不同以及交通运输、材料供应等社会条件不同,建造时施工组织、施工方法也存在差异。建筑产品的这种多样性特点决定了建筑产品不能像一般工业产品那样进行批量生产。

3. 建筑产品体积庞大

建筑产品是生产与生活的场所,要在其内部布置各种生产与生活必需的设备与用具,因此与其他工业产品相比,建筑产品体型庞大,占有广阔的空间,排他性很强。因其体积庞大,建筑产品对城市的形成影响很大,城市必须控制建筑区位、面、层高、层数、密度等,建筑必须服从城市规划的要求。

4. 建筑产品的高值性

能够发挥投资效用的任一项建筑产品,在其生产过程中耗用了大量的材料、人力、机械及其他资源,不仅实物形体庞大,而且造价高昂,动辄数百万、数千万、数亿人民币,特大的工程项目其工程造价可达数十亿、百亿人民币。建筑产品的高值性也使其工程造价关系到各方面的重大经济利益,同时也会对宏观经济产生重大影响。拿住宅来看,根据国际经验,每套社会住宅房价约为工资收入者一年平均总收入的 6～10 倍,或相当于家庭 3～6 年的总收入。由于住宅是人们生活必需品,因此建筑领域是政府经常介入的领域,如建立公积金制度等。

1.2.2 建筑产品的生产特点

1. 建筑产品生产的流动性

建筑产品生产的流动性有两层含义。

首先,由于建筑产品是在固定地点建造的,生产者和生产设备要随着建筑物建造地点的变更而流动,相应材料、附属生产加工企业、生产和生活设施也经常迁移,使建筑生产费用增加。同时由于建筑产品生产现场和规模都不固定,需求变化大,要求建筑产品生产者在生产时遵循弹性组织原则。

其次,由于建筑产品固定在工地上,与工地相连,在生产过程中,产品固定不动,人、材料、机械设备围绕着建筑产品移动,要从一个施工段移到另一个施工段,从房屋的一个部位转移到另一个部位。许多不同的工种,在同一对象上进行作业,不可避免地会产生施工空间和时间上的矛盾。这就要求有一个周密的施工组织设计,使流动的人、机、物等互相配合,做到连续、均衡施工。

2. 建筑产品生产的单件性

建筑产品的多样性决定了建筑产品生产的单件性。每项建筑产品都是按照建设单位的要求进行设计与施工的,都有其相应的功能、规模和结构特点,所以工程内容和实物形态都具有个别性、差异性。而工程所处的地区、地段不同更增强了建筑产品的差异性,同一类型工程或标准设计,在不同的地区、季节及现场条件下,施工准备工作、施工工艺和施工方法不尽相同,所以建筑产品只能是单件生产,而不能按通用定型的施工方案重复生产。

这一特点就要求施工组织设计编制者考虑设计要求、工程特点、工程条件等因素,制定出可行的施工组织方案。

3. 建筑产品的生产过程具有综合性

建筑产品的生产过程包括勘察单位勘测,设计单位设计,建设单位施工准备,施工单位施工,最后竣工验收交付使用。所以建筑工程施工单位在生产过程中,要和业主、金融机构、设计单位、监理单位、材料供应部门、分包等单位配合协作。生产过程复杂,协作单位多,是一个特殊的生产过程,这就决定了其生产过程具有很强的综合性。

4. 建筑产品生产受外部环境影响较大

建筑产品体积庞大,故建筑产品不具备在室内生产的条件,一般都要求露天作业,其生产受到风、霜、雨、雪、温度等气候条件的影响;建筑产品的固定性决定了其生产过程会受到工程地质、水文条件变化的影响,以及地理条件和地域资源的影响。这些外部影响对工程进度、工程质量、建造成本等都有很大影响。这一特点要求建筑产品生产者提前进行原始资料调查,制定合理的季节性施工措施、质量保证措施、安全保证措施等,科学组织施工,使生产有序进行。

5. 建筑产品生产过程具有连续性

建筑产品不能像其他许多工业产品一样可以分解为若干部分同时生产,而是必须在同一固定场地上按严格程序连续生产,上一道工序不完成,下一道工序不能进行。建筑产品是持续不断的劳动过程的成果,只有全部生产过程完成,才能发挥其生产能力或使用价值。一个建设工程项目从立项到投产使用要经历五个阶段,即设计前的准备阶段(包括项目的可行性研究和立项)、设计阶段、施工阶段、使用前准备阶段(包括竣工验收和试运行)和保修阶段。这是一个不可间断的、完整的周期性生产过程。这要求在生产过程中各阶段、各环节、各项工作必须有条不紊地组织起来,在时间上不间断,空间上不脱节;生产过程的各项工作必须合理组织、统筹安排,遵守施工程序,按照合理的施工顺序科学地组织施工。

6. 建筑产品的生产周期长

建筑产品的体积庞大决定了建筑产品生产周期长,少则一两年,多则三五年,甚至 10 年以上。因此它必须长期大量占用和消耗人力、物力和财力,等到整个生产周期完结,才能出产品。故应科学地组织建筑生产,不断缩短生产周期,尽快提高投资效果。

由上可知,建筑产品与其他工业产品相比,有其独具的一系列技术经济特点,现代建筑施工已成为一项十分复杂的生产活动,这就对施工组织与管理工作提出了更高的要求,表现在以下方面:

(1)建筑产品的固定性和其生产的流动性,构成了建筑施工中空间上的分布与时间上的排列的主要矛盾。建筑产品具有体积庞大和高值性的特点,这就决定了在建筑施工中要投入大量的生产要素(劳动力、材料、机具等),同时为了迅速完成施工任务,在保证材料、物资供应的前提下,最好有尽可能多的工人和机具同时进行生产。而建筑产品的固定性又决定了在建筑生产过程中,各种工人和机具,只能在同一场所的不同时间,或在同一时间的不同场所进行生产活动。要顺利进行施工,就必须正确处理这一主要矛盾。在编制施工组织设计时要通盘考虑,优化施工组织,合理组织平行、交叉、流水作业,使生产要素按一定的顺序、数量和比例投入,使所有的工人、机具各得其所,各尽其能,实现时间、空间的最佳利用,以达到连续、均衡施工。

(2)建筑产品具有多样性和复杂性,任何建筑物或建筑群的施工准备工作、施工工艺方法、施工现场布置等均不相同。因此在编制施工组织设计时必须根据施工对象的特点和规模、地质水文、气候、机械设备、材料供应等客观条件,从运用先进技术、提高经济效益出发,做到技术和经济统一,选择合理的施工方案。

(3)建筑施工具有生产周期长、综合性强、技术间歇性强、露天作业多、受自然条件影响大、工程性质复杂等特点,进一步增加了建筑施工中矛盾的复杂性,这就要求施工组织设计要考虑全面,事先制订相应的技术、质量、安全、节约等保证措施,避免质量安全事故,确保安全生产。

另外,在建筑施工中,需要组织各种专业的建筑施工单位和不同工种的工人,组织数量众多的各类建筑材料、制品和构配件的生产、运输、储存和供应工作,组织各种施工机械设备的供应、维修和保养工作。同时,还要组织好施工现场临时供水、供电、供热、供气,安排好生产和生活所需的各种临时设施。其间的协作配合关系十分复杂,这要求在编制施工组织设计时要照顾施工的各个方面和各个阶段的联系配合问题,合理安排资源供应,精心规划施工平面布置,合理部署施工现场,实现文明施工,降低工程成本,发挥投资效益。

总之,建筑产品及其生产的特点,要求每个工程开工之前,根据工程的特点和要求,结合工程施工的条件和程序,编制出拟建工程的施工组织设计。建筑施工组织设计应按照基本建设程序和客观的施工规律的要求,从施工全局出发,研究施工过程中带有全局性的问题。施工组织设计包括确定开工前的各项准备工作,选择施工方案,安排劳动力和各种技术物资的组织与供应,安排施工进度以及规划和布置现场等。施工组织设计用于全面安排和正确指导施工的顺利进行,以实现工期短、质量优、成本低的目标。

1.3 施工组织设计

1.3.1 施工组织设计的概念及作用

1. 施工组织设计的概念

施工组织设计是规划和指导拟建工程从工程投标、签订承包合同、施工准备到竣工验收全过程的一个综合性的技术经济文件,是对拟建工程在人力和物力、时间和空间、技术和组织等方面所做的全面合理的安排,是沟通工程设计和施工之间的桥梁。作为指导拟建工程项目的全局性文件,施工组织既要体现拟建工程的设计和使用要求,又要符合建筑施工的客观规律。应尽量适应施工过程的复杂性和具体施工项目的特殊性,通过科学、经济、合理的规划安排,使工程项目施工能够连续、均衡、协调地进行,满足工程项目对工期、质量、投资方面的各项要求。

2. 施工组织设计的作用

施工组织设计是用以指导施工组织与管理、施工准备与实施、施工控制与协调、资源的配置与使用等全面性的技术经济文件,是对施工活动的全过程进行科学管理的重要手段。

其作用具体表现在以下方面:

(1)施工组织设计是施工准备工作的必要组成部分,同时又是做好施工准备工作的依据和保证。

(2)施工组织设计是根据工程各种具体条件拟定的施工方案、施工顺序、劳动组织和技术组织措施等,是指导开展紧凑、有序施工活动的技术依据。

（3）施工组织设计提出的各项资源需要量计划,直接为组织材料、机具、设备、劳动力需要量的供应和使用提供数据。

（4）通过编制施工组织设计,可以合理利用和安排为施工服务的各项临时设施,可以合理地部署施工现场,确保文明施工、安全施工。

（5）通过编制施工组织设计,可以将工程的设计与施工、技术与经济、施工全局性规律和局部性规律、土建施工与设备安装、各部门之间、各专业之间有机结合,统一协调。

（6）通过编制施工组织设计,可分析施工中的风险和矛盾,及时研究解决问题的对策、措施,从而提高施工的预见性,减少盲目性。

（7）施工组织设计是统筹安排施工企业生产的投入与产出过程的关键和依据。工程产品的生产和其他工业产品的生产一样,都是按要求投入生产要素,通过一定的生产过程,而后生产出成品,而中间转换的过程离不开管理。施工企业也是如此,从承接工程任务开始到竣工验收交付使用为止的全部施工过程的计划、组织和控制的基础就是科学的施工组织设计。

（8）施工组织设计可以指导投标与签订工程承包合同,并作为投标书的内容和合同文件的一部分。

1.3.2 施工组织设计分类

施工组织设计是一个总的概念,根据工程项目的类别、工程规模、编制阶段、编制对象和范围的不同,在编制的深度和广度上也有所不同。

1. 按施工组织设计阶段不同分类

根据工程施工组织设计阶段和作用的不同,工程施工组织设计可以划分为两类,一类是投标前编制的施工组织设计(简称标前设计),另一类是签订工程承包合同后编制的施工组织设计(简称标后设计)。两类施工组织设计的特点见表1-1。

表1-1　两类施工组织设计的特点

种类	服务范围	编制时间	编制者	主要特征	追求主要目标
标前设计	投标与签约	投标书编制前	经营管理层	规划性	中标和经济效益
标后设计	施工准备至验收	签约后开工前	项目管理层	作业性	施工效率和效益

2. 按施工组织设计的工程对象分类

按施工组织设计的工程对象范围分类,可分为施工组织总设计、单位工程施工组织设计及分部(分项)工程施工组织设计。

1）施工组织总设计

施工组织总设计是以整个建设项目或民用建筑群为对象编制的,用以指导整个工程项目施工全过程的各项施工活动的全局性、控制性文件。是对整个建设项目的全面规划,涉及范围较广,内容比较概括。施工组织总设计一般在初步设计或扩大初步设计被批准之后,由总承包企业的总工程师负责,会同建设、设计和分包单位的工程师共同编制。

施工组织总设计用于确定建设总工期、各单位工程开展的顺序及工期、主要工程的施工方案、各种物资的供需计划、全工地性暂设工程及准备工作、施工现场的布置等工作,同时也是施工单位编制年度施工计划和单位工程施工组织设计的依据。

2）单位工程施工组织设计

单位工程施工组织设计是以一个单位工程（一个建筑物或构筑物，一个交工系统）为编制对象，用以指导其施工全过程的各项施工活动的局部性、指导性文件。它是施工单位年度施工计划和施工组织总设计的具体化，用以直接指导单位工程的施工活动，是施工单位编制作业计划和制定季、月、旬施工计划的依据。单位工程施工组织设计一般在施工图设计完成后，在拟建工程开工之前，由工程项目的技术负责人负责编制。单位工程的施工组织设计，根据工程规模、技术复杂程度不同，其编制内容的深度和广度亦有所不同。对于简单单位工程，施工组织设计一般只编制施工方案并附以施工进度和施工平面图，即"一案、一图、一表"。

3）分部（分项）工程施工组织设计

分部（分项）工程施工组织设计也叫分部（分项）工程施工作业设计。它是以分部（分项）工程为编制对象，用以具体实施其分部（分项）工程施工全过程的各项施工活动的技术、经济和组织的实施性文件。对于工程规模大、技术复杂、施工难度大或采用新工艺、新技术施工的建筑物或构筑物，在编制单位工程施工组织设计之后，常需对某些重要的又缺乏经验的分部（分项）工程再深入编制具体施工组织设计。例如深基础工程、大型结构安装工程、高层钢筋混凝土主体结构工程、无黏结预应力混凝土工程、定向爆破、冬雨期施工、地下防水工程等。分部（分项）工程作业设计一般在单位工程施工组织设计确定了施工方案后，由施工队组织技术人员负责编制，其内容具体、详细、可操作性强，是直接指导分部（分项）工程施工的依据。

施工组织总设计、单位工程施工组织设计和分部（分项）工程施工组织设计，是同一工程不同广度、深度和作用的三个层次。

1.4 组织施工的原则

1. 贯彻执行党和国家基本建设各项制度，坚持基本建设程序

我国关于基本建设的制度：对基本建设项目必须实行严格的审批制度；施工许可制度；从业资格管理制度；招标投标制度；总承包制度；承包合同制度；工程监理制度；建筑安全生产管理制度；工程质量责任制度；竣工验收制度等。这些制度为建立和完善建筑市场的运行机制、加强建筑活动的实施与管理，提供了重要的法律依据，必须认真贯彻执行。

建设程序是指建设项目从决策、设计、施工到竣工验收整个建设过程中各个阶段及其先后顺序。各个阶段有着不可分割的联系，但不同的阶段又有不同的内容，既不能相互代替，也不可颠倒或跳跃。实践证明，凡是坚持建设程序，基本建设就能顺利进行，就能充分发挥投资的经济效益；反之，违背了建设程序，就会造成施工混乱，影响质量、进度和成本，甚至给建设工作带来严重的危害。因此，坚持建设程序，是工程建设顺利进行的有力保证。

2. 严格遵守国家和合同规定的工程竣工及交付使用期限

对总工期较长的大型建设项目，应根据生产或使用的需要，安排分期分批建设、投产或交付使用，以期早日发挥建设投资的经济效益。在确定分期分批施工的项目时，必须注意使按期交工的项目可以独立地发挥效用，即主要项目同相关的辅助项目应同时完工，可以立即交付使用。

3. 合理安排施工程序和顺序

建筑产品的特点之一是产品的固定性,这使得建筑施工各阶段工作始终在同一场地上进行。没有前一段的工作,后一段就不可能进行,即使它们之间交叉搭接地进行,也必须严格遵守一定的程序和顺序。施工程序和顺序反映客观规律的要求,其安排应符合施工工艺,满足技术要求,有利于组织立体交叉、流水作业,有利于为后续工程施工创造良好的条件,有利于充分利用空间,争取时间。

4. 尽量采用国内外先进施工技术,科学地确定施工方案

先进的施工技术是提高劳动生产率、改善工程质量、加快施工进度、降低工程成本的主要途径。在选择施工方案时,要积极采用新材料、新设备、新工艺和新技术,努力为新结构的推行创造条件;要注意结合工程特点和现场条件,使技术的先进适用性和经济合理性相结合,还要符合施工验收规范、操作规程的要求和遵守有关防火、保安及环卫等规定,确保工程质量和施工安全。

5. 采用流水施工方法和网络计划技术安排进度计划

在编制施工进度计划时,应从实际出发,采用流水施工方法组织均衡施工,以达到合理使用资源、充分利用空间、争取时间的目的。

网络计划技术是当代计划管理的有效方法,采用网络计划技术编制施工进度计划,可使计划逻辑严密、层次清晰、关键问题明确,同时便于对计划方案进行优化、控制和调整,并有利于电子计算机在计划管理中的应用。

6. 贯彻工厂预制和现场预制相结合的方针,提高建筑工业化程度

建筑技术进步的重要标志之一是建筑工业化。在制订施工方案时必须注意根据地区条件和构件性质,通过技术经济比较,恰当地选择预制方案或现场浇筑方案。确定预制方案时,应贯彻工厂预制与现场预制相结合的方针,努力提高建筑工业化程度,但不能盲目追求装配化程度的提高。

7. 充分发挥机械效能,提高机械化程度

机械化施工可加快工程进度,减轻劳动强度,提高劳动生产率。为此,在选择施工机械时,应充分发挥机械的效能,并使主导工程的大型机械如土方机械、吊装机械能连续作业,以减少机械台班费用;同时,还应使大型机械与中小型机械相结合,机械化与半机械化相结合,扩大机械化施工范围,实现施工综合机械化,以提高机械化施工程度。

8. 加强季节性施工措施,确保全年连续施工

为了确保全年连续施工,减少季节性施工的技术措施费用,在组织施工时,应充分了解当地的气象条件和水文地质条件。尽量避免把土方工程、地下工程、水下工程安排在雨期和洪水期,把混凝土现浇结构安排在冬期施工;高空作业、结构吊装则应避免在风季施工。对那些必须在冬雨期施工的项目,则应采用相应的技术措施,既要确保全年连续施工、均衡施工,更要确保工程质量和施工安全。

9. 合理地部署施工现场,尽可能地减少暂设工程

在编制施工组织设计及现场组织施工时,应精心规划施工总平面图,合理部署施工现场,节约施工用地;尽量利用正式工程、原有建筑物及已有设施,以减少各种临时设施;尽量利用当地资源,合理安排运输、装卸与储存作业,减少物资运输量,避免二次搬运。

模块小结

本模块讲述了基本建设的概念和内容,阐述基本建设程序及其相互间关系;根据建筑产品及其生产的特点,叙述施工组织的复杂性和编制施工组织设计的必要性;介绍了施工组织的概念、分类及作用。

实训练习

一、判断题

1. 建设项目的管理主体是建设单位。　　　　　　　　　　　　　　　　　　　(　　)
2. 施工组织设计是施工规划,而非施工方案。　　　　　　　　　　　　　　　(　　)
3. 施工组织设计应尽可能减少暂设工程。　　　　　　　　　　　　　　　　　(　　)
4. 固定资产投资项目包括基本建设项目和技术改造项目。　　　　　　　　　　(　　)
5. 可行性研究是项目决策的核心。　　　　　　　　　　　　　　　　　　　　(　　)

二、单项选择题

1. 下列工程中,属于分部工程的是　　　　　　　　　　　　　　　　　　　　(　　)
   A. 土方开挖工程　　　B. 电梯工程　　　C. 玻璃幕墙工程　　　D. 模板工程
2. 具有独立的设计文件,可以独立施工,建成后能够独立发挥生产能力或效益的工程称为　　　　　　　　　　　　　　　　　　　　　　　　　　　　　　　　　　(　　)
   A. 建设项目　　　　　B. 单项工程　　　C. 单位工程　　　　D. 分部工程
3. 建筑产品地点的固定性和类型的多样性决定了建筑产品生产的　　　　　　　(　　)
   A. 流动性　　　　　　　　　　　　　　B. 地区性
   C. 单件性　　　　　　　　　　　　　　D. 综合复杂性
4. 某一建设项目的决策以该项目的哪个文件被批准为标准?　　　　　　　　　(　　)
   A. 设计任务书　　　　　　　　　　　　B. 项目建议书
   C. 可行性研究报告　　　　　　　　　　D. 初步设计
5. 建设工程项目施工组织设计的编制时间及编制者分别是　　　　　　　　　　(　　)
   A. 设计阶段;设计方　　　　　　　　　B. 招标前;组织委托的项目管理单位
   C. 投标前;项目管理层　　　　　　　　D. 开工前;项目管理层
6. 项目的主要特征包括单件性、整体性和　　　　　　　　　　　　　　　　　(　　)
   A. 批量性　　　　B. 重复性　　　　C. 明确性　　　　D. 流动性

三、多项选择题

1. 我国建设程序可分为几个阶段,包括　　　　　　　　　　　　　　　　　　(　　)
   A. 可行性研究　　　　　　　　　　　　B. 勘察设计
   C. 项目决策　　　　　　　　　　　　　D. 建设准备
   E. 工程实施
2. 属于分项工程的有　　　　　　　　　　　　　　　　　　　　　　　　　　(　　)
   A. 模板工程　　　　　　　　　　　　　B. 主体结构工程

C. 钢筋工程   D. 混凝土工程

E. 砖砌体工程

3. 建筑产品体形庞大的特点决定了建筑产品生产的 （　　）

A. 流动性   B. 周期长

C. 地区性   D. 露天作业多

E. 高空作业多

4. 属于分部工程的有 （　　）

A. 主体结构工程   B. 装饰装修工程

C. 屋面工程   D. 钢筋工程

四、填空题

1. 建筑产品的特点有_____、_____、_____和多样性。

2. 检验批可以按_____、_____、_____划分。

3. 施工组织设计按编制对象范围的不同分为_____、_____、

_____。

五、简述本学院教学楼工程建设的基本程序。

模块二
施工准备工作

【任务目标】

学会做好施工准备工作。

【案例引入】

某工程位于某市建设路北侧,东、西均有建筑物,总建筑面积 13 518.66 m²,局部地下室为水泵房,其面积为 126.53 m²,建筑物高度 42.6 m,主楼 10 层,附属用房 5 层,框架结构。基础采用混凝土钻孔灌注桩,外墙采用 390 mm 厚加气混凝土砌块,填充墙采用 190 mm 厚和 90 mm 厚加气混凝土砌块,内外墙装饰均为涂料。屋面采用 SBS120 防水卷材两层。本地区夏季主导风向东南风,最高气温 41.8 ℃;冬季主导风向西北风,最低气温 −16.7 ℃;最大风力 7～8 级;雨季时期为 7、8 月份;地表有 50 cm 耕土层,以下为砂质黏土,地下水深度 −18 m。施工用砖、砂、石子等地方材料由施工单位备料并运到施工现场;钢材、木材、水泥由建设单位申报指标,交施工单位组织备料,负责运到现场。本工程拟定于 2008 年 8 月 1 日正式开工,2009 年 11 月 30 日完工。根据这些原始资料,请思考本工程开工前都需要做些什么?

施工准备工作,指施工前为了保证整个工程能够按计划顺序施工,事先必须做好的各项准备工作。施工准备工作是建筑施工管理的一个重要组成部分,是组织施工的前提,是顺利完成建筑工程任务的关键。它不仅在开工前要做,开工后也要做,它有组织、有计划、有步骤分阶段地贯穿于整个工程建设的始终。认真细致地做好施工准备工作,对充分发挥各方面的积极因素,合理利用资源,加快施工速度,提高工程质量,确保施工安全,降低工程成本及获得较好经济效益都起着重要作用。

2.1 施工准备工作的意义和内容

2.1.1 施工准备工作的意义

(1) 施工准备工作是建筑业企业生产经营管理的重要组成部分。

(2) 施工准备工作是建筑施工程序的重要阶段。

(3) 做好施工准备工作,可以降低施工风险。

(4) 做好施工准备工作,加快施工进度,提高工程质量,节约资金和材料,从而提高经济效益。

(5) 做好施工准备工作,可以调动各方面的积极因素,合理地组织人力、物力。

(6) 做好施工准备工作,是施工顺利进行和工程圆满完成的重要保证。

施工准备工作需要花费一定的时间,表面上推迟了建设进度,但实践证明,施工准备工作做好了,施工不但不会慢,反而会更快,而且也可以避免浪费,有利于保证工程质量和施工安全,对提高经济效益,亦具有十分重要的作用。

2.1.2 施工准备工作的分类及内容

1. 施工准备工作的分类

1) 按施工准备工作的范围进行分类

(1) 全场性施工准备(施工总准备)

它是以整个建设项目为对象进行的各项施工准备。特点是其目的、内容都是为全场性施工服务,不仅要为全场性的施工活动创造有利条件,而且要兼顾单位工程施工条件的准备。

(2) 单位工程施工条件准备

它是以一个建筑物或构筑物为对象进行的各项施工准备。特点是其目的、内容都是为单位工程施工服务,不仅为该单位工程在开工前做好一切准备,而且要为分部分项工程做好施工准备工作。

(3) 分部分项工程作业条件准备

它是以一个分部分项工程或冬、雨期施工工程为对象进行的作业条件准备。

2) 按工程所处施工阶段进行分类

(1) 开工前的施工准备

它是在拟建工程正式开工之前所进行的一切施工准备工作。其目的是为拟建工程正式开工创造必要的施工条件。它既可能是全场性的施工准备,又可能是单位工程施工条件的准备。

(2) 开工后的施工准备

它是在拟建工程开工之后,每个施工阶段正式开工之前所进行的一切施工准备工作。其目的是为施工阶段正式开工创造必要的施工条件。如混合结构的民用住宅的施工,一般可分为地下工程、主体工程、装饰工程和屋面工程等施工阶段,每个施工阶段的施工内容不同,所需要的技术条件、物资条件、组织要求和现场布置要求等也不同,因此在每个施工阶段开工之前,都必须做好相应的施工准备工作。

2. 施工准备工作的内容

施工准备工作内容一般可归纳为以下6个方面:

(1) 调查、研究与收集有关施工资料。

(2) 技术资料的准备。

(3) 施工现场的准备。

(4) 物资准备。

(5) 施工现场人员准备。

(6) 冬、雨季施工的准备。

每项施工准备工作的内容,视该工程本身及其具备的条件而异。有的比较简单,有的却十分复杂。如只有一个单项工程的施工项目和包含多个单项工程的群体项目;一般小型项目和规模庞大的大中型项目,新建项目和改扩建项目;在未开发地区兴建的项目和在已开发因而所需各种条件已具备的地区兴建的项目等等,都因工程的特殊需要和特殊条件而对施工准备工作提出各不相同的具体要求。只有按照施工项目的规划来确定准备工作的内容,并拟定具体的、分阶段的施工准备工作实施计划,才能充分地为施工创造一切必要的条件。

2.1.3　施工准备工作的要求

1. 施工准备工作应有组织、有计划、分阶段、有步骤地进行
(1) 建立施工准备工作的组织机构,明确相应管理人员。
(2) 编制施工准备工作计划表,保证施工准备工作按计划落实。
(3) 将施工准备工作按工程的具体情况划分为开工前、地基基础工程、主体工程、屋面与装饰装修工程等时间区段,分期、分阶段、有步骤地进行。

2. 建立严格的施工准备工作责任制
由于施工准备工作项目多、范围广,因此必须建立严格的责任制,按计划将责任落实到有关部门及个人,明确各级技术负责人在施工准备工作中应负的责任,以便按计划要求的内容和时间进行工作。现场施工准备工作应由项目经理部全职负责。

3. 建立相应的检查制度
在施工准备工作实施过程中,应定期进行检查,可按周、半月、月度进行检查。主要检查施工准备工作计划与实际进度相符的情况。检查的目的在于督促、发现薄弱环节、不断改进工作。如果没有完成计划要求,应分析并找出原因,排除障碍,协调施工准备工作进度或调整施工准备工作计划。检查的方法可采用实际与计划对比法;或采用相应单位、人员分组对应制,检查施工准备工作情况,分析产生问题的原因,提出解决问题的方法。后一种方法见效快,解决问题及时,现场采用较多。

4. 按基本建设程序办事,严格执行开工报告制度
当施工准备工作完成到具备开工条件后,项目经理部应申请开工报告,报企业领导审查方可开工。实行建设监理的工程,企业还应该将开工报告送监理工程师审批,由监理工程师签发开工通知书,在限定时间内开工,不得拖延。

5. 必须贯穿施工全过程
工程开工后,要随时做好作业条件的施工准备工作。施工顺利与否,就看施工准备工作的及时性和完善性。因此,企业各职能部门要面向施工现场,像重视施工活动一样重视施工准备工作,及时解决施工准备工作中的技术、机械设备、材料、人力、资金、管理等各种问题,以提供工程施工的保证条件。项目经理应十分重视施工准备工作,加强施工准备工作的计划性,及时做好协调、平衡工作。

6. 取得各协作单位的友好支持和配合
由于施工准备工作涉及面广,因此,除了施工单位本身的努力外,还应取得建设单位、监理单位、供应单位、银行及其他协作单位的大力支持,分工负责,统一步调,共同做好施工准备工作。以缩短施工准备工作的时间,争取早日开工,施工中密切配合,关系融洽,保证整个施工过程顺利进行。

2.1.4　施工准备工作的基本任务

施工准备工作的基本任务:调查研究有关工程施工的原始资料、施工条件以及业主要

求,全面合理地布置施工力量,从计划、技术、物质、资金、劳力、设备、组织、现场以及外部施工环境等方面为拟建工程的顺利施工建立一切必要的条件,并对施工中可能发生的各种变化做好应变准备。

2.2 调查、研究与收集有关施工资料

建筑工程施工涉及的单位多、内容广、情况多变、问题复杂,编制施工组织设计的人员对建筑地区的技术经济条件、场址特征和社会情况等往往不太熟悉,特别是建筑工程的施工在很大程度上要受当地技术经济条件的影响和约束。因此,为了形成符合实际情况并切实可行的最佳施工组织设计方案,在进行建设项目施工准备工作中,必须进行自然条件和技术经济条件调查,以获得施工组织设计的基础资料。这些基础资料称为原始资料,对这些资料的分析研究就称为原始资料的调查研究。

2.2.1 自然条件资料

1. 地形资料

收集建设地区地形资料的目的在于了解项目所在地区的地形和特征,主要内容有建设区域的地形图、建设工地及相邻地区的地形图。

建设区域的地形图应当标明邻近的居民区、工业企业、自来水厂等的位置;邻近的车站、码头、铁路、公路、上下水道、电力电讯网、河流湖泊位置;邻近的采石场、采砂场及其他建筑材料基地等。该图的主要用途是确定施工现场、建筑工人居住区、建筑生产基地的位置,场外路线管网的布置,以及各种临时设施的相对位置和大量建筑材料的堆置场等。

建筑工地及相邻地区的地形图,应标明主要水准点和坐标距100 m或200 m的方格网,以便测定各个房屋和构筑物的轴线、标高和计算土方工程量。此外,还应标出所有房屋、地上地下的管道、路线和构筑物、绿化地带、河流及水面标高、最高洪水警戒线等。

2. 工程地质资料

收集工程地质资料的目的在于确定建设地区的地质构造、人为的地表破坏现象(如土坑、古墓等)和土壤特征、承载能力等。

根据这些资料,可以拟定特殊地区(如黄土、古墓、流沙等)的施工方法和技术措施,复核设计中规定的地基基础与当地地质情况是否相符,并决定土方开挖的坡度。

3. 水文地质资料

水文地质资料包括地下水和地面水两部分。

收集地下水部分资料的目的在于确定建设地区的地下水在全年不同时期内水位的变化、流动方向、流动速度和水的化学成分等。根据这些资料,可以决定基础工程、排水工程、打桩工程、降低地下水位等工程的施工方法。

收集地面水部分资料的目的在于确定建设地区附近的河流、湖泊的水系、水质、流量和水位等。当建设工程的临时给水是依靠地面水作为水源时,上述条件可以作为考虑设置升水、蓄水、净水和送水设备时的资料。此外,还可以作为考虑利用水路运输可能性的依据。

4. 气象资料

收集气象资料的目的在于确定建设地区的气候条件。主要内容有：

（1）气温资料

气温资料包括最低温度及持续天数、绝对最高温度和最高月平均温度。前者用以计算冬季施工技术措施的各项参数，后者供确定防暑措施参考。

（2）降雨资料

降雨资料包括每月平均降雨量、年降雨量和最大降雨量、降雪量及降雨集中的月份。根据这些资料可以制定雨季施工措施、冬季施工措施，预先拟定临时排水设施，以免暴雨淹没施工地区，还可以在安排施工进度计划时，将有些项目适当避开雨季施工。

（3）风的资料

风的资料包括常年风向、风速、风力和每个方向刮风次数等。风的资料用以确定临时建筑物和仓库的布置、生活区与生产性房屋相互间的位置。

2.2.2 技术经济条件资料

收集建设地区技术经济条件的资料，目的在于查明建设地区地方工业、交通运输、动力资源和生活福利设施等地区经济因素的可能利用程度。主要内容如下：

1. 从地方市政机关了解的资料

地方建筑工业企业情况，地方资源情况，当地交通运输条件，建筑基地情况，劳动力及生活设施情况，供水、供电条件。

2. 从建筑企业主管部门了解的资料

建设地区建筑安装施工企业的数量、等级、技术和管理水平，施工能力、社会信誉等。

主管部门对建设地区工程招投标、建设监理、建筑市场管理的有关规定和政策。

建设工程开工、竣工、质量监督等所应申报的各种手续及程序。

3. 现场实地勘测的资料

上述各项资料，必要时应进行实地勘测核实。

施工现场实际情况，需要砍伐树木、拆除旧房屋的情况，场地平整时的工作量。

当地生活条件，当地居民生活水平、生活习惯、生活用品供应情况，以及建筑垃圾处理的地点等。

技术经济勘察内容的多少，应当根据建筑地区具体情况作必要的删减和补充，包括的内容必须切合实际，过繁或过简都不利于编制施工组织设计工作的顺利进行。

2.3 技术资料的准备

技术资料的准备即通常所说的室内准备（内业准备），它是施工准备工作的核心，指导着现场施工准备工作，对于保证建筑产品质量，实现安全生产，加快工程进度，提高工程经济效益都具有十分重要的意义。任何技术的差错或隐患都可能引起人身安全和质量事故，造成生命、财产和经济的巨大损失。因此必须认真做好技术准备工作。其内容一般包括熟悉与会审图纸，编制施工组织设计，编制施工图预算和"四新"试验、试制的技术准备。

2.3.1 熟悉与会审图纸

1. 熟悉与会审图纸的目的

(1) 保证能够按设计图纸的要求进行施工。

(2) 使从事施工和管理的工程技术人员充分了解和掌握设计图纸的设计意图、构造特点和技术要求。

(3) 通过审查发现图纸中存在的问题和错误，为拟建工程的施工提供一份准确、齐全的设计图纸。

2. 熟悉图纸

1) 熟悉图纸工作的组织

施工单位项目经理部收到拟建工程的设计图纸和有关技术文件后，应尽快组织相关工程技术人员熟悉和自审图纸，写出自审图纸的记录。自审图纸的记录应包括对设计图纸的疑问和对设计图纸的有关建议，以便在图纸会审时提出。

2) 熟悉图纸的要求

(1) 基础部分：核对建筑、结构、设备施工图中关于留口、留洞的位置及标高；地下室排水方向；变形缝及人防出口做法；防水体系的要求；特殊基础形式做法等。

(2) 主体部分：弄清建筑物墙、柱与轴线的关系；主体结构各层所用的砂浆、混凝土强度等级；梁、柱的配筋及节点做法；悬挑结构的锚固要求；楼梯间的构造；卫生间的构造；对标准图有无特别说明和规定等。

(3) 屋面及装修部分：屋面防水结点做法；结构施工时应为装修施工提供的预埋件和预留洞；内外墙和地面等材料及做法；防火、保温、隔热、防尘、高级装修等的类型和技术要求。

(4) 设备安装工程部分：弄清设备安装工程各管线型号、规格及布置走向，各安装专业管线之间是否存在交叉和矛盾，建筑设备的型号、规格、尺寸是否正确，设备的位置及预埋件做法与土建是否存在矛盾。

(5) 人防工程：弄清人防设计等级，人防设施的布置要求，战时封堵的预埋件设置位置。

(6) 消防工程：弄清建筑物防火分区和消防设施型号及做法，确认消防通道的要求。

(7) 建筑智能：弄清建筑智能控制的对象、控制要求，选用的设备及控制线路布置的合理性。

3. 自审图纸

1) 自审图纸的组织

由施工单位项目经理部组织各工种人员对本工种的有关图纸进行审查，掌握和了解图纸中的细节；在此基础上，由总承包单位内部的土建与水、暖、电等专业的人员，共同核对图纸，消除差错，协商施工配合事项；最后，总承包单位与外分包单位（如桩基施工、装饰工程施工、设备安装施工等）在各自审查图纸基础上，共同核对图纸中的差错及协商有关施工配合问题。

2) 自审图纸的要求

(1) 审查拟建工程的地点，建筑总平面图与国家、城市或地区规划是否一致，以及建筑物或构筑物的设计功能和使用要求是否符合环卫、防火、美化城市方面的要求。

（2）审查设计图纸是否完整以及设计图纸和资料是否符合国家有关技术规范要求。

（3）审查建筑、结构、设备安装图纸是否相符，有无"错、漏、碰、缺"，内部结构和工艺设备有无矛盾。

（4）审查地基处理与基础设计同拟建工程地点的工程地质和水文地质等条件是否一致，以及建筑物或构筑物与原地下构筑物及管线之间有无矛盾。深基础的防水方案是否可靠，材料设备能否解决。

（5）明确拟建工程的结构形式和特点；复核主要承重结构的承载能力、刚度和稳定性是否满足要求；审查设计图纸中形体复杂、施工难度大和技术要求高的分部分项工程或新结构、新材料、新工艺，在施工技术和管理水平上能否满足质量和工期要求，选用的材料、构配件、设备能否解决。

（6）明确建设期限，分期分批投产或交付使用的顺序和时间，以及工程所用的主要材料、设备的数量、规格、来源和供货日期。

（7）明确建设单位、设计单位和施工单位等之间的协作、配合关系，以及建设单位可以提供的施工条件。

（8）审查设计是否考虑了施工的需要，各种结构的承载力、刚度和稳定性是否满足设置内爬、附着、固定式塔式起重机等使用的要求。

在学习和审查图纸过程中，对发现的问题应做出标记，做好记录，以便在图纸会审时提出。

3）图纸会审

建设单位应在开工前向有关规划部门送审初步设计文件及施工图。初步设计文件审批后，根据批准的年度基建计划，组织施工图设计。施工图是施工的具体依据，图纸会审是施工前的一项重要准备工作。

图纸会审一般在施工承包单位完成自审的基础上，由建设单位组织并主持，设计单位交底，施工单位、监理单位参加。重点工程或规模较大及结构、装修较复杂的工程，如有必要可邀请各主管部门、消防、银行、质量监督管理部门和物质供应单位等有关人员参加。

图纸会审时，首先由设计单位的工程主设人向与会者说明拟建工程的设计依据、意图和功能要求，并对特殊结构、新材料、新工艺和新技术提出设计要求；然后施工单位根据自审记录以及对设计意图的了解，提出对设计图纸的疑问和建议；最后在统一认识的基础上，对所探讨的问题逐一地做好记录，形成"图纸会审纪要"，由监理单位正式行文，参加单位共同会签、盖章，作为与设计文件同时使用的技术文件和指导施工的依据，以及建设单位与施工单位进行工程结算的依据。对施工过程中提出的一般问题，经设计单位同意，即可办理手续进行修改，涉及技术和经济的较大问题，则必须经建设单位、设计单位和施工单位共同协商，由设计单位修改，向施工单位签发设计变更单，方可有效。

图纸会审的主要内容有：

（1）图纸设计是否符合国家有关技术规范，是否符合经济合理、美观实用的原则。

（2）图纸及说明是否完整、齐全、清楚，图中的尺寸、标示是否准确，图纸之间是否有矛盾。

（3）施工单位在技术上有无困难，能否保证工程质量和确保安全，装备条件是否满足。

（4）地下与地上、土建与安装、结构与装饰施工之间是否有矛盾，各种设备管道的布置对土建施工是否有影响。

（5）图纸中不明确或有疑问处，设计单位是否解释清楚。

（6）各种材料、配件、构件等采购供应是否有问题，规格、性能、质量等能否满足设计要求。

（7）设计、施工中的合理化建议能否采纳。

4）技术交底

在图纸会审的基础上，按施工技术管理程序，应在单位工程或分部、分项工程施工前逐级进行技术交底。如对施工组织设计中涉及的工艺要求、质量标准、技术安全措施、规范要求和采用的施工方法，以及图纸会审中涉及的要求及变更等内容向有关的施工人员交底。

技术交底应有如下分工：

（1）凡由公司组织编制施工组织设计的工程，由公司主管生产技术的副经理主持，公司总工程师向有关项目经理部经理、主管工程师、总技术负责人以及有关职能负责人进行交底，交底内容以总工程师签发的会议记录或其他文字资料为准。

（2）凡由项目经理编制施工组织设计的工程，由项目经理部主管工程师向参加施工的技术负责人和经理部有关技术人员进行交底，交底后将主管工程师签署的技术交底文件，交总技术负责人作为指导施工的技术依据。

总技术负责人在施工前根据施工进度，按部位和操作项目，向工长及班组长进行技术交底。

5）学习、熟悉技术规范、规程和有关技术规定

技术规范、规程是由国家有关部门制定的实践经验的总结，在技术管理上是具有法令性、政策性和严肃性的建设法规。施工各部门必须按规范与规程施工，建筑施工中常用的技术规范、规程主要有以下几种：

（1）建筑施工及验收规范。

（2）建筑安装工程质量检验评定标准。

（3）施工操作规程。

（4）设备维护及检修规程。

（5）安全技术规程。

（6）上级部门颁布的其他技术规程与规定。

各级工程技术人员在接受任务后，一定要结合本工程实际，认真学习、熟悉有关技术规范、规程，为保证优质、安全、按时完成工程任务打下坚实的技术基础。

2.3.2 编制施工组织设计

施工组织设计是施工准备工作的重要组成部分，是指导拟建工程从施工准备到施工完成的组织、技术、经济的一个综合性技术文件，也是编制施工预算、实现项目管理的依据，是施工准备工作的主要文件。它对施工全过程起指导作用，既要体现基本建设计划和设计的要求，又要符合施工活动的客观规律，对建设项目、单项及单位工程的施工全过程起到部署和安排的双重作用。

建筑施工生产活动的全过程是非常复杂的物质财富再创造的过程，为了正确处理人与

物、主体与辅助、工艺与设备、专业与协作、供应与消耗、生产与储存、使用与维修以及它们在空间布置、时间排列上的关系,必须根据拟建工程的规模、结构特点和建设单位的要求,在原始资料调查分析的基础上,编制出一份能切实指导该工程全部施工活动的科学方案,即施工组织设计。

2.3.3　编制施工图预算和施工预算

在设计交底和图纸会审的基础上,施工组织设计已被批准的前提下,预算部门即可着手单位工程施工图预算和施工预算,以确定人工、材料和机械费用的支出,并确定人工数量、材料消耗及机械台班使用量。

(1)编制施工图预算。施工图预算是技术准备工作的主要组成部分之一,这是按照施工图确定的工程量、施工组织设计所拟定的施工方法、建筑工程预算定额及其取费标准,由施工单位编制的确定建筑安装工程造价的经济文件,它是施工企业签订工程承包合同、工程结算、建设银行拨付工程价款、进行成本核算、加强经营管理等方面工作的重要依据。

(2)编制施工预算。施工预算是根据施工图预算、施工图纸、施工组织设计或施工方案、施工定额等文件进行编制的,用以确定建筑安装工程人工、材料、机械台班消耗量的技术文件,直接受施工图预算的控制。它是施工企业内部控制各项成本支出、考核用工、"两算"对比、签发施工任务单、限额领料、基层进行经济核算的依据。

2.3.4　"四新"试验、试制的技术准备

在工程开工前应根据施工图纸和施工组织设计的要求进行新技术、新结构、新材料、新工艺等项目试验和试制工作,保证新技术、新结构、新材料、新工艺的应用取得成功。

2.4　施工现场的准备

施工现场是施工的全体参与者为了夺取优质、高速、低耗的目标,有节奏、均衡、连续地进行战术决战的活动空间。施工现场的准备即通常所说的室外准备(外业准备),它为工程创造有利于施工的条件,是保证工程按计划开工和顺利进行的重要环节,其工作应按照施工组织设计的要求进行。主要内容有清除障碍物、三通一平、测量放线、搭设临时设施等。

2.4.1　现场准备工作的范围及各方的职责

施工现场准备工作包括两方面的内容,一是建设单位应完成的施工现场准备工作;二是施工单位应完成的施工现场准备工作。建设单位与施工单位的施工现场准备工作均就绪时,施工现场就具备了施工条件。

1. 建设单位施工现场准备工作

建设单位要按合同条款中约定的内容和时间完成以下工作:

(1)办理土地征用、拆迁补偿、平整施工场地等工作,使施工现场具备施工条件,在开工后继续负责解决以上事项遗留问题。

（2）将施工所需水、电、电信线路从施工场地外部接至专用条款约定的施工地点,保证施工期间的需要。

（3）开通施工场地与城乡公共道路的通道,以及专用条款约定的施工场地内的主要道路,满足施工运输的需要,保证施工期间的畅通。

（4）向承包人提供施工场地的工程地质和地下管线资料,对资料的真实性和准确性负责。

（5）办理施工许可证及其他施工所需证件、批件和临时用地、停水、停电、中断道路交通、爆破作业等的审批手续（证明承包人自身资质的证件除外）。

（6）确定水准点与坐标控制点,以书面形式交给承包人,并进行现场交验。

（7）协调处理施工场地周围的地下管线和邻近建筑物、构筑物（包括文物保护建筑）、古树名木的保护工作,承担有关费用。

（8）上述施工现场准备工作,承发包双方也可在合同专用条款内约定交由施工单位完成,其费用由建设单位承担。

2.施工单位现场准备工作

施工单位现场准备工作即通常所说的室外准备。施工单位应按合同条款中约定的内容和施工组织设计的要求完成以下工作:

（1）根据工程需要,提供和维护非夜间施工使用的照明、围栏设施,并负责安全保卫。

（2）按专用条款约定的数量和要求,向发包人提供施工场地办公和生活的房屋及设施,发包人承担由此发生的费用。

（3）遵守政府有关主管部门对施工场地交通、施工噪音以及环境保护和安全生产等的管理规定,按规定办理有关手续,并以书面形式通知发包人,发包人承担由此发生的费用,因承包人责任造成的罚款除外。

（4）按专用条款约定做好施工场地地下管线和邻近建筑物、构筑物（包括文物保护建筑）、古树名木的保护工作。

（5）保证施工场地清洁符合环境卫生管理的有关规定。

（6）建立测量控制网。

（7）工程用地范围内的"三通一平",其中平整场地工作应由其他单位承担,但建设单位也可要求施工单位完成,费用仍由建设单位承担。

（8）搭设现场生产和生活用的临时设施。

2.4.2 拆除障碍物

施工场地内的一切障碍物,无论是地上的还是地下的,都应在开工前清除。这一工作通常由建设单位完成,有时也委托施工单位完成。拆除时,一定要摸清情况,尤其是在城市的老区内,由于原有建筑物和构筑物情况复杂,而且资料不全,在清除前需要采取相应的措施,防止事故发生。

房屋拆除,一般只要把水源、电源切断后即可进行。若房屋较大、较坚固,则有可能采用爆破的方法,这需要由专业的爆破作业人员来承担,并且必须经有关部门批准。

架空电线（电力、通信）、埋地电缆（包括电力、通信）、自来水管、污水管、煤气管道等的拆除,都要与有关部门取得联系并办好手续,一般最好由专业公司拆除。

场内的树木需报请园林部门批准方可砍伐。

拆除障碍物后,留下的渣土等杂物都应清除出场外。运输时,应遵守交通、环保部门的有关规定,运土的车辆要按指定的路线和时间行驶,并采取封闭运输或在渣土上直接洒水等措施,以免渣土飞扬而污染环境。

2.4.3　三通一平工作

在工程用地范围内,接通施工用水、用电、道路和平整场地的工作简称为"三通一平"。其实工地上实际需要的往往不只是水通、电通、路通,有的工地还需要供应蒸汽、架设热力管线,简称"热通";通煤气,称为"气通";通电话作为联络通信工具,称为"话通";还可能因为施工中的特殊要求,有其他的"通",但最基本的还是"三通"。

1. 平整场地

清除障碍物后,方可进行场地平整工作。平整场地工作是根据建筑施工总平面图规定的标高、勘测地形图和场地平整方案等技术文件的要求,通过测量,计算出挖、填土方量,设计土方调配方案,组织人力或机械进行平整工作。应尽量做到挖填方量趋于平衡,总运输量最小,便于机械施工和充分利用建筑物挖方填土。并应防止利用地表土、软弱土层、草皮、建筑垃圾等做填方。如果规模较大,这项工作可以分段进行,先完成第一期开工的工程用地范围内的场地平整工作,再依次进行后续的平整工作,为第一期工程项目尽早开工创造条件。

2. 路通

施工现场的道路是组织物资运输的动脉。开工前应按总平面图的要求,修建好施工现场的永久性道路和临时性道路,从而形成一个完整畅通的运输道路网,为建筑材料进场、堆放和消防创造有利条件。为节省临时工程费用,缩短施工准备工作时间,尽量利用原有道路设施或拟建永久性道路解决现场道路问题。临时道路的等级,可根据交通流量和所用车决定。

3. 水通

包括给水和排水两方面。施工用水主要指施工现场的生产用水、生活用水和消防用水,它的布置应按施工组织总设计的规划安排。给水设施尽量利用永久性的给水线路。临时线路的铺设应满足生产与生活用水的需要,在方便的同时,尽可能缩短线路,节约成本。与此同时,还应做好地面排水系统,保证场地排水的通畅,为施工创造良好的环境。

4. 电通

电通包括施工生产用电和生活用电。电通应按施工组织设计要求布设线路和通电设备。由于建筑工程施工供电面积大、起动电流大、负荷变化多和手持式用电机较多,施工现场临时用电要考虑安全和节能措施。开工前,要按照施工组织设计的要求,接通电力和电信设施。电源首先应考虑从国家电力系统或建设单位已有的电源上获得,如供电系统的供电量不能满足施工生产、生活用电的需要,则应考虑在现场建立自备发电系统,以确保施工现场动力设备和通信设备的正常运转。

2.4.4　测量放线

测量放线的任务是把图纸上设计好的建筑物、构筑物及管线等测量到地面上或实物上,并用各种标志表现出来,作为施工的依据。它是确保建筑施工质量的先决条件。此项工作一般是在土方开挖之前,在施工场地内设置坐标控制网和高程控制点来实现。这些网点的设置应视工程范围的大小和控制的精度而定。在测量放线前,应做好以下几项准备工作:

1. 对测量仪器进行检验和校正

对所用的经纬仪、水准仪、全站仪、钢尺、水准尺等应进行校验。

2. 了解设计意图,熟悉并校核施工图纸

通过设计交底,了解工程全貌和设计意图,掌握现场情况和定位条件,主要轴线尺寸的相互关系,地下、地上的标高以及测量精度要求。

在熟悉施工图纸过程中,应仔细核对图纸尺寸,对轴线尺寸、标高是否齐全以及边界尺寸要特别注意。

3. 校核红线桩与水准点

建设单位提供的由城市规划勘测部门给定的建筑红线,在法律上起着建筑边界用地的作用。在使用红线桩前要进行校核,施工过程中要保护好桩位,以便将它作为检查建筑物定位的依据。水准点也同样要校测和保护。红线和水准点校测后如发现问题,应提请建设单位处理。

4. 制定测量、放线方案

根据设计图纸的要求和施工方案,制定切实可行的测量、放线方案,主要包括平面控制、标高控制、正负零以上施工测量、沉降观测和竣工测量等项目。

建筑物定位放线是确定整个工程平面位置的关键环节,施工测量中必须保证精度、杜绝错误,否则其后果将难以处理。建筑物定位、放线一般通过设计图中平面控制轴线来确定建筑物的四廓位置,测定并自检合格后,提交有关部门和甲方(或监理人员)验线,以保证定位的准确性。沿红线建造的建筑物放线后,还要由城市规划部门验线,以防止建筑物压红线或超红线,确保顺利施工。

2.4.5 搭设临时设施

现场生活和生产用地临时设施,在布置安装时要遵照当地有关规定进行规划布置,如房屋的间距、标准是否符合卫生和防火要求,污水和垃圾的排放是否符合环境的要求等。因此,临时建筑平面图及主要房屋结构图都应报请城市规划、市政、消防、交通、环境保护等有关部门审查批准。

为了施工方便和行人的安全,对于指定的施工用地的周界,应用围墙围护起来。围墙的形式和材料应符合市容管理的有关规定和要求,并在主要出入口设置标牌,标明工地名称、施工单位、工地负责人等。各种生产、生活用的临时设施,均应按批准的施工组织设计规定的数量、标准、面积、位置等要求组织搭建,不得乱搭乱建,并尽可能利用原有建筑物,减少临时设施的搭设,以便节约用地,节约投资。

各种生产、生活用的临时设施,包括各种仓库、混凝土搅拌站、预制构件场、机修站、各种生产作业棚、办公用房、宿舍、食堂、文化生活设施等,均应按批准的施工组织设计规定的数量、标准、面积、位置等要求组织修建。大、中型工程可分批分期修建。

2.5　物资准备

施工物资准备是指施工中必需的劳动手段(施工机械、工具、临时设施)和劳动对象(材料、配件、构件)等的准备,是一项较为复杂而又细致的工作。建筑施工所需的材料、构(配)件、机具和设备品种多且数量大,能否保证按计划供应,对整个施工过程的工期、质量和成本有着举足轻重的作用。各种施工物资只有运到现场并储备后,才具备必要的开工条件。因此,要将这项工作作为施工准备工作的一个重点来抓。施工管理人员应尽早地计算出各阶段对材料、施工机械、设备、工具等的需用量,并说明供应单位、交货地点、运输方式等,特别是对预制构件,必须尽早从施工图中摘录出构件的规格、质量、品种和数量,制表造册,向预制加工厂订货并确定交货清单、交货地点及时间,对大型施工机械、辅助机械及设备要精确计算工作日,并确定进场时间,做到进场后立即使用,用毕后立即退场,提高机械利用率,节省机械台班费及停留费。

物资准备的具体内容有建筑材料的准备、预制构件和商品混凝土的准备、施工机具的准备、模板和脚手架的准备、生产工艺设备的准备等。

2.5.1　建筑材料的准备

建筑材料的准备主要是根据施工预算进行分析,按照施工进度计划的使用要求以及材料储备定额和消耗定额,分别按材料名称、规格、使用时间、材料储备定额和消耗定额进行汇总,编制出材料需要量计划,为组织备料、确定仓库、场地堆放所需的面积和组织运输等提供依据。建筑材料的准备包括三材、地方材料、装饰材料的准备。准备工作应根据材料的需要量计划,组织货源,确定加工、供应地点和供应方式,签订物质供应合同。

(1)根据施工方案中的施工进度计划和施工预算中的工料分析,编制工程所需材料用量计划,作为备料、供料和确定仓库、堆场面积及组织运输的依据。

(2)根据材料需用量计划,做好材料的申请、订货和采购工作,使计划得到落实。

(3)组织材料按计划进场,按施工平面图和相应位置堆放,并做好合理储备、保管工作。

(4)严格验收、检查、核对材料的数量和规格,做好材料试验和检验工作,保证施工质量。

2.5.2　预制构件和商品混凝土的准备

工程项目施工中需要大量的预制构件、门窗、金属构件、水泥制品以及卫生洁具等。这些构件、配件必须事先提出订制加工单。对于采用商品混凝土现浇的工程,则先要到生产单位签订供货合同,注明品种、规格、数量、需要时间及送货地点等。

2.5.3　施工机具的准备

根据施工方案安排施工进度,确定施工机械的类型、数量,确定施工机具的供应办法、进场后的存放地点和方式,编制建筑安装机具的需要量计划,为组织运输、确定堆场面积等提供依据。主要内容有:

(1)根据施工进度计划及施工预算所提供的各种构配件及设备数量,做好加工翻样工作,并编制相应的需用量计划。

（2）根据需用计划,向有关厂家提出加工订货计划要求,并签订订货合同。

（3）对施工企业缺少且需要的施工机具,应与有关部门签订订购和租赁合同,以保证施工需要。

（4）对于大型施工机械(如塔式起重机、挖土机、桩基设备等)的需求量和时间,应与有关方面(如专业分包单位)联系,提出要求,在落实后签订有关分包合同,并为大型机械按期进场做好现场有关准备工作。

（5）安装、调试施工机具,按照施工机具的需求量来计划,组织施工机具进场,根据施工总平面图将施工机具安置在规定的地方或仓库。施工机具要进行就位、搭棚、接电源、保养、调试工作。所有施工机具在使用前都必须进行检查和试运转。

2.5.4 模板和脚手架的准备

模板和脚手架是施工现场使用量大、堆放占地大的周转材料。

模板及其配件规格多、数量大,对堆放场地要求比较高,一定要分规格、型号整齐码放,以便使用和维修。

大钢模一般要求立放,并防止倾倒,在现场也应规划出必要的存放场地。钢管脚手架、桥式脚手架等都应按指定的平面位置堆放整齐,扣件等零件还应防雨,以防锈蚀。

2.5.5 生产工艺设备的准备

订购生产用的生产工艺设备,要注意交货时间与土建进度密切配合,因为某些大型设备的安装往往要与土建施工穿插进行,土建全部完成或封顶后安装会有困难,故各种设备的交货时间要与安装时间密切配合,它将直接影响建设工期。准备时按照拟建工程生产工艺流程及工艺设备的布置图提出工艺设备的名称、型号、生产能力和需要量,确定分期分批进场时间和保管方式,编制工艺设备需要量计划,为组织运输、确定堆场面积提供依据。

2.6 施工现场人员准备

工程项目是否按目标完成以及完成的好坏,很大程度上取决于承担这一工程的施工人员的素质。劳动力组织准备的范围既有整个建筑施工企业的劳动组织准备,又有大型综合的拟建建设项目的劳动组织准备,也有小型简单的拟建单位工程的劳动组织准备。按照内容包括施工管理层和作业层两大部分,这些人员的合理选择和配备,将直接影响到工程质量与安全、施工进度及工程成本,因此,劳动组织准备是开工前施工准备的一项重要内容。

2.6.1 建立拟建工程项目的领导机构

对于实行项目管理的工程,建立项目组织机构就是建立项目经理部。高效率的项目机构的建立,是为建设单位服务的,是为项目管理目标服务的。这项工作实施的合理与否很大程度上关系到拟建工程能否顺利进行。施工企业建立项目经理部,要针对工程特点和建设单位要求,根据有关规定进行精心组织安排,认真抓实、抓细、抓好。

1. 项目组织机构的设置应遵循的原则

（1）根据所选择的项目组织形式设置，责权利统一

不同的组织形式对项目经理部的人员、职责提出了不同的要求，提供了不同的管理环境。它决定了企业对项目的管理方式及对项目经理授予的权限并要体现责权利统一。

（2）根据项目的规模、复杂程度和专业特点设置，组织要现代化

根据项目的规模、专业化、复杂性的不同，按需要设置部、处、科、组成员。要反映出施工项目的目标要求，体现组织现代化。

（3）根据工程任务需要设置，弹性建制

项目经理部是有弹性的一次性工程管理实体，不应成为固定组织，不设固定作业队伍，要根据施工的进展、业务的变化实行人员选聘的进出、优化组合，及时调整和动态管理。

（4）适应现代施工的需要设置，功能齐全

项目经理部的人员配置应满足现场的经营、计划、合同、调度、工程、技术、质量、安全、预算、成本核算、劳务、物资、机具、生活、文明施工等需要。设置专职或兼职，必须功能齐全。

2. 项目经理部的设立步骤

（1）根据企业批准"项目管理规划大纲"，确定项目经理部的管理任务和组织形式。

（2）确定项目经理的层次，设立职能部门与工作岗位。

（3）确定人员、职责、权限。

（4）由项目经理根据"项目管理目标责任书"进行目标分解。

（5）组织有关人员制定规章制度和目标责任考核、奖惩制度。

3. 项目经理部的组织形式应根据施工项目的规模、结构负责程度、专业特点、人员素质和地域范围确定，并应符合下列规定：

（1）大中型项目宜按矩阵式项目管理组织设置项目经理部。

（2）远离企业管理层的大中型项目宜按事业部式项目管理组织设置项目经理部。

（3）小型项目宜按直线职能式项目管理组织设置项目经理部。

4. 项目经理部的规模（见表 2-1）

表 2-1　施工项目经理部规模等级

项目经理部等级	项 目 规 模		
	群体工程建筑面积/万 m²	单体工程建筑面积/万 m²	各类工程项目投资/万元
一级	15 及以上	10 及以上	5000 及以上
二级	10～15	5～10	3000～5000
三级	2～10	1～5	500～3000
四级	2 以下	1 以下	500 以下

2.6.2　建立精干的施工队组

（1）组织施工队伍，要认真考虑专业、工种的合理配合，技工、普工的比例要合理，要符合流水施工组织方式的要求，确定建立施工队组（是专业施工队组，或是混合施工队组），要坚持合理、精干的原则，同时制订出该工程的劳动力需要量计划。

（2）集结施工力量,组织劳动力进场。项目经理部确定之后,按照开工日期和劳动力需要量计划组织劳动力进场。同时要进行安全、防火和文明施工等方面的教育,并安排好职工的生活。

2.6.3 优化劳动组合与技术培训

针对工程施工要求,强化各工种的技术培训,优化劳动组合,主要抓好以下几个方面的工作。

（1）针对工程施工难点,组织工程技术人员和工人队伍中的骨干力量,进行类似工程的考察学习。

（2）做好专业工程技术培训,提高对新工艺、新材料使用操作的适应能力。

（3）强化质量意识,抓好质量教育,增强质量观念。

（4）工人队伍实行优化组合、双向选择、动态管理,最大限度地调动职工的积极性。

（5）认真全面地进行施工组织设计的落实和技术交底工作。施工组织设计、计划和技术交底的目的是把施工项目的设计内容、施工计划和技术等要求,详尽地向施工人员讲解交代,这是落实计划和技术责任制的好办法。

施工组织设计、计划和技术交底应在单位工程或分部(项)工程开工前及时进行,以保证项目严格地按照设计图纸、施工组织设计、安全操作规程和施工验收规范等要求进行施工。

施工组织设计、计划和技术交底的内容有项目的施工进度计划、月(旬)作业计划;施工组织设计,尤其是施工工艺、质量标准、安全技术措施、降低成本措施和施工验收规范的要求;新结构、新材料、新技术和新工艺的方案和保证措施;图纸会审中确定的有关部位设计变更和技术核定等事项。交底工作应该按照管理系统逐级进行,由上而下直到工人队组。交底的方式有书面形式、口头形式和现场示范形式等。

施工队组、工人接收施工组织设计、计划和技术交底后,要组织其成员认真分析研究,弄清关键部位、质量标准、安全措施和操作要领。必要时应进行示范,明确任务并做好分工协作,同时建立健全各项责任制和保证措施。

（6）切实抓好施工安全、安全防火和文明施工等方面的教育。

2.6.4 建立健全各项管理制度

工地的各项管理制度是否建立、健全,直接影响各项施工活动的顺利进行。有章不循后果是严重的,而无章可循更危险。为此必须建立、健全工地的各项管理制度。通常内容如下:工程质量检查与验收制度;工程技术档案管理制度;建筑材料(构件、配件、制品)的检查验收制度;技术责任制度;施工图纸学习与会审制度;技术交底制度;职工考勤、考核制度;工地及班组经济核算制度;材料出入库制度;安全操作制度;机具使用保养制度。

2.6.5 做好分包分配

对于本企业难以承担的一些专业项目,如深基础开挖和支护、大型结构安装设备安装等项目应及早做好分包或劳务安排,与有关单位协调,签订分包合同或劳务合同,以保证按计划施工。

综上所述,各项施工准备工作不是分离的、孤立的,而是互为补充、相互配合的。为了提高施工准备工作的质量,加快施工准备工作的速度,必须加强建设单位、设计单位和施工单位之间的协调工作,建立健全施工准备工作的责任制度和检查制度,使施工准备工作有领导、有组织、有计划和分期分批地进行,贯穿施工全过程的始终。

2.7　冬季、雨季施工准备

建筑工程施工绝大部分工作是露天作业,受气候影响比较大。在冬季施工中,对建筑物有影响的有长时间的持续负低温、大的温差、强风、降雪和反复的冰冻,这些气候经常造成质量事故。冬季施工期是事故多发期,据资料分析,有 2/3 的质量事故发生在冬季。而且冬季发生事故往往不易察觉,这种滞后性给处理质量事故带来很大的困难。

雨季施工具有突然性和突击性。暴雨山洪等恶劣气候往往不期而至,雨季施工的准备工作和防洪措施应及早进行。因为雨水对建筑结构和地基基础的冲刷或浸泡具有严重的破坏性,必须迅速及时地保护,才能避免给工程造成损失。而且这种破坏作用往往持续时间长,耽误工期,所以必须要有充分的估计,并事先作好安排。

因此,在冬季和雨季施工中,必须从具体条件出发,正确选择施工方法,做好季节性施工准备工作,以保证按期、保质、安全地完成施工任务,取得较好的技术经济效果。

2.7.1　冬季施工准备

1. 组织措施

(1) 进行冬季施工的工程项目,在入冬前组织专人编制冬季施工方案。编制的原则是确保工程质量;经济合理,使增加的费用最少;所需的热源和材料有可靠的来源,并尽量减少能源消耗;确保缩短工期。冬季施工方案应包括施工程序;施工方法;现场布置;设备、材料、能源、工具的供应计划;安全防火措施;测温制度和质量检查制度等。方案确定后,要组织相关人员学习,并向施工人员进行交底。

(2) 合理安排施工进度计划。冬季施工条件差,技术要求高,费用增加,因此,要合理安排施工进度计划,尽量安排保证施工质量且费用增加不多的项目在冬季施工,如吊装、打桩,室内装饰装修等工程;而费用增加较多又不容易保证质量的项目则不宜安排在冬季施工,如土方、基础、外装修、屋面防水等工程。因此,从施工组织安排上要综合研究,明确冬季施工的项目,做到冬季不停工,且冬季采取的措施费用增加较少。

(3) 组织人员培训。对掺外加剂人员、测温保温人员、锅炉司炉和火炉管理人员,应专门组织技术业务培训,学习本工作范围内的有关知识,明确职责,经考试合格后,方准上岗工作。

(4) 做好测温工作。冬季施工昼夜温差较大,为保证施工质量应做好室外气温、暖棚内气温、砂浆温度、混凝土温度的测温工作,防止砂浆、混凝土在达到临界强度前遭受冻结而破坏。

(5) 与当地气象台/站保持联系,及时接收天气预报,防止寒流突然袭击。

(6) 加强安全教育,严防火灾发生。要有防火安全技术措施,并经常检查落实,保证各种热源设备完好。做好职工培训及冬季施工的技术操作和安全施工的教育,确保施工质量,避免事故发生。

2. 图纸准备

凡进行冬季施工的工程项目,必须复核施工图纸,查对其是否能适应冬期施工要求。如墙体的高厚比、横墙间距等有关的结构稳定性,现浇改为预制以及工程结构能否在寒冷状态下安全过冬等问题,应通过图纸会审解决。

3. 现场准备

(1) 根据实物工程量提前组织有关机具、外加剂和保温材料、测温材料进场。

(2) 搭建加热用的锅炉房、搅拌站,敷设管道,对锅炉进行试火试压,对各种加热的材料、设备要检查其安全可靠性。

(3) 计算变压器容量,接通电源。

(4) 对工地的临时给水排水管道及石灰膏等材料做好保温防冻工作,防止道路积水成冰,及时清扫积雪,保证运输顺利。

(5) 做好冬季施工混凝土、砂浆及掺外加剂的试配试验工作,提出施工配合比。

(6) 做好室内施工项目的保温,如先完成供热系统,安装好门窗玻璃等项目,保证室内其他项目能够顺利施工。

4. 安全与防火

(1) 冬期施工时,要采取防滑措施。

(2) 大雪后必须将架子上的积雪清扫干净,并检查道路平台,如有松动下沉现场,务必及时处理。

(3) 施工时如接触汽源、热水,要防止烫伤;使用氯化钙、漂白粉时,要防止腐蚀皮肤。

(4) 亚硝酸钠有剧毒,要严加保管,防止突发性误食中毒。

(5) 对现场火源要加强管理;使用天然气、煤气时,要防止爆炸;使用焦炭炉、煤炉或天然气、煤气时,应注意通风换气,防止煤气中毒。

(6) 电源开关、控制箱等设施要加锁,并设专人负责管理,防止漏电、触电。

2.7.2 雨季施工准备

(1) 合理安排雨季施工。为避免雨季窝工造成损失,一般情况下,在雨季到来之前,应多安排完成基础、地下工程、土方工程、室外及屋面工程等不宜在雨季施工的项目;多留些室内工作在雨季施工。

(2) 加强施工管理,做好雨季施工的安全教育。要认真编制雨季施工技术措施(如雨季前后的沉降观测措施,保证防水层雨季施工质量的措施,保证混凝土配合比、浇筑质量的措施,钢筋除锈的措施等),认真贯彻实施。加强对职工的安全教育,防止各种事故发生。

(3) 防洪排涝,做好现场排水工作。工程地点若在河流附近,上游有大面积山地丘陵,应有防洪排涝准备。施工现场雨季来临前,应做好排水沟渠的开挖,准备好抽水设备,防止因场地积水和地沟、基槽、地下室等泡水而造成损失。

(4) 做好道路维护,保证运输畅通。雨季前检查道路边坡排水,适当提高路面,防止路面凹陷,保证运输畅通。

(5) 做好物资的储存。雨季到来前,应多储存物资,减少雨季运输量,以节约费用。要准备必要的防水器材,库房四周要有排水沟渠,防止物资淋雨浸水而变质,仓库要做好地面防潮和屋面防漏雨工作。

（6）做好机具设备等防护。雨季施工,对现场的各种设施、机具要加强检查,特别是脚手架、垂直运输设备等,要采取防倒塌、防雷击、防漏电等一系列技术措施,现场机具设备(焊机、闸箱等)要有防雨措施。

模块小结

施工准备工作,从总准备到作业准备,涉及面广,且贯穿施工全过程,因此六个方面的准备内容必须责任落实到部门和个人,实行检查制度,才能做到万无一失,使施工顺利进行。

实训练习

一、判断题

1. 施工准备工作是指工程开工前应该做好的各项工作。 （　　）
2. 施工现场准备工作全部由施工单位负责完成。 （　　）
3. 技术交底的方式有书面、口头、现场示范等形式。 （　　）
4. 施工准备工作不仅要在开工前集中进行,而且要贯穿在整个施工过程中。 （　　）
5. 施工用水包括生产、生活与消防用水。 （　　）
6. 施工准备工作的检查方法常采用实际与计划对比法。 （　　）

二、单项选择题

1. 下列不属于自然条件调查内容的是 （　　）
   A. 气象资料　　　　　　　　　　　　B. 地方资源
   C. 工程水文地质　　　　　　　　　　D. 场地周围环境
2. 标前施工组织设计追求的主要目标是 （　　）
   A. 施工效率和效益　　　　　　　　　B. 履行合同义务
   C. 施工效率和合同义务　　　　　　　D. 中标和经济效益
3. 施工准备工作的核心是 （　　）
   A. 调查研究与收集资料　　　　　　　B. 资源准备
   C. 技术资料准备　　　　　　　　　　D. 施工现场准备
4. 技术资料准备的内容不包括 （　　）
   A. 编制技术组织措施　　　　　　　　B. 编制标后施工组织设计
   C. 编制施工预算　　　　　　　　　　D. 熟悉和会审图纸
5. 以一个建筑物或构筑物为编制对象,用以指导其施工全过程各项活动的技术、经济和组织的综合性文件是 （　　）
   A. 施工组织总设计　　　　　　　　　B. 单位工程施工组织设计
   C. 分部工程施工组织设计　　　　　　D. 专项施工组织设计

三、多项选择题

1. 做好施工准备工作的意义在于 （　　）
   A. 遵守施工程序　　　　　　　　　　B. 降低施工风险
   C. 提高经济效益　　　　　　　　　　D. 创造施工条件

  E. 确保工程质量

  2. 施工单位现场准备工作的内容包括   (   )

  A. 确定水准点   B. 三通一平

  C. 建立测量控制网   D. 水电通讯线路的引入

  E. 搭设临时设施

四、填空题

  1. 施工准备工作的内容一般包括：调查研究与收集资料、_____、_____、_____和季节施工准备。

  2. 技术资料准备的主要内容包括：_____、_____、_____等。

五、本学院将建某项目，请结合现场具体情况，简述该项目施工开始前应做哪些准备工作。

模块三
建筑工程流水施工原理

【任务目标】

要求理解并掌握流水施工的原理及实质,理解流水施工有关参数的概念及流水施工参数的确定方法,重点掌握流水施工的组织方式,通过实例的学习掌握流水施工原理及组织方式。

【案例引入】

某省一建筑公司承建一住宅小区,由 4 幢 16 层的主体结构组成,建筑面积75 500 m³,从工程开挖到标准层的施工均采用了流水施工,产生了较好的技术经济效果。在编制施工组织设计时,考虑到该工程规模大,质量要求高,为了适应工程质量高、进度快、成本低的需要,在 4 幢主楼格局相同的有利条件下,决定采用流水施工的施工方法来组织施工,并组织了不同专业的施工班组。如大开挖土方后要进行混凝土浇捣,采取基坑开挖一个浇捣一个的措施,一方面可以缓解混凝土的供求,减少施工机械和劳动力,降低生产成本;另一方面把大体积混凝土浇捣分成几块,降低了大体积混凝土浇捣中产生的质量问题,提高工程质量。同时各施工专业班组在 4 个基坑中按照工序连续施工,保证了专业班组施工的连续性,从而保证了施工的进度。在主体结构的施工中,木工班组的模板支撑、钢筋班组的钢筋绑扎、泥工班组的混凝土浇捣 3 道工序在 4 幢主楼间来回循环施工,前一工序为后一工序开辟工作面,避免产生窝工现象,保证施工专业队伍工作的连续性,加快工程施工进度。

另外,施工时还在每幢主楼组织了立体交叉流水施工。主体结构的逐层升高,为安装、粉刷等工序提供了工作面,按照不同的工作面和不同的施工顺序组织流水施工,如粉刷班组先完成电缆、桥架、管道部位的粉刷,为电缆、桥架、管道的安装提供工作面;在粉刷的同时及时安装门窗框,为粉刷提供嵌缝收头工作面。在前道工序的施工中积极为下道工序提供工作面,这样有利于不同的工序同时展开,组织施工有条不紊地进行,既保证了工程质量,又保障了工程进度,还有效地控制了工程生产成本。在标准层的施工过程中由于组织合理,平均每层比计划提前半天完成施工,使主体结构的施工工期比计划提前 35 天。

流水施工作为一种科学的生产组织方法,在工程建设中可以充分利用人力、物力和机械,减少不必要的消耗以降低成本,从而提高劳动生产率和经济效益,并能保证工程按期优质地交付使用。

3.1 流水施工的基本概念

3.1.1 组织施工的基本方式

任何一个建筑工程都是由许多施工过程组成的,而任何一个施工过程可以组织一个或多个施工队组来进行施工。如何组织各施工队组的先后顺序和平行搭接施工,是组织施工中的一个基本问题。通常,组织施工时有依次施工、平行施工和流水施工三种方式,下面将以应用案例3-1为例来讨论这三种施工组织方式的特点和效果。

应用案例 3-1

某三幢同类型房屋的基础工程,由基槽挖土—做垫层—砖砌基础—回填4个过程组成,由4个不同的工作队分别施工,每个施工过程在一幢房屋上所需的施工时间见表3-1,每幢房屋为一个施工段,试组织此基础工程施工。

表3-1 某基础工程施工资料

序号	基础施工过程	工作时间/d
1	基槽挖土	3
2	混凝土垫层	1
3	砖砌基础	3
4	基槽回填土	1

1. 依次施工

依次施工也称顺序施工,是各施工段或施工过程依次开工、依次完成的一种施工组织方式。依次施工通常有两种安排。

(1)按幢(或施工段)依次施工,见表3-2。

这种方式是将这三幢建筑物的基础一幢一幢施工,一幢完成后再施工另一幢。

表3-2 依次施工进度安排一

序号	施工过程	工作时间/d	施工进度/d							
			3	6	9	12	15	18	21	24
1	基槽挖土	3								
2	垫层	1								
3	砖砌基础	3								
4	基槽回填	1								

(2)按施工过程依次施工,见表3-3。

这种方式是在依次完成三幢房屋的第一个施工过程后,再开始第二个施工过程的施工,直至完成最后一个施工过程的组织方式。

表 3-3　依次施工进度安排二

序号	施工过程	工作时间/d	施工进度/d							
			3	6	9	12	15	18	21	24
1	基槽挖土	3	▬▬	▬▬	▬▬					
2	垫层	1				▬▬				
3	砖砌基础	3					▬▬	▬▬	▬▬	
4	基槽回填	1								▬▬

　　两种组织方式施工工期都为 24 d,依次施工最大的优点是单位时间投入的劳动力和物质资源较少,施工现场管理简单,便于组织和安排,适用于工程规模较小的工程。但采用依次施工专业队组不能连续作业,有间歇性,造成窝工,工地物质资源消耗也有间断性,由于没有充分利用工作面去争取时间,所以工期较长。

　　2. 平行施工

　　在拟建工程任务十分紧迫,工作面允许及资源保证供应的条件下,可以组织几个相同的工作队,在同一时间、不同空间上进行施工。即所有房屋同时开工,同时竣工,应用案例 3-1 中工程平行施工的进度安排见表 3-4。

表 3-4　平行施工进度安排

序号	施工过程	工作时间/d	施工进度/d								
			1	2	3	4	5	6	7	8	9
1	基槽挖土	3	▬	▬	▬						
2	垫层	1				▬					
3	砖砌基础	3					▬	▬	▬		
4	基槽回填	1								▬	

　　平行施工最大限度地利用了工作面,工期最短,但在同一时间内需要提供的相同劳动资源成倍增加,给实际的施工管理带来一定的难度。一般适用于规模较大或工期较紧的工程。

　　3. 流水施工

　　流水施工是指所有施工过程按一定的时间间隔依次进行,各个施工过程陆续开工、陆续竣工,使同一施工过程的施工班组连续、均衡地进行,不同的施工过程尽可能平行搭接施工,应用案例 3-1 中工程流水施工的进度安排见表 3-5。

表 3-5　流水施工进度安排

序号	施工过程	工作时间/d	施工进度/d													
			1	2	3	4	5	6	7	8	9	10	11	12	13	14
1	基槽挖土	3	▬	▬	▬	▬	▬	▬	▬	▬	▬					
2	垫层	1				▬			▬			▬				
3	砖砌基础	3					▬	▬	▬	▬	▬	▬	▬	▬	▬	
4	基槽回填	1								▬			▬			▬

流水施工所需的时间比依次施工短,各施工过程投入的劳动力比平行施工少;各施工队组的施工和物资的消耗具有连续性和均衡性,前后施工过程尽可能平行搭接施工,可见流水施工综合了顺序施工和平行施工的特点,是建筑施工中最合理、最科学的一种组织方式。

3.1.2 组织流水施工的条件

流水施工是将拟建工程分成若干个施工段落,并给每一施工过程配以相应的工人班组,让他们依次连续地投入到每一个施工段完成各自的任务,从而达到有节奏均衡施工。流水施工的实质就是连续、均衡施工。

组织建筑施工流水作业,必须具备以下 4 个条件:

(1) 把建筑物尽可能划分为工程量大致相等的若干个施工段。

划分施工段(区)是为了把庞大的建筑物(建筑群)划分成"批量"的"假定产品",从而形成流水施工的前提。

(2) 把建筑物的整个建筑过程分解为若干个施工过程,每个施工过程组织独立的施工班组进行施工。

(3) 安排主要施工过程的施工班组进行连续、均衡地施工。

对工程量较大、施工时间较长的施工过程,必须组织连续、均衡的施工,对其他次要施工过程,可考虑与相邻的施工过程合并或在有利于缩短工期的前提下,安排其间断施工。

(4) 不同施工过程按施工工艺,尽可能组织平行搭接施工。

按照施工先后顺序要求,在有工作面的条件下,除必要的技术和组织间歇时间外,尽可能组织平行搭接施工。

3.1.3 流水施工的经济效果

流水施工是在工艺划分、时间排列和空间布置上的统筹安排,使劳动力得以合理使用,资源需要量也较均衡,这必然会带来显著的技术经济效果,主要表现在以下几个方面:

(1) 流水施工的连续性减少了专业工作的间隔时间,达到了缩短工期的目的,可使拟建工程项目尽早竣工、交付使用,发挥投资效益。

(2) 便于改善劳动组织,改进操作方法和施工机具,有利于提高劳动生产率。

(3) 专业化的生产可提高工人的技术水平,使工程质量相应提高。

(4) 工人技术水平和劳动生产率的提高,可以减少用工量和施工临时设施的建造量,降低工程成本,提高利润水平。

(5) 可以保证施工机械和劳动力得到充分、合理的利用。

(6) 由于工期短、效率高、用人少、资源消耗均衡,可以减少现场管理费和物资消耗,实现合理储存与供应,有利于提高项目经理部的综合经济效益。

3.1.4 流水施工的分类

按照流水施工组织的范围划分,流水施工通常可分为以下几种。

1. 分项工程流水施工

分项工程流水施工也称为细部流水施工,即一个工作队利用同一生产工具,依次、连续地在各施工区域中完成同一施工过程的工作,如浇筑混凝土的工作队依次连续地在各施工区域完成浇筑混凝土的工作,即分项工程流水施工。

2.分部工程流水施工

分部工程流水施工也称专业流水施工,是在一个分部工程内部、各分项工程之间组织的流水施工。例如某办公楼的钢筋混凝土工程是由支模、绑钢筋、浇混凝土等3个在工艺上有密切联系的分项工程组成的分部工程。施工时,将该办公楼的主体部分在平面上划分为几个区域,组织三个专业工作队,依次、连续地在各施工区域中各自完成同一施工过程的工作,即分部工程流水施工。

3.单位工程流水施工

单位工程流水施工也称综合流水施工,它是在一个单位工程内部、各分部工程之间组织起来的流水施工。如一幢办公楼、一个厂房车间等组织的流水施工。

4.群体工程流水施工

群体工程流水施工也称大流水施工。它是在一个个单位工程之间组织起来的流水施工。它是为完成工业或民用建筑而组织起来的全部单位流水施工的总和。

根据流水施工的节奏不同,流水施工通常可分为等节奏流水施工、异节奏流水施工和无节奏流水施工。

3.1.5　流水施工的表达方式

1.横道图

流水施工横道图表达形式见表3-5,其左边列出各施工过程名称,右边用水平线段在施工坐标下画出施工进度。

2.斜线图

斜线图是将横道图中的工作进度线改为斜线表达的一种形式,一般是在左边列出工程对象名称,右边用斜线在时间坐标下画出施工进度线,见表3-6。

表3-6　斜线图

施工段号	施工进度/d										
	2	4	6	8	10	12	14	16	18	20	
4											
3											
2											
1											

3.网络图

用网络图表达的流水施工方式,详见模块四相关内容。

3.2　流水施工的主要参数

为了组织流水施工,表明流水施工在时间和空间上的进展情况,需要引入一些描述施工特征和各种数量关系的参数,称为流水施工参数。按其性质的不同,一般可分为工艺参数、时间参数和空间参数三种。

3.2.1 工艺参数

工艺参数主要是指参与流水施工的施工过程数目,通常用 n 表示。在工程项目施工中,施工过程所包含的施工范围可大可小,既可以是分项工程,也可以是分部工程,也可以是单位工程,还可以是单项工程,它的多少与建筑的复杂程度以及施工工艺等因素有关。

根据工艺性质不同,施工过程可以分为三类。

1. 制备类施工过程

制备类施工过程是指预先加工和制造建筑半成品、构配件等的施工过程,如砂浆和混凝土的配制、钢筋的制作等属于制备类施工过程。

2. 运输类施工过程

运输类施工过程是指把材料和制品运到工地仓库或再转运到现场操作使用地点而形成的施工过程。制备类和运输类施工过程一般不占用施工对象的空间,不影响项目总工期,在进度表上不反映;只有当它们占用施工对象的空间并影响项目总工期时,才列入项目施工进度计划中。

3. 建造类施工过程

建造类施工过程是指在施工对象的空间上,直接进行加工最终形成建筑产品的过程。如地下工程、主体工程、结构安装工程、屋面工程和装饰工程等施工过程。它占用施工对象的空间,影响工期的长短,必须列入项目施工进度表,而且是项目施工进度表的主要内容。

3.2.2 空间参数

空间参数是用来表达流水施工在空间布置上所处状态的参数,包括工作面、施工段和施工层。

1. 工作面

工作面是指供某专业工种的工人或某种施工机械进行施工的活动空间。工作面的大小,表明能安排施工人数或机械台班数的多少。每个作业的工人或施工机械所需工作面的大小,取决于单位时间内其完成的工程量和安全施工的要求。工作面确定得合理与否,直接影响专业工作队的生产效率,因此必须合理确定工作面。

2. 施工段

将施工对象在平面上划分成若干个劳动量大致相等的施工段。施工段的数目通常用 m 表示,它是流水施工的基本参数之一。划分施工段的目的在于能使不同工种的专业队同时在工程对象的不同工作面上进行作业,这样能充分利用空间,为组织流水施工创造条件。

划分施工段时需要考虑的因素如下:

(1) 首先要考虑结构界限(沉降缝、伸缩缝、分界线等),有利于结构的整体性。

(2) 尽量使各施工段上的劳动量相等或相近。

(3) 各施工段要有足够的工作面。

(4) 施工段数不宜过多。

(5) 尽量使各专业队(组)连续作业。这就要求施工段数与施工过程数相适应,划分施工段数应尽量满足下列要求:

$$m \geqslant n$$

式中：m——每层的施工段数；

　　　n——每层参加流水施工的施工过程数或专业班组总数。

当 $m>n$ 时，各专业队（组）能连续施工，但施工段有空闲。

当 $m=n$ 时，各专业队（组）能连续施工，各施工段上也没有闲置。这种情况是最理想的。

当 $m<n$ 时，对单栋建筑物组织流水时，专业队（组）不能连续施工而产生窝工现象。但在数幢同类型建筑物的建筑群施工中，可在各建筑物之间组织大流水施工。

应用案例 3–2

【案例概况】

某两层现浇钢筋混凝土工程，其施工过程为安装模板、绑扎钢筋和浇筑混凝土。若工作队在各施工过程的工作时间均为 2 d，试安排该工程的流水施工。

【案例解析】

第 1 种流水施工进度安排见表 3–7。

表 3–7　流水施工进度安排一（$m<n$）

施工层	施工过程	施工进度/d													
		1	2	3	4	5	6	7	8	9	10	11	12	13	14
一层	安装模板	1		2											
	绑扎钢筋			1		2									
	浇筑混凝土					1		2							
二层	安装模板							1		2					
	绑扎钢筋									1		2			
	浇筑混凝土											1		2	

从该施工进度安排来看，尽管施工段上未出现停歇，但各专业施工队（组）做完了第一层以后不能及时进入第二层施工段施工而轮流出现窝工现象，一般情况下应力求避免。

第 2 种流水施工进度安排见表 3–8。

表 3–8　流水施工进度安排二（$m>n$）

施工层	施工过程	施工进度/d																							
		1	2	3	4	5	6	7	8	9	10	11	12	13	14	15	16	17	18	19	20	21	22	23	24
一层	安装模板	1		2		3		4		5															
	绑扎钢筋			1		2		3		4		5													
	浇筑混凝土					1		2		3		4		5											
二层	安装模板											1		2		3		4		5					
	绑扎钢筋													1		2		3		4		5			
	浇筑混凝土															1		2		3		4		5	

在这种情况下,施工队(组)仍是连续施工,但第一层第一施工段浇筑混凝土后不能立即投入第二层的第一施工段工作,即施工段上有停歇。同样,其他施工段上也发生同样的停歇,致使工作面出现空闲,但工作面的空闲并不一定有害,有时还是必要的,如可以利用空闲的时间做养护、备料、弹线等工作。

第3种流水施工进度安排见3-9。

表 3-9　流水施工进度安排三(m=n)

施工层	施工过程	施工进度/d															
		1	2	3	4	5	6	7	8	9	10	11	12	13	14	15	16
一层	安装模板	1		2		3											
	绑扎钢筋			1		2		3									
	浇筑混凝土					1		2		3							
二层	安装模板							1		2		3					
	绑扎钢筋									1		2		3			
	浇筑混凝土											1		2		3	

在这种情况下,工作队均能连续施工,施工段上始终有施工队组,工作面能充分利用,无空闲现象,也不会产生工人窝工现象,是最理想的情况。

在工程项目实际施工中,若某些施工过程需要技术与组织间歇,则可用公式(3-1)确定每层的最少施工段数。

$$m_{\min} = n + \frac{\sum Z}{K} \tag{3-1}$$

式中：$\sum Z$—— 某些施工过程要求的间歇时间的总和；

K—— 流水步距。

3. 施工层

在多、高层建筑物的流水施工中,平面上是按照施工段的划分,从一个施工段向另一个施工段逐步进行;垂直方向上,则是自下而上、逐层进行,第一层的各个施工过程完工后,自然就形成了第二层的工作面,不断循环,直至完成全部工作。这些为满足专业工种对操作和施工工艺要求而划分的操作层称为施工层。如砌筑工程的施工层高一般为1.2 m,内抹灰、木装饰、油漆、玻璃和水电安装等,可按楼层进行施工层划分。施工层数用 J 表示。

3.2.3　时间参数

时间参数是指用来表达组织流水施工的各施工过程在时间排列上所处状态的参数。它包括流水节拍、流水步距、间歇时间、平行搭接时间及流水施工工期等。

1. 流水节拍(t)

流水节拍是指在组织流水施工时,某一施工过程在某一施工段上的作业时间,其大小可以反映施工速度的快慢。因此,正确、合理地确定各施工过程的流水节拍具有很重要的意义。通常有以下3种确定方法。

1）定额计算法

根据各施工段的工程量和现有能够投入的资源量（劳动力、机械台数和材料量等），按公式（3-2）进行计算。

$$t_i = \frac{Q_i}{S_i R_i a} = \frac{Q Z_i}{R_i a} = \frac{P_i}{R_i a} \tag{3-2}$$

式中：t_i——流水节拍；

　　　Q_i——施工过程在一个施工段上的工程量；

　　　S_i——完成该施工过程的产量定额；

　　　Z_i——完成该施工过程的时间定额；

　　　R_i——参与该施工过程的工人数或施工机械台班；

　　　P_i——该施工过程在一个施工段上的劳动量；

　　　a——每天工作班次。

2）经验估算法

$$t_i = \frac{a_i + 4c_i + b_i}{6} \tag{3-3}$$

式中：t_i——某施工过程流水节拍；

　　　a_i——最短估算时间；

　　　b_i——最长估算时间；

　　　c_i——正常估算时间。

这种方法适用于采用新工艺、新方法和新材料等没有定额可循的工程或项目。

3）工期计算法

$$t_i = \frac{T}{(m+n-1)} \tag{3-4}$$

式中：T——流水工期。

2. 流水步距（K）

流水步距是指相邻两个专业工作队（组）相继投入同一施工段开始工作的时间间隔。流水步距用 K_i 表示，它是流水施工的重要参数之一。

确定流水步距应考虑以下几种因素：

（1）主要施工队（组）连续施工的需要。流水步距的最小长度必须使主要施工专业队（组）进场以后，不发生停工、窝工现象。

（2）施工工艺的要求。保证每个施工段的正常作业程序，不发生前一个施工过程尚未全部完成，后一施工过程提前介入的现象。

（3）最大限度搭接的要求。流水步距要保证相邻两个专业队在开工时间上最大限度、合理地搭接。

（4）要满足保证工程质量，满足安全生产、成品保护的需要。

3. 间歇时间（Z）

在组织流水施工时，有些施工过程完成后，后续施工过程不能立即投入施工，必须有足够的间歇时间。

1）技术间歇时间（Z）

技术间歇时间是指由于施工工艺或质量保证的要求，在相邻两个施工过程之间必需的时间间隔。比如砖混结构的每层圈梁混凝土浇筑以后，必须经过一定的养护时间才能进行其上的预制楼板的安装工作；再如屋面找平层完成后，必须经过一定的时间使其干燥后才能铺贴卷材防水层等。

2）组织间歇时间（ZZ）

组织间歇时间是指由于组织方面的因素，在相邻两个施工过程之间留有的时间间隔。这是为对前一施工过程进行检查验收或为后一施工过程的开始做必要的施工组织准备而考虑的间歇时间。比如浇筑混凝土之前要检查钢筋及预埋件并作记录；又如基础混凝土垫层浇筑及养护后，必须进行墙身位置的弹线，才能砌筑基础墙等。

4. 平行搭接时间（C）

平行搭接时间是指在同一施工段上，不等前一施工过程施工完，后一施工过程就投入施工，相邻两施工过程同时在同一施工段上的工作时间。平行搭接时间可使工期缩短，所以能搭接的尽量搭接。

5. 流水工期（T）

流水工期是指完成一项任务或一个流水组施工所需的时间，一般采用公式（3-5）计算完成一个流水组的工期。

$$T = \sum K_{i,i+1} + T_n + \sum Z_{i,i+1} - \sum C_{i,i+1} \tag{3-5}$$

式中：T——流水施工工期；

$\sum K_{i,i+1}$——流水施工中各流水步距之和；

T_n——流水施工中最后一个施工过程的持续时间；

$Z_{i,i+1}$——第 i 个施工过程与第 $i+1$ 个施工过程之间的间歇时间；

$C_{i,i+1}$——第 i 个施工过程与第 $i+1$ 个施工过程之间的平行搭接时间。

3.3　流水施工的组织方式

建筑工程的流水施工节奏是由流水节拍决定的，根据流水节拍可将流水施工分为 3 种方式，即等节奏流水施工、异节奏流水施工和无节奏流水施工。下面分别讨论这几种流水施工的特点及组织方式。

3.3.1　等节奏流水施工

等节奏流水施工也叫全等节拍流水或固定节拍流水，是指在组织流水施工时，各施工过程在各施工段上的流水节拍全部相等。等节奏流水有以下基本特征：施工过程本身在各施工段上的流水节拍都相等；各施工过程的流水节拍彼此都相等；当没有平行搭接和间歇时，流水步距等于流水节拍。

等节奏流水施工根据流水步距的不同有下列两种情况。

1. 等节拍等步距流水施工

等节拍等步距流水施工即各流水步距值均相等，且等于流水节拍值的一种流水施工方式。各施工过程之间没有技术与组织间歇时间（Z＝0），也不安排相邻施工过程在同一施工段上的搭接施工($C=0$)。有关参数计算如下。

1）流水步距的计算

这种情况下的流水步距都相等且等于流水节拍，即 $K=t$。

2）流水工期的计算

因为

$$\sum K_{i,i+1} = (n-1)t, \quad T_n = mt$$

所以

$$T = \sum K_{i,i+1} + T_n$$

$$= (n-1)t + mt = (m+n-1)t \tag{3-6}$$

应用案例 3-3

【案例概况】

某工程划分为 A，B，C，D 4 个施工过程，每个施工过程分为 5 个施工段，流水节拍均为 3 d，试组织等节拍等步距流水施工。

【案例解析】

根据题设条件和要求，该题只能组织全等节拍流水施工。

（1）确定流水步距：

$$K = t = 3(d)$$

（2）确定总工期：

$$T = (m+n-1)t = (5+4-1) \times 3 = 24(d)$$

（3）绘制流水施工进度图，见表 3-10。

表 3-10 某工程等节拍等步距流水施工进度

序号	施工过程	施工进度/d																							
		1	2	3	4	5	6	7	8	9	10	11	12	13	14	15	16	17	18	19	20	21	22	23	24
1	A																								
2	B																								
3	C																								
4	D																								

$\sum K_{i,i+1}=(n-1)t$ ⟷ $T_n=mt$

$T=(m+n-1)t$

全等节拍流水施工，一般只适用于施工对象结构简单、工程规模较小、施工过程数不太多的房屋工程或线型工程，如道路工程、管道工程等。

2. 等节拍不等步距流水施工

等节拍不等步距流水施工即各施工过程的流水节拍全部相等，但各流水步距不相等（有的步距等于节拍，有的步距不等于节拍）。这是由于各施工过程之间，有的需要有技术与组织间歇时间，有的可以安排搭接施工。有关参数计算如下。

1）流水步距的计算

这种情况下的流水步距 $K_{i,i+1} = t_i + (Z_1 + Z_2 - C)$。

2) 流水工期的计算

因为

$$\sum K_{i,i+1} = (n-1)t + \sum Z_1 + \sum Z_2 - \sum C, \quad T_n = mt$$

所以

$$T = (n-1)t + \sum Z_1 + \sum Z_2 - \sum C + mt$$

$$= (m+n-1)t + \sum Z_1 + \sum Z_2 - \sum C \qquad (3-7)$$

式中：Z_1——技术间隔时间；

Z_2——组织间歇时间；

C——搭接时间。

【案例概况】

某 4 层 4 单元砖混结构住宅楼主体工程，由砌砖墙、现浇梁板、吊装预制板 3 个施工过程组成，它们的流水节拍均为 3 d。设现浇梁板后要养护 2 d 才能吊装预制楼板，吊装完楼板后要嵌缝、找平弹线 1 d，试确定每层施工段数 m 及流水工期 T，并绘制流水进度图。

【案例解析】

（1）确定施工段数。

当工程属于层间施工，又有技术间歇及层间间歇时，其每个施工层施工段数可按下式来计算：

$$m \geqslant n + \frac{\sum Z_i}{K} + \frac{Z_3}{K}$$

式中：$\sum Z_i$——施工层中各施工过程间技术、组织间歇时间之和；

Z_3——楼层间的技术、组织间歇时间。

则取

$$m = 3 + \frac{2}{3} + \frac{1}{3} (段) = 4 (段)$$

（2）计算工期。

$$T = (jm+n-1)t + \sum Z_1 = (4 \times 4 + 3 - 1) \times 3 + 2 (d) = 56 (d)$$

（3）绘制流水施工进度图，见表 3-11。

表 3-11　层间有间歇等节拍不等步距流水施工进度图

序号	施工过程	施工进度/d																		
		3	6	9	12	15	18	21	24	27	30	33	36	39	42	45	48	51	54	57
1	砌砖墙		I					II				III				IV				
2	现浇梁板			I					II				III				IV			
3	吊装预制板			Z_{II}		I				II				III					IV		

注：I，II，III，IV 表示施工层。

3.3.2 异节奏流水施工

在组织流水施工时常常遇到这样的问题:如果某施工过程要求尽快完成,或某施工过程的工程量过少,这种情况下,这一施工过程的流水节拍就小;如果某施工过程由于工作面受限制,不能投入较多的人力或机械,这一施工过程的流水节拍就大。这就出现了各施工过程的流水节拍不能相等的情况,这时可组织异节奏流水施工。当各施工过程在同一施工段上的流水节拍彼此不等而存在最大公约数时,为加快流水施工速度,可按最大公约数的倍数确定每个施工过程的专业工作队,这样便构成了一个工期最短的成倍节拍流水施工方案。

1. 成倍节拍流水施工的特点

(1) 同一施工过程在各施工段上的流水节拍彼此相等,不同的施工过程在同一施工段上的流水节拍彼此不同,但互为倍数关系。

(2) 流水步距彼此相等,且等于流水节拍的最大公约数。

(3) 各专业工作队都能够保证连续施工,施工段没有空闲。

(4) 专业工作队数大于施工过程数,即 $n' > n$。

2. 流水步距的确定

$$K_{i,i+1} = K_b \tag{3-8}$$

式中:K_b——成倍节拍,流水步距取流水节拍的最大公约数。

3. 每个施工过程的施工队组确定

$$b_i = \frac{t_i}{K_b}, n' = \sum b_i \tag{3-9}$$

式中:b_i——某施工过程所需施工队组数;

n'——专业施工队组总数目。

4. 施工段的划分

(1) 不分施工层时,可按划分施工段的原则确定施工段数,一般取 $m = n'$。

(2) 分施工层时,每层的最少施工段数可按式(3-10)确定。

$$m = n' + \frac{\sum Z_1 + \sum Z_2 + \sum Z_3 - \sum C}{K_b} \tag{3-10}$$

5. 流水施工工期

无层间关系时,有:

$$T = (m+n'-1)K_b + \sum (Z_1 + Z_2 - C) \tag{3-11}$$

有层间关系时,有:

$$T = (mj+n'-1)K_b + \sum (Z_1 + Z_2 - C) \tag{3-12}$$

式中:j——施工层数。

应用案例 3-5

【案例概况】

已知某分部工程有三个施工过程,各施工过程的流水节拍分别为 $t_1 = 6$ d,$t_2 = 4$ d,

$t_3 = 2$ d,试组织成倍节拍流水施工。

【案例解析】

(1) 确定流水步距,取为流水节拍的最大公约数 2 d。

(2) 求专业工作队数:

$$b_1 = \frac{t_1}{K_0} = \frac{6}{2}(\text{队}) = 3(\text{队})$$

$$b_2 = \frac{t_2}{K_0} = \frac{4}{2}(\text{队}) = 2(\text{队})$$

$$b_3 = \frac{t_3}{K_0} = \frac{2}{2}(\text{队}) = 1(\text{队})$$

$$n' = \sum_{i=1}^{3} b_i = (3+2+1)(\text{队}) = 6(\text{队})$$

(3) 求施工段数:取 $m = n' = 6$(段)。

(4) 施工工期:

$$T = (m + n' - 1)K_b + \sum(Z_1 + Z_2 - C)$$

$$= (6 + 6 - 1) \times 2 + 0 + 0(\text{d}) = 22(\text{d})$$

(5) 绘制该分部工程的施工进度计划,见表 3-12。

表 3-12　成倍节拍流水施工进度图

应用案例 3-6

【案例概况】

某两层现浇钢筋混凝土工程,施工过程分为安装模板、绑扎钢筋和浇筑混凝土,其流水节拍分别为 $t_{模} = 2$ d,$t_{钢筋} = 2$ d,$t_{混凝土} = 1$ d。当安装模板工作队转移到第二层第一段施工时,需等第一层第一段的混凝土养护 1 d 后才能进行。试组织成倍节拍流水施工,并绘制流水施工进度。

【案例解析】

（1）确定流水步距 K，取为流水节拍的最大公约数 1 d。

（2）确定每个施工过程的工作队数：

$$b_{模} = \frac{t_{模}}{K_b} = \frac{2}{1}（队）= 2（队）$$

$$b_{钢筋} = \frac{t_{钢筋}}{K_b} = \frac{2}{1}（队）= 2（队）$$

$$b_{混凝土} = \frac{t_{混凝土}}{K_b} = \frac{1}{1}（队）= 1（队）$$

$$n' = \sum_{i=1}^{3} b_i = (2+2+1)（队）= 5（队）$$

（3）确定每层的施工段数：

$$m = n' + \frac{\sum Z_1 + \sum Z_2 + \sum Z_3 - \sum C}{K_b}$$

$$= 5 + \frac{0+0+1-0}{1}（段）= 6（段）$$

（4）施工工期：

$$T = (mj + n' - 1)K_b + \sum(Z_1 + Z_2 - C)$$

$$= (6 \times 2 + 5 - 1) \times 1 + 0 - 0（d）= 16（d）$$

（5）绘制流水施工进度图，见表 3-13。

表 3-13　层间有间歇的成倍节拍流水施工进度图

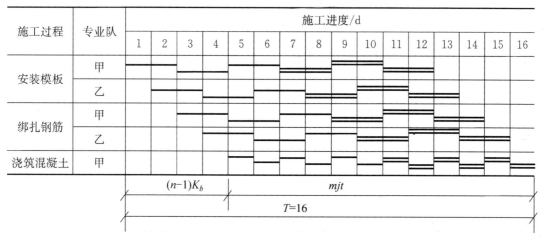

——　==表示施工层

3.3.3　无节奏流水施工

无节奏流水施工又称分别流水施工，是指同一施工过程在各施工段上的流水节拍不全相等,不同的施工过程之间流水节拍也不相等的一种流水施工方式。这种组织施工的方式,在进度安排上比较自由、灵活,是实际工程组织施工最普遍、最常用的一种方法。

1. 无节奏流水施工的特点

(1) 同一施工过程在各施工段上的流水节拍有一个以上不相等。

(2) 各施工过程在同一施工段上的流水节拍也不尽相等。

(3) 保证各专业队(组)连续施工,施工段上可以有空闲。

(4) 施工队组数 n' 等于施工过程数 n。

2. 流水步距的计算

组织无节奏流水施工时,要保证各施工专业队(组)连续施工,关键在于确定适当的流水步距,常用的方法是"累加数列、错位相减、取大差值"。就是将每一施工过程在各施工段上的流水节拍累加成一个数列,两个相邻施工过程的累加数列错一位相减,在几个差值中取一个最大的,即这两个相邻施工过程的流水步距,这种方法称为最大差法。这种方法是由潘特考夫斯基首先提出的,故又称潘特考夫斯基法。这种方法简捷、准确,便于掌握。

3. 流水工期的计算

无节奏流水施工的工期可按下式计算:

$$T = \sum K_{i,i+1} + T_n + \sum Z_1 + \sum Z_2 - \sum C \qquad (3-13)$$

式中: $\sum K_{i,i+1}$——流水步距之和。

应用案例 3-7

【案例概况】

某工程项目,有 Ⅰ,Ⅱ,Ⅲ,Ⅳ,Ⅴ 五个施工过程,分四段施工,每个施工过程在各个施工段上的流水节拍见表 3-14,规定施工过程 Ⅱ 完成后,其相应施工段至少要养护 2 d;施工过程 Ⅳ 完成后,其相应施工段要留有 1 d 的准备时间;为了尽早完工,允许施工过程 Ⅰ 和施工过程 Ⅱ 之间搭接施工 1 d,试组织流水施工。

表 3-14　各施工过程在各施工段上的持续时间

施工过程	施　工　段			
	①	②	③	④
Ⅰ	3	2	2	1
Ⅱ	1	3	5	3
Ⅲ	2	1	3	5
Ⅳ	4	2	3	3
Ⅴ	3	4	2	1

【案例解析】

根据所给资料知,各施工过程在不同的施工段上流水节拍不相等,故可组织无节奏流水施工。

（1）计算流水步距：

① $K_{I,II}$

$$\begin{array}{ccccc} 3 & 5 & 7 & 8 & \\ \to & 1 & 4 & 9 & 12 \\ \hline 3 & 4 & 3 & -1 & -12 \end{array}$$

所以 $K_{I,II}=\max\{3,4,3,-1,-12\}=4(\mathrm{d})$

② $K_{II,III}$

$$\begin{array}{ccccc} 1 & 4 & 9 & 12 & \\ \to & 2 & 3 & 6 & 11 \\ \hline 1 & 2 & 6 & 6 & -11 \end{array}$$

所以 $K_{II,III}=\max\{1,2,6,6,-11\}=6(\mathrm{d})$

③ $K_{III,IV}$

$$\begin{array}{ccccc} 2 & 3 & 6 & 11 & \\ \to & 4 & 6 & 9 & 12 \\ \hline 2 & -1 & 0 & 2 & -12 \end{array}$$

所以 $K_{III,IV}=\max\{2,-1,0,2,-12\}=2(\mathrm{d})$

④ $K_{IV,V}$

$$\begin{array}{ccccc} 4 & 6 & 9 & 12 & \\ \to & 3 & 7 & 9 & 10 \\ \hline 4 & 3 & 2 & 3 & -10 \end{array}$$

所以 $K_{IV,V}=\max\{4,3,2,3,-10\}=4(\mathrm{d})$

（2）计算施工工期 $\sum Z_1=2+1(\mathrm{d})=3(\mathrm{d})$，$\sum C=1(\mathrm{d})$。

代入工期公式计算得

$$T=\sum K_{i,i+1}+T_n+\sum Z_1-\sum C=(4+6+2+4)+(3+4+2+1)+3-1(\mathrm{d})=28(\mathrm{d})$$

（3）绘制流水施工进度图，见表 3-15。

表 3-15 无节奏流水施工进度

3.4 流水施工实例

以框架结构房屋的流水施工为例。

某四层教学楼,建筑面积为 1650 m^2,基础为钢筋混凝土条形基础,主体工程为现浇框架结构。装修工程为铝合金窗、胶合板门,外墙用灰色外墙砖贴面,内墙为中级抹灰,外加106 涂料。屋面工程为现浇钢筋混凝土屋面板;防水层贴一毡二油,外加架空隔热层。其劳动量和施工队的人数见表 3-16。

表 3-16 某四层框架结构教学楼房屋劳动量

序号	分项名称	劳动量/工日	施工队人数
	基础工程		
1	基础挖土	200	27
2	混凝土垫层	16	27
3	基础扎筋	48	6
4	基础混凝土	180	10
5	素混凝土墙基础	60	10
6	回填土	50	8
	主体工程		
7	脚手架	112	
8	柱扎筋	80	10
9	柱梁板楼梯支模	960	20
10	柱浇混凝土	320	20
11	梁板楼梯扎筋	320	20
12	梁板楼梯浇混凝土	720	30
13	拆柱梁板楼梯模板	160	10
14	砌砖墙	720	30
	屋面工程		
15	屋面防水层	56	8
16	屋面隔热层	36	18
	装修工程		
17	楼地面及楼梯抹水泥砂浆	480	30
18	天棚、墙面中级抹灰	640	40
19	天棚、墙面106涂料	46	6
20	铝合金窗	80	10
21	胶合板门	48	6
22	外墙面砖	450	30
23	油漆、玻璃	45	6
24	水电		

本工程由基础分部、主体分部、装修分部、水电分部组成,因其各分部的劳动量差异较大,应采用分别流水,即先分别组织各分部的流水施工,然后再考虑各分部之间的相互搭接施工。具体组织方法如下。

3.4.1　基础工程

基础工程包括基槽挖土、浇筑混凝土垫层、绑扎基础钢筋、浇筑基础混凝土、浇筑素混凝土墙基、回填土施工过程。考虑到基础混凝土垫层劳动量小,可与挖土合并为一个施工过程,又考虑到基础混凝土与素混凝土墙基是同一工种,可以合并为同一施工过程。

基础工程经过合并后共有 4 个施工过程,可组织全等节拍流水,由于占地面积约为 400 m^2,考虑工作面的因素,将其划分为两个施工段,流水节拍和流水工期计算如下。

1. 流水节拍

(1)基槽挖土和垫层的劳动量之和为 216 工日,施工班组人数为 27 人,采用一班制,垫层完成后应养护 1 d,其流水节拍为

$$t_{挖} = \frac{216}{27 \times 2}(d) = 4(d)$$

(2)基础绑扎钢筋,劳动量为 48 工日,施工班组人数为 6 人,采用一班制,其流水节拍为

$$t_{扎} = \frac{48}{6 \times 2}(d) = 4(d)$$

(3)基础混凝土和素混凝土墙基劳动量共 240 工日,施工班组人数为 10 人,采用三班制,基础混凝土完成后需养护 1 d,其流水节拍为

$$t_{混} = \frac{240}{10 \times 2 \times 3}(d) = 4(d)$$

(4)基础回填土其劳动量为 64 工日,施工班组人数为 8 人,采用一班制,其流水节拍为

$$t_{回} = \frac{64}{8 \times 2}(d) = 4(d)$$

2. 基础工程的流水工期

$$T_L = (n-1) \cdot t + mjt = (mj + n - 1)t + \sum Z_1 - \sum C$$
$$= (2 + 4 - 1) \times 4 + 2(d) = 22(d)$$

3.4.2　主体工程

主体工程包括搭拆脚手架,柱扎筋,柱、梁、板、楼梯支模,柱浇混凝土,梁、板、楼梯扎筋,梁、板、楼梯浇混凝土,拆模板,砌砖墙等施工过程。

主体工程由于有层间关系,$m = 2$,$n = 8$,$m < n$,工作班组会出现窝工现象。但框架结构只要模板工程这一主导工程的施工班组连续施工,其余的施工过程的施工班组与其他工地统一考虑调度安排。其流水节拍和施工工期计算如下。

1. 流水节拍

（1）柱扎筋的劳动量为 80 工日，施工班组人数为 10 人，施工段数为 $m＝2×4$（段）＝8（段），采用一班制，其流水节拍为 $t_{柱扎筋}＝\dfrac{80}{10×2×4}$（d）＝1（d）。

（2）柱、梁、板、楼梯支模劳动量为 960 工日，施工班组人数为 20 人，施工段数为 $m＝2×4$（段）＝8（段），采用一班制，其流水节拍为 $t_{支模}＝\dfrac{960}{20×2×4}$（d）＝6（d）。

（3）柱浇筑混凝土的劳动量为 320 工日，施工班组人数为 20 人，施工段数为 $m＝2×4$（段）＝8（段），采用二班制，其流水节拍为 $t_{柱混凝土}＝\dfrac{320}{20×2×4×2}$（d）＝1（d）。

（4）梁、板、楼梯扎筋的劳动量为 320 工日，施工班组人数为 20 人，施工段数为 $m＝2×4$（段）＝8（段），采用一班制，其流水节拍为 $t_{梁、板、楼梯扎筋}＝\dfrac{320}{20×2×4}$（d）＝2（d）。

（5）梁、板、楼梯浇混凝土的劳动量为 720 工日，施工班组人数为 30 人，施工段数为 $m＝2×4$（段）＝8（段），采用三班制，其流水节拍为 $t_{梁、板、混凝土}＝\dfrac{320}{20×2×4×3}$（d）＝1（d）。

（6）实际柱拆模可比梁拆模提前，但计划安排上可视为一个施工过程，即等梁、板、楼梯浇完混凝土后养护 12 d 才拆除模板。

柱、梁、板、楼梯拆模劳动量为 160 工日，施工班组人数为 10 人，施工段数为 $m＝2×4$（段）＝8（段），采用一班制，其流水节拍为 $t_{拆模}＝\dfrac{160}{10×2×4}$（d）＝2（d）。

（7）砌砖墙的劳动量为 720 工日，施工班组人数为 30 人，施工段数为 $m＝2×4$（段）＝8（段），采用一班制，其流水节拍为 $t_{砖墙}＝\dfrac{720}{30×2×4}$（d）＝3（d）。

2. 主体工程的流水工期

$$T_L＝8×t_{支模}＋t_{柱扎筋}＋t_{柱混凝土}＋t_{梁、板、楼梯扎筋}＋t_{梁、板、混凝土}＋t_{养护}＋t_{拆模}＋2×t_{砖墙}$$
$$＝8×6＋1＋1＋2＋1＋12＋2＋2×3（d）＝73（d）。$$

3.4.3　屋面工程

屋面工程包括屋面防水层和隔热层，考虑屋面防水要求高，所以不分段施工，即采用依次施工的方式。屋面防水层的劳动量为 56 工日，施工班组人数为 8 人，采用一班制，其流水节拍为 $t_{防}＝\dfrac{56}{8}$（d）＝7（d）。

屋面隔热层的劳动量为 36 工日，施工班组人数为 18 人，采用一班制，其流水节拍为 $t_{隔热}＝\dfrac{56}{18}$（d）＝2（d）。

3.4.4　装饰工程

装饰工程包括室内装饰和室外装饰两部分，室内装饰主要分为楼地面、楼梯地面、天棚内墙面抹灰、106 涂料、铝合金窗安装、胶合板门安装、油漆、玻璃等施工过程；室外装饰主要有外墙贴面砖一个施工过程。

由于室内装修阶段施工过程多,组织固定节拍较困难,若以楼层来划分施工段,则每一个施工过程都有 4 个施工段,再加上每一施工过程在各施工段上的流水节拍均相等,故可组织异节拍流水施工,其流水节拍、流水步距、施工工期计算如下。

1. 流水节拍

(1) 楼地面、楼梯地面的劳动量为 480 工日,施工班组人数为 30 人,施工段数为 $m=4$ 段,采用一班制,施工完成后其相应施工段应养护 3 d,其流水节拍为 $t_{地面}=\dfrac{480}{30\times 4}$(d)=4(d)。

(2) 天棚内墙面抹灰的劳动量为 640 工日,施工班组人数为 40 人,施工段数为 $m=4$ 段,采用一班制,施工完成后其相应施工段需养护 1 d,其流水节拍为 $t_{抹灰}=\dfrac{640}{40\times 4}$(d)=4(d)。

(3) 铝合金窗安装的劳动量为 80 工日,施工班组人数为 10 人,施工段数为 $m=4$ 段,采用一班制,其流水节拍为 $t_{窗安}=\dfrac{80}{10\times 4}$(d)=2(d)。

(4) 106 涂料的劳动量为 46 工日,施工班组人数为 6 人,施工段数为 $m=4$ 段,采用一班制,其流水节拍为 $t_{涂料}=\dfrac{46}{6\times 4}$(d)=2(d)。

(5) 胶合板门安装的劳动量为 48 工日,施工班组人数为 6 人,施工段数为 $m=4$ 段,采用一班制,其流水节拍为 $t_{门安}=\dfrac{48}{6\times 4}$(d)=2(d)。

(6) 油漆、玻璃的劳动量为 45 工日,施工班组人数为 6 人,施工段数为 $m=4$ 段,采用一班制,其流水节拍为 $t_{油漆}=\dfrac{45}{6\times 4}$(d)=2(d)。

(7) 外墙贴面砖自上而下不分层不分段施工,劳动量为 450 工日,施工班组人数为 30 人,采用一班制,其流水节拍为 $t_{面砖}=\dfrac{450}{30}$(d)=15(d)。

2. 流水步距

(1) 因为 $t_{地面}=t_{抹灰}$,$Z=3$,$C=0$

  所以 $K_{地面、抹灰}=t_{地面}+Z-C=4+3-0$(d)=7(d)

(2) 因为 $t_{抹灰}>t_{窗安}$,$Z=1$,$C=0$

  所以 $K_{抹灰、窗安}=4\times 4-3\times 2+1-0$(d)=11(d)

(3) 因为 $t_{窗安}=t_{门安}$,$Z=0$,$C=0$

  所以 $K_{窗安、门安}=t_{窗安}+Z-C=2+0-0$(d)=2(d)

(4) 因为 $t_{门安}=t_{涂料}$,$Z=0$,$C=0$

  所以 $K_{门安、涂料}=t_{门安}+Z-C=2+0-0$(d)=2(d)

(5) 因为 $t_{涂料}=t_{油漆}$,$Z=0$,$C=0$

  所以 $K_{涂料、油漆}=t_{涂料}+Z-C=2+0-0$(d)=2(d)

3. 流水工期

$$T_L = 7+11+2+2+2+2\times 4(d) = 32(d)$$

根据上述计算的流水节拍、流水步距和流水工期绘制的横道计划见表 3-17。

表 3-17 某四层框架结构教学楼流水施工进度

序号	分项名称	劳动量(工日)	每班人数	班制	天数	施工进度(天)
1	基础工程 基础挖土(含垫层)	216	27	1	8	
2	基础砖防	48	6	1	8	
3	基础混凝土(含墙基)	240	20	1	8	
4	回填土	64	8	1	8	
5	主体工程 脚手架	112				
6	柱筋	80	10	1	9	
7	柱梁板楼板(含梁)	960	20	1	48	
8	柱混凝土(含梁)	320	20	2	8	
9	梁板筋(含梁)	320	20	1	16	
10	梁板混凝土(含梁)	720	30	3	8	
11	拆模	160	10	1	16	
12	砌墙(含门窗框)	720	30	1	24	
13	屋面工程 屋面防水层					
14	屋面隔热层	36	18	1	2	
15	装修工程 楼地面及楼梯水泥砂	480	30	1	16	
16	天棚墙面中级抹灰	640	40	1	16	
17	铝合金窗扇	80	10	1	8	
18	胶合板门	48	6	1	8	
19	天棚墙面106涂料	46	6	1	8	
20	油漆	45	6	1	8	
21	外墙面砖	450	30	1	15	
22	水电					
23	室外工程					

模块小结

本模块通过依次施工、平行施工和流水施工三种组织施工的方式的比较,引出流水施工的概念,并且介绍了流水施工的分类和表达方式;重点阐述了流水施工工艺参数、时间参数及空间参数的确定以及组织流水施工的三种基本方式,并且结合实例阐述了流水施工组织方式在实践中的应用步骤和方法。通过本章的学习,学生要掌握等节奏流水、异节奏流水和无节奏流水的组织方法,并且学会在实践中的应用。

实训练习

一、判断题

1. 平行施工组织方式是全部工程任务的各施工段同时开工、同时完成的一种施工组织方式。　　　　　　　　　　　　　　　　　　　　　　　　　　　　　　　　　　(　　)

2. 异节奏流水施工是指同一施工过程在各个施工段上流水节拍不完全相等的一种流水施工方式。　　　　　　　　　　　　　　　　　　　　　　　　　　　　　　　　　(　　)

3. 安装砌筑类施工过程占有施工空间,影响项目总工期,必须列入施工进度计划中。
　　　　　　　　　　　　　　　　　　　　　　　　　　　　　　　　　　　　(　　)

4. 在流水施工中,不同施工段上同一工序的作业时间一定相等。　　　　　(　　)

5. 流水施工的最大优点是工期短,充分利用工作面。　　　　　　　　　　(　　)

6. 组织流水施工必须使同一施工过程的专业队组保持连续施工。　　　　　(　　)

二、单项选择题

1. 某基础工程在一个施工段上的土方开挖量为 $300 \ m^3$,该工作的产量定额为 $2 \ m^3/$人·天,要求 10 天完成,则完成该工作的劳动班组人数至少需要　　　　　　(　　)
A. 15 人　　　　　　B. 20 人　　　　　　C. 25 人　　　　　　D. 30 人

2. 两个相邻施工队组相继进入同一施工段开始施工的最小时间间隔,称为　(　　)
A. 技术间歇　　　　　　　　　　　　　B. 组织间歇
C. 流水节拍　　　　　　　　　　　　　D. 流水步距

3. 某施工段上的工程量为 $400m^3$,由某专业工作队施工,已知计划产量定额为 $10m^3/$工日,每天安排两班制,每班 5 人,则流水节拍为　　　　　　　　　　　　(　　)
A. 3 天　　　　　　B. 4 天　　　　　　C. 5 天　　　　　　D. 6 天

4. 流水施工的普遍形式是　　　　　　　　　　　　　　　　　　　　　　(　　)
A. 等节奏流水施工　　　　　　　　　　B. 异步距异节拍流水施工
C. 等步距异节拍流水施工　　　　　　　D. 无节奏流水施工

三、多项选择题

1. 用以表达流水施工在空间布置上所处状态的参数,主要有　　　　　　　(　　)
A. 工作面　　　　　　　　　　　　　　B. 施工段数
C. 流水强度　　　　　　　　　　　　　D. 施工层数
E. 施工过程数

2. 用以表达流水施工在施工工艺上开展顺序及其特征的参数包括 　　　　（　　）

A. 流水强度　　　　　　　　　　B. 工作面

C. 施工段数　　　　　　　　　　D. 施工过程数

E. 施工层数

3. 流水强度取决于 　　　　　　　　　　　　　　　　　　（　　）

A. 资源量　　　　　　　　　　　B. 资源种类

C. 工程量　　　　　　　　　　　D. 产量定额

E. 工作面

四、填空题

1. 根据组织流水施工的工程对象的范围大小,流水施工可分为_____流水施工、_____流水施工、_____流水施工和群体工程流水施工。

2. 组织施工的三种方式是_____、_____、_____。

3. 流水施工参数包括_____参数、_____参数和_____参数。

五、计算题

1. 某工程由 A,B,C 三个施工过程组成,划分两个施工层组织流水施工,各施工过程的流水节拍均为 3 天,其中,施工过程 A,B 之间有 2 天的技术间歇时间,层间技术间歇为 1 天。试确定流水步距、施工段数,计算工期,并在所给图中绘制流水施工进度横道计划图。

施工过程	施工进度(天)															
	2	4	6	8	10	12	14	16	18	20	22	24	26	28	30	32
A																
B																
C																

2. 某两层现浇钢筋混凝土工程,支模、扎筋、浇混凝土的流水节拍分别为 4 天、4 天、2 天,支模工作队需待第一层第一段的混凝土养护 2 天后,才能转移到第二层第一段施工。试组织等步距异节拍流水施工,计算流水施工工期。

3. 某工程的各个施工过程在各个施工段上的流水节拍见下表(单位:天),试组织无节奏流水施工,确定流水步距和流水组工期,并绘制流水施工横道计划图。

施工过程	施工段			
	①	②	③	④
Ⅰ	3	5	5	6
Ⅱ	4	4	6	3
Ⅲ	3	5	4	4
Ⅳ	5	3	3	2

4. 一栋二层建筑的抹灰及楼地面工程,划分为顶板及墙面抹灰、楼地面石材铺设 2 个施工过程,抹灰有 3 层做法,每层抹灰工作的持续时间为 32 d;铺设石材定为 16 d,该建筑在平面上划分为 4 个流水段组织施工。

问题：

(1) 什么是异节奏流水施工？其流水参数有哪些？

(2) 简述组织流水施工的主要过程。

(3) 什么是工作持续时间？什么是流水节拍？如果资源供应能够满足要求，请按成倍节拍流水施工方式组织施工，确定其施工工期。

5. 某二层分部工程划分为 A,B,C,D 四个施工过程，流水节拍均为 3 天，在第二个施工过程结束后有 2 天的技术间歇时间，层间间歇为 4 天。试组织流水施工。

6. 某两层现浇钢筋混凝土楼盖工程，框架平面尺寸为 17.4 m×144 m，沿长度方向每隔 48 m 留一道伸缩缝。且知 $t_{模}$＝4 天，$t_{筋}$＝2 天，$t_{混}$＝2 天，层间间歇时间为 4 天。试组织流水施工。

7. 某分部工程包括 A,B,C,D 四个施工过程，流水节拍分别为 t_A＝2 天、t_B＝6 天、t_C＝4 天、t_D＝2 天，分四个施工段，且 A,C 完成后各有 1 天的技术间歇时间，试组织流水施工。

8. 某分部工程包括 A,B,C,D 四个施工过程，平面上划分四个施工段，已知流水节拍如下：t_A＝3 天、t_B＝5 天、t_C＝3 天、t_D＝4 天。试组织流水施工。

9. 某施工项目有关资料见下表，且Ⅲ做好后需有 2 天的技术间歇时间。试组织流水施工。

m \ n	Ⅰ	Ⅱ	Ⅲ	Ⅳ
1	3	2	3	3
2	2	3	4	4
3	4	2	3	3
4	3	3	3	3
5	2	3	4	2

模块四
网络计划技术

【任务目标】

掌握双代号网络计划技术和单代号网络计划技术的绘制方法和时间参数的计算方法，能绘制时标网络计划，进行网络计划的优化，并能编制一般的施工网络计划。

【案例引入】

20 世纪 50 年代，关键路线法和计划评审技术的出现使系统的计划与管理进入一个新的阶段。

关键线路法（Critical Path Method，CPM）是美国杜邦公司为建造新工厂从事计划与管理的研究而提出的，并在 1958 年的建厂工作中发挥了很大作用，使工程工期提前两个月，初步显示出其优越性。而后，杜邦公司不仅把 CPM 法应用于大型工程，而且也应用于小型工程和维修工程，都同样收到了良好的效果。美国加泰迪克公司在 47 项工程中使用 CPM 法，平均节约时间 22%，节约资金 15%，其效果是显著的。

该方法以网络图的形式表示各工序之间在时间和空间上的相互关系以及各工序的工期，通过时间参数的计算，确定关键线路和总工期，从而制订出系统计划并指示出系统管理的关键所在。

该方法问世后，立刻引起世界各国的重视，很多国家引入该方法都收到了良好的效果。1961 年，华罗庚教授将该方法引入我国并推广到各行各业，并派生出一些新的方法，如时间—费用网络等，使其内容更加丰富。目前，将甘特图法与关键线路法配合使用收到了良好的效果。

计划评审技术（Program Evaluation and Review Technique，PERT，也称计划协调技术）是美国海军特种计划局和洛克希德公司、汉米尔顿公司于 1958 年 1 月联合开发的一种新的计划管理方法。它的首次应用使美国"北极星"导弹潜艇工程的工期由原计划的十年缩短为八年。由于它的成功，自 1962 年起美国政府规定一切新开发的工程项目必须采用这种方法。

4.1 网络计划技术概述

4.1.1 网络计划技术的概念

网络计划技术是指用网络计划对任务的工作进度进行安排和控制，以保证实现预定目标的科学的计划管理技术。其中，网络计划是指用网络图表达任务构成、工作顺序并加注工作时间参数的施工进度计划。而网络图是指由箭线和节点组成，用来表达工作流程的有向、有序的网状图形，包括单代号网络图和双代号网络图，如图 4-1 所示。

顾名思义,单代号网络图是指以一个节点及其编号(即一个代号)表示工作的网络图;双代号网络图是指以两个代号表示工作的网络图。由于工程中最为常见的是双代号网络图,因此,本文以下所述网络图如无特别说明均指双代号网络图。

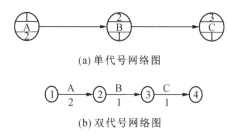

(a) 单代号网络图

(b) 双代号网络图

图 4 - 1　单代号、双代号网络图

4.1.2　网络计划技术的基本内容与基本原理

1. 网络计划技术的基本内容

(1) 网络图

网络图是指网络计划技术的图解模型,是由节点和箭线组成的,用来表示工作流程的有向、有序网状图形。网络图的绘制是网络计划技术的基础工作。

(2) 时间参数

在实现整个工程任务过程中,需要借助时间参数反映人、事、物的运动状态,包括各项工作的作业时间、开工与完工的时间、工作之间的衔接时间、完成任务的机动时间及工期等。

通过计算网络图中的时间参数,求出工程工期并找出关键路径和关键工作。关键工作完成的快慢直接影响整个计划的工期,在计划执行过程中关键工作是管理的重点。

(3) 网络优化

网络优化是指根据关键路线法,通过利用时差,不断改善网络计划的初始方案,在满足一定的约束条件下,寻求管理目标最优化的计划方案。网络优化是网络计划技术的主要内容之一,也是较之其他计划方法优越的主要方面。

(4) 实施控制

前面所述计划方案毕竟只是计划性的东西,在计划执行过程中往往由于种种因素的影响,需要对原有网络计划进行有效的监督与控制,并不断地进行调整、完善,保证合理地使用人力、物力和财力,以最小的消耗取得最大的经济效果。

2. 网络计划技术的基本原理

(1) 理清某项工程中各施工过程的开展顺序和相互制约、相互依赖的关系,正确绘制出网络图。

(2) 通过对网络图中各时间参数进行计算,找出关键工作和关键线路。

(3) 利用最优化原理,改进初始方案,寻求最优网络计划方案。

(4) 在计划执行过程中,通过信息反馈进行监督与控制,以保证达到预定的计划目标,确保以最少的消耗,获得最佳的经济效果。

4.2 双代号网络图的绘制

4.2.1 双代号网络图的构成

双代号网络图由节点、箭线以及线路构成。

1. 节点

节点用圆圈或其他形状的封闭图形画出,表示工作或任务的开始或结束,起联结作用,不消耗时间与资源。根据节点位置的不同,分为起点节点、终点节点和中间节点。

(1) 起点节点

网络图的第一个节点,表示一项任务的开始。

(2) 终点节点

网络图的最后一个节点,表示一项任务的完成。

(3) 中间节点

中间节点又包括箭尾节点和箭头节点。箭尾节点和箭头节点是相对于一项工作(不是任务)而言的,若节点位于箭线的箭尾即箭尾节点;若节点位于箭线的箭头即箭头节点。箭尾节点表示本工作的开始、紧前工作的完成,箭头节点表示本工作的完成、紧后工作的开始。

2. 箭线

箭线与其两端节点表示一项工作,有实箭线和虚箭线之分。实箭线表示的工作有时间的消耗或同时有资源的消耗,被称为实工作(如图 4-2);虚箭线表示的是虚工作(如图 4-3),它没有时间和资源的消耗,仅用以表达逻辑关系。

图 4-2 实工作　　　　图 4-3 虚工作

网络图中的工作可大可小,可以是单位工程也可以是分部(分项)工程。网络图中,工作之间的逻辑关系分为工艺逻辑关系和组织逻辑关系两种,具体表现为紧前、紧后关系,先行、后续关系以及平行关系(如图 4-4)。

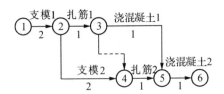

图 4-4 某混凝土工程双代号网络图

相对于某一项工作(称其为本工作)来讲,紧挨在其前边的工作称为紧前工作(如扎筋 1是浇混凝土 1 的紧前工作,同时扎筋 1 也是扎筋 2 的紧前工作);紧挨在其后边的工作称为紧后工作(如浇混凝土 1 是扎筋 1 的紧后工作,同时,扎筋 2 也是扎筋 1 的紧后工作);与本工作同时进行的工作称为平行工作(如扎筋 1 和支模 2 互为平行工作);从网络图起点节点开始到达本工作之前为止的所有工作,称为本工作的先行工作;从紧后工作到达网络图终点节点的所有工作,称为本工作的后续工作。

3. 线路

网络图中,由起点节点出发沿箭头方向顺序通过一系列箭线与节点,到达终点节点的通路称为线路。其中,线路上总的工作持续时间最长的线路称为关键线路,关键线路上的工作称为关键工作,用粗箭线、红色箭线或双箭线画出。关键线路上的各工作持续时间之和,代表整个网络计划的工期。

4.2.2　双代号网络图的绘制(非时标网络计划)

1. 要正确表达逻辑关系(见表 4 - 1)

表 4 - 1　各工作之间逻辑关系的表示方法

序号	各工作之间的逻辑关系	双代号表示方法
1	A,B,C 依次进行	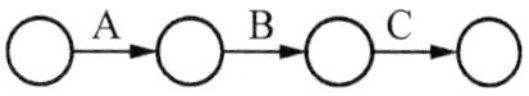
2	A 完成后进行 B 和 C	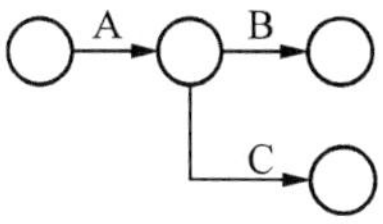
3	A 和 B 完成后进行 C	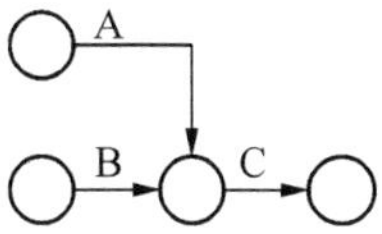
4	A 完成后同时进行 B,C,B 和 C 完成后进行 D	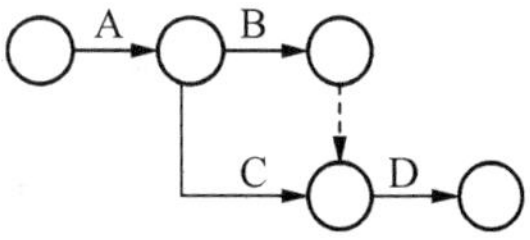
5	A,B 完成后进行 C 和 D	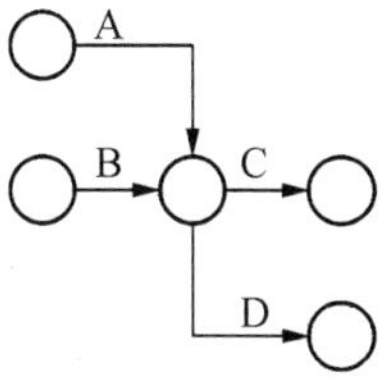
6	A 完成后进行 C;A,B 完成后进行 D	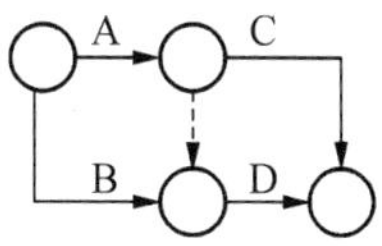
7	A,B 活动分成三段进行流水施工	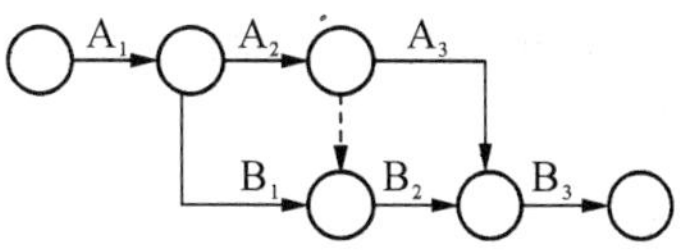

2. 遵守网络图的绘制规则

(1) 在同一网络图中,工作或节点的字母代号或数字编号不允许重复(如图 4 - 5)。

(2) 在同一网络图中,只允许有一个起点节点和一个终点节点(如图 4 - 6)。

(3) 在网络图中,不允许出现循环回路(如图 4 - 7)。

图 4-5 编号重复

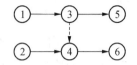

图 4-6 起点、终点不唯一

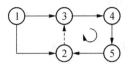

图 4-7 出现循环回路

（4）网络图的主方向是从起点节点到终点节点的方向,绘制时应尽量做到横平竖直。

（5）严禁出现无箭头和双向箭头的连线（如图 4-8）。

（6）代表工作的箭线,其首尾必须有节点（如图 4-9）。

（7）绘制网络图时,应尽量避免箭线交叉。避免箭线交叉时可采用过桥法或指向法（如图 4-10、图 4-11）。

图 4-8 无箭头和双向箭头

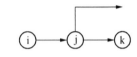

图 4-9 少节点

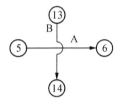

图 4-10 过桥法

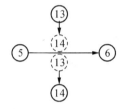

图 4-11 指向法

（8）当某一节点与多个（4 个或以上）内向或外向箭线相连时,应采用母线法绘制（如图 4-12）。

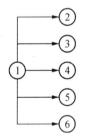

图 4-12 母线法

另外,网络图中不应出现不必要的虚箭线（如图 4-13）。

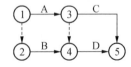

图 4-13 ①、②间有多余虚箭线

3. 双代号网络图绘制方法与步骤

(1) 按网络图的类型,合理确定排列方式与布局。

(2) 从起始工作开始,自左至右依次绘制,直到全部工作绘制完毕为止。

(3) 检查工作和逻辑关系有无错漏并进行修正。

(4) 按网络图绘图规则完善网络图。

(5) 按箭尾节点小于箭头节点的编号要求对网络图各节点进行编号。

4. 虚箭线的判定

(1) 若 A,B 两工作的紧后工作中既有相同的又有不同的,那么 A,B 工作之间须用虚箭线连接,且虚箭线的个数为:

① 当只有一方有区别于对方的紧后工作时,用 1 个虚箭线(如图 4-14);

② 当双方互有区别于对方的紧后工作时,用 2 个虚箭线(如图 4-14)。

(2) 若有 n 个工作同时开始、同时结束(即并行工作),那么这 n 个工作之间须用 $n-1$ 个虚箭线连接,如图 4-15 所示。

5. 双代号网络图绘制示例

【例 4-1】　工作关系明细表一(见表 4-2),试绘制双代号网络图。

表 4-2　工作关系明细表一

本工作	A	B	C	D	E	F	G
紧前工作	—	—	A	A,B	C	C,D	D
紧后工作	C,D	D	E,F	F,G	—	—	—

【解】　由虚箭线的判定(1)可以判断工作 A,B 间有 1 个虚箭线,工作 C,D 间有 2 个虚箭线,于是可画出网络图如图 4-14 所示。

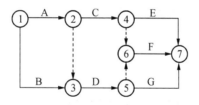

图 4-14　网络图

【例 4-2】　工作关系明细表二(见表 4-3),试绘制双代号网络图。

表 4-3　工作关系明细表二

本工作	A	B	C	D
紧前工作	—	—	—	—
紧后工作	—	—	—	—

【解】　由虚箭线的判定(2)可以画出网络图如图 4-15(a)或 4-15(b)所示。

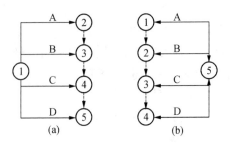

图 4-15　双代号网络图

4.3　双代号网络图的时间参数计算

4.3.1　基本时间参数

1. 工作持续时间

工作持续时间是指一项工作从开始到完成的时间,用 D_{i-j} 表示。工作持续时间 D_{i-j} 可采用公式计算法、三时估计法、倒排计划法等方法计算。

(1) 公式计算法

公式计算法为单一时间计算法,主要是根据劳动定额、预算定额、施工方法、投入的劳动力、机具和资源量等资料进行确定的。计算公式见式(4-1)。

$$D_{i-j} = \frac{Q}{S \cdot R \cdot n} \tag{4-1}$$

式中：D_{i-j}——完成 $i-j$ 工作需要的持续时间;

　　　Q——该项工作的工程量;

　　　R——投入 $i-j$ 工作的人数或机械台数;

　　　S——产量定额(机械为台班产量);

　　　n——工作班制。

(2) 三时估计法

由于网络计划中各项工作的可变因素多,若不具备一定的时间消耗统计资料,则不能确定出一个肯定的单一时间值。此时需要根据概率计算方法,首先估计出三个时间值,即最短、最长和最可能持续时间,再加权平均算出一个期望值作为工作的持续时间。这种计算方法叫作"三时估计法",其计算公式见式(4-2)。

$$m = \frac{a + 4c + b}{6} \tag{4-2}$$

式中：m——工作的平均持续时间;

　　　a——最短估计时间(亦称乐观估计时间);

　　　b——最长估计时间(亦称悲观估计时间);

　　　c——最可能估计时间(完成某项工作最可能的持续时间)。

2. 工期

(1) 计算工期

是指通过计算求得的网络计划的工期,用 T_c 表示。

(2) 要求工期

是指任务委托人提出的指令性工期,用 T_r 表示。

(3) 计划工期

是指根据要求工期和计算工期所确定的作为实施目标的工期,用 T_p 表示。通常,$T_p \leqslant T_r$ 或 $T_p = T_c$。

4.3.2　工作的时间参数

1. 工作的最早开始时间

是指各紧前工作全部完成后,本工作有可能开始的最早时刻,用 ES_{i-j} 表示。

2. 工作的最早完成时间

是指各紧前工作全部完成后,本工作有可能完成的最早时刻,用 EF_{i-j} 表示。

3. 工作的最迟开始时间

是指在不影响整个任务按期完成的前提下,工作必须开始的最迟时刻,用 LS_{i-j} 表示。

4. 工作的最迟完成时间

是指在不影响整个任务按期完成的前提下,工作必须完成的最迟时刻,用 LF_{i-j} 表示。

5. 工作的自由时差

是指在不影响其紧后工作最早开始时间的前提下,本工作可以利用的机动时间,用 FF_{i-j} 表示。

6. 工作的总时差

是指在不影响总工期的前提下,本工作可以利用的机动时间,用 TF_{i-j} 表示。

说明:以上所说工作均指的是实工作,虚工作本身不是工作,不参加时间计算。

4.3.3　节点的时间参数

1. 节点的最早时间

是指双代号网络计划中,以该节点为开始节点的各项工作的最早开始时间,用 ET_i 表示。

2. 节点的最迟时间

是指双代号网络计划中,以该节点为完成节点的各项工作的最迟完成时间,用 LT_i 表示。

4.3.4　双代号网络计划时间参数计算

1. 按工作计算法计算时间参数

按工作计算法是指以网络计划中的工作为对象直接计算工作的 6 个时间参数,并将计算结果标注在箭线上方,如图 4-16 所示。

图 4-16　工作计算法时间参数的标注

下面以图4-17为例介绍按工作计算法计算时间参数的过程,并将计算结果标示于图4-18中。

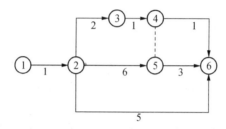

图 4-17　双代号网络计划

1) 计算工作的最早时间

工作的最早时间即最早开始时间和最早完成时间。计算时应从网络计划的起点节点开始,顺箭线方向逐个进行计算。具体计算步骤为:

(1) 最早开始时间

① 以起点节点为开始节点的工作,其最早开始时间若未规定则为零。

② 其他工作的最早开始时间

a. 当其紧前工作只有1个时,$ES_{i-j}=EF_{h-i}=ES_{h-i}+D_{h-i}$;

b. 当其紧前工作有2个或以上时,$ES_{i-j}=\max\{EF_{x-i}\}=\max\{ES_{x-i}+D_{x-i}\}$。

式中,EF_{h-i},EF_{x-i}指工作$i-j$的紧前工作的最早完成时间;ES_{h-i},ES_{x-i}指工作$i-j$的紧前工作的最早开始时间;x指工作$i-j$所对应的紧前工作的开始节点。

以上求解工作最早开始时间的过程可以概括为"顺线累加,逢内取大"。

(2) 最早完成时间

$$EF_{i-j} = ES_{i-j} + D_{i-j}$$

应指出 $T_c=\max\{EF_{x-n}\}=10$。通常 $T_p=T_c$。

式中:x ——与终点节点 n 对应的工作的开始节点。

2) 计算工作的最迟时间

(1) 计算工作的最迟完成时间

① 以终点节点为结束节点的工作的最迟完成时间

$$LF_{x-n} = T_p$$

② 其他工作的最迟完成时间

a. 当只有1个紧后工作时,$LF_{i-j}=LF_{j-k}-D_{j-k}=LS_{j-k}$;

b. 当有2个或以上紧后工作时,$LF_{i-j}=\min\{LF_{j-x}-D_{j-x}\}=\min\{LS_{j-x}\}$。

式中,x 指与工作$i-j$的紧后工作对应的工作的结束节点。

以上求解工作最迟完成时间的过程可以概括为"逆线递减,逢外取小"。其意思为逆着箭线方向将依次经过的工作的持续时间逐步递减,若遇到外向节点(即有 2 个或以上箭线流出的节点,如图 4-17 中的节点②和节点④),则应取经过各外向箭线的所有线路上工作的持续时间的最小值,作为本工作的最迟完成时间。

可以看出,求解工作的最迟完成时间与求解工作的最早开始时间的过程是相反的。

(2)计算工作的最迟开始时间

$$LS_{i-j} = LF_{i-j} - D_{i-j}$$

3)计算工作的自由时差

① 对于有紧后工作的(紧后工作不含虚工作)

a. 若只有 1 个紧后工作

$$FF_{i-j} = ES_{j-k} - EF_{i-j} = ES_{j-k} - ES_{i-j} - D_{i-j} = LAG_{i-j,j-k}$$

b. 若有 2 个或以上紧后工作

$$FF_{i-j} = \min\{LAG_{i-j,j-x}\}$$

式中:x——工作 $i-j$ 对应的紧后工作的结束节点;

$LAG_{i-j,j-x}$——工作 $i-j$ 与其紧后工作之间的时间间隔,紧前、紧后两个工作之间的时间间隔等于紧后工作的最早开始时间减去本工作的最早完成时间,即

$$LAG_{i-j,j-k} = ES_{j-k} - EF_{i-j}$$

② 对于无紧后工作的

$$FF_{x-n} = T_p - EF_{x-n} = T_p - ES_{x-n} - D_{x-n}$$

4)计算工作的总时差

$$TF_{i-j} = LF_{i-j} - EF_{i-j} = LS_{i-j} - ES_{i-j}$$

5)确定关键工作和关键线路

总时差为 0 的工作为关键工作,如工作①→②,②→⑤,⑤→⑥。由关键工作形成的线路即关键线路,如图 4-18 所示,线路①→②→⑤→⑥为关键线路。

2. 按节点计算法

1)计算节点的最早时间和最迟时间

(1)节点最早时间

是指该节点所有紧后工作的最早可能开始时刻。

① 起点节点

令 $ET_1=0$。

② 其他节点

a. 若该节点不是内向节点,$ET_j=ET_i+D_{i-j}$;

b. 若该节点是内向节点,则 $ET_j=\max\{ET_i+D_{i-j}\}$。

式中:ET_j——工作 $i-j$ 的完成节点 j 的最早时间;

ET_i——工作 $i-j$ 的开始节点 i 的最早时间；

D_{i-j}——工作 $i-j$ 的持续时间。

可见，计算节点的最早时间可按照"顺线累加，逢内取大"进行。

（2）节点最迟时间

是指该节点所有紧前工作最迟必须结束的时刻。它应是以该节点为完成节点的所有工作最迟必须结束的时刻。若迟于这个时刻，紧后工作就要推迟开始，整个网络计划的工期就要延迟。

由于终点节点代表整个网络计划的结束，因此要保证计划总工期，终点节点的最迟时间应等于此工期。

① 令终点节点的最迟时间 $LT_n = ET_n$。

② 其他节点的最迟时间

a. 若该节点不是外向节点，$LT_i = LT_j - D_{i-j}$；

b. 若该节点是外向节点，则 $LT_i = \min\{LT_x - D_{i-j}\}$

式中：LT_i——工作 $i-j$ 的开始节点 i 的最迟时间；

LT_j——工作 $i-j$ 的完成节点 j 的最迟时间；

D_{i-j}——工作 $i-j$ 的持续时间；

x ——与 i 节点对应的箭头节点。

计算节点的最迟时间可按照"逆线递减，逢外取小"进行。节点时间参数计算结果如图 4-19 所示。

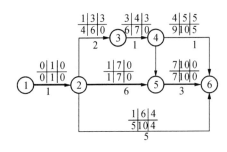

图 4-18　双代号网络计划计算结果

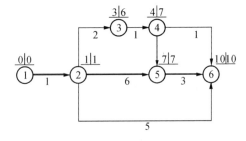

图 4-19　节点时间参数计算

2）采用节点的时间参数计算工作的时间参数

（1）利用节点计算工作的最早开始、完成时间

$$ES_{i-j} = ET_i$$

$$EF_{i-j} = ES_{i-j} + D_{i-j} = ET_i + D_{i-j}$$

（2）利用节点计算工作的最迟完成、开始时间

$$LF_{i-j} = LT_j$$

$$LS_{i-j} = LF_{i-j} - D_{i-j} = LT_j - D_{i-j}$$

（3）利用节点计算工作的自由时差

$$FF_{i-j} = \min\{ES_{j-k} - EF_{i-j}\} = \min\{ES_{j-k} - ES_{i-j} - D_{i-j}\}$$

$$=\min\{ES_{j-k}\}-ES_{i-j}-D_{i-j}=\min\{ET_j\}-ET_i-D_{i-j}$$

（4）利用节点计算工作的总时差

$$TF_{i-j}=LF_{i-j}-EF_{i-j}=LT_j-(ES_{i-j}+D_{i-j})$$
$$=LT_j-ET_i-D_{i-j}$$

3. 按"图上法"直接计算

利用图 4-16 中节点时间和工作时间以及工作时差之间的位置关系直接从图上计算，计算方法如图 4-20 所示。计算之前必须先准确计算出各节点的时间参数。

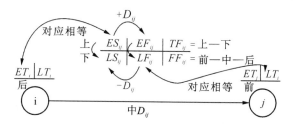

图 4-20　"图上法"直接计算工作时间参数

4.3.5　时标网络计划的时间参数计算

1. 时标网络计划的绘制

1）时间坐标网络计划的基本概念

时间坐标网络计划吸取了横道计划的优点，是以时间坐标（工程标尺）为尺度绘制的网络计划。在时标网络图中，用工作箭线的水平投影长度表示其持续时间的多少，从而使网络计划具备直观、明了的特点，更加便于使用。

2）时标网络计划的绘制

绘制（早）时标网络计划时，通常采用标号法，采用此法可以迅速确定节点的标号值（即坐标或位置），同时还可以迅速地确定关键线路和计算工期，确保能够快速、正确地完成时标网络图的绘制。标号法的格式为（源节点，标号值）。

下面仍以图 4-16 所示双代号网络图为例说明标号法的操作方法，计算结果如图 4-18 所示。

（1）起点节点的标号值为零。本例中节点①的标号值为零，即 $b_1=0$。

（2）其他节点的标号值根据下式按照节点编号由小到大的顺序逐个计算：

$$b_j=\max\{b_i+D_{i-j}\}（顺线累加，逢内取大）$$

式中：b_j——工作 $i-j$ 的完成节点的标号值；

　　　b_i——工作 $i-j$ 的开始节点的标号值；

　　　D_{i-j}——工作 $i-j$ 的持续时间。

求解其他节点标号值的过程，可用"顺线累加，逢内取大"八个字来概括，即顺着箭线方向将流向待求节点的各个工作的持续时间累加在一起，若是该节点为内向节点（有 2 个或以上箭线流入的节点称为内向节点，如节点⑤和节点⑥），则应取各线路工作持续时间累加结果的最大值。本例中，各节点的标号值为

$$b_2 = b_1 + D_{1-2} = 0 + 1 = 1; b_3 = b_2 + D_{2-3} = 1 + 2 = 3; b_4 = b_3 + D_{3-4} = 3 + 1 = 4$$

$$b_5 = \max\{b_2 + D_{2-5}, b_4 + D_{4-5}\} = \max\{1 + 6, 4 + 0\} = 7$$

$$b_6 = \max\{b_2 + D_{2-6}, b_4 + D_{4-6}, b_5 + D_{5-6}\} = 10$$

(3) 终点节点的标号值即网络计划的计算工期。

本例中终点节点⑥的标号值 10 即该网络计划的计算工期。

(4) 通过标号计算,逆着箭线根据源节点,还可以确定网络计划的关键线路。

如本例中,可以找出关键线路 ①→②→⑤→⑥,标示于图 4-21 中。

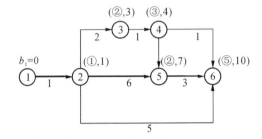

图 4-21　某双代号网络图标号值

采用标号法计算出各节点的标号值之后,根据标号值里的节点最早时间将各节点定位在时间坐标上,然后根据关键线路划出关键工作。非关键工作在连接时应根据其工作持续时间连接开始与结束节点,除去工作持续时间之后,时间刻度如有剩余则划波形线。绘图结果如图 4-22 所示。

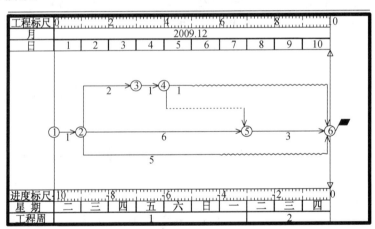

图 4-22　某双代号网络图之早时标网络图

2. 时标网络计划时间参数计算

实际工程上所用网络计划为时标网络计划,因此切不可忽视时标网络计划的时间参数计算。这里仍然以图 4-17 为例,进行时间参数计算。

(1) 工作最早开始时间和最早完成时间

图 4-22 所示时标网络图为早时标网络图,早时标网络图是以工作的最早开始时间进行绘制的。因此,工作箭线左端节点中心对应的时标值(工程标尺)即该工作的最早开始时间。工作箭线实线部分右端点对应的时标值即该工作的最早完成时间。各工作(不包括虚

工作)的最早开始时间和最早完成时间见表 4-4。

表 4-4　时间参数表

工　作	时　间　参　数						
	工作持续时间(D)	最早开始时间(ES)	最早完成时间(EF)	自由时差(FF)	总时差(TF)	最迟开始时间(LS)	最迟完成时间(LF)
①—②	1	0	1	0	0	0	1
②—③	2	1	3	0	3	4	6
②—⑤	6	1	7	0	0	1	7
②—⑥	5	1	6	4	4	5	10
③—④	1	3	4	0	3	6	7
④—⑥	1	4	5	5	5	9	10
⑤—⑥	3	7	10	0	0	7	10

（2）工作自由时差的判定

以终点节点为箭头节点的工作,其自由时差应等于计划工期与工作最早完成时间之差,即

$$FF_{x-n} = T_P - EF_{x-n}$$

式中：FF_{x-n}——以网络计划终点节点 n 为箭头节点的工作的总自由差；

　　　T_P——网络计划的计划工期；

　　　EF_{x-n}——以网络计划终点节点 n 为箭头节点的工作的最早完成时间。

其他工作的自由时差就是该工作箭线中波形线的水平投影长度。

各工作的自由时差见表 4-4。

（3）工作总时差的判定

工作总时差的判定应从网络计划的终点节点开始,逆着箭线方向依次进行。

以终点节点为箭头节点的工作,其总时差应等于计划工期与本工作最早完成时间之差,即

$$TF_{x-n} = T_P - EF_{x-n}$$

式中：TF_{x-n}——以网络计划终点节点 n 为箭头节点的工作的总时差。

其他工作的总时差等于其紧后工作的总时差加本工作与该紧后工作之间的时间间隔所得之和的最小值,即

$$TF_{i-j} = \min\{TF_{j-x} + LAG_{i-j,j-x}\}$$

式中：TF_{i-j}——工作 $i-j$ 的总时差；

　　　TF_{j-x}——工作 $i-j$ 的紧后工作 $j-x$(不包括虚工作)的总时差；

　　　$LAG_{i-j,j-x}$——工作 $i-j$ 与其紧后工作 $j-x$(不包括虚工作)之间的时间间隔。

各工作的总时差见表 4-5。

（4）工作最迟开始时间和最迟完成时间的判定

工作的最迟开始时间等于本工作的最早开始时间与其总时差之和,即

$$LS_{i-j} = ES_{i-j} + TF_{i-j}$$

工作的最迟完成时间等于本工作的最早完成时间与其总时差之和，即

$$LF_{i-j} = EF_{i-j} + TF_{i-j}$$

各工作的最迟开始时间和最迟完成时间，见表 4-5。

表 4-5　各工作的最迟时间参数表

工　　　作	①—②	②—③	②—⑤	②—⑥	③—④	④—⑥	⑤—⑥
最迟开始时间(LS)	0	4	1	5	6	9	7
最迟完成时间(LF)	1	6	7	10	7	10	10

4.4　单代号网络计划

在双代号网络图中，为了正确地表达网络计划中各项工作之间的逻辑关系，引入了虚工作这一概念，通过绘制和计算可以看到增加了虚工作也是很麻烦的事，不仅增加了工作量，也使图形增大，使得计算更费时间表。因此，人们在使用双代号图来表示计划的同时，也设想了第二种计划网络图——单代号网络图，从而解决了双代号网络图的缺点。

4.4.1　单代号网络图的三要素和表示方法

1. 单代号网络计划及三要素

单代号网络计划是用一个代号表示一项工作并加注工作持续时间而形成的网络计划。单代号网络图是以节点及其编号表示工作，以箭线表示紧邻工作之间的逻辑关系的网络图，它由节点、箭线和线路组成，如图 4-23 所示。

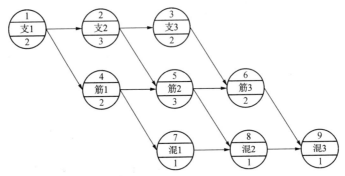

图 4-23　单代号网络计划

2. 单代号网络计划的表示方法

如图 4-24 所示。

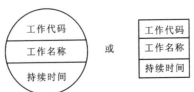

图 4-24　单代号表示方法

4.4.2　单代号网络图的优点

单代号网络图绘制方便,不必增加虚工作,在这一点弥补了双代号网络图的不足,所以,近年来在国外,特别是欧洲新发展起来的几种形式的网络计划,如决策网络计划(DCPM)、图示评审技术(GERT)等都是采用单代号表示法表示的。

根据使用者反映,单代号网络图具有便于说明、容易被非专业人员所理解和易于修改的优点。这对于推广应用统筹法编制工程进度计划、进行全面科学管理是有益的。

在应用电子计算机进行网络计算和优化的过程中,人们认为双代号网络图更为简便,这主要是由于双代号网络图用两个节点代表一项工作,这样可以自然地直接反映出其紧前工作或紧后工作的关系,而单代号网络图就必须按工作逐个列出其直接紧前或紧后工作,也即采用所谓自然排序的方法来检查其紧前、紧后工作关系,这就需要占用计算机更多的存贮单元。但是,通过已有的计算程序计算,两者的运算时间和费用的差额是很小的。

既然单代号网络图具有上述优点,为什么人们还要继续使用双代号网络图呢? 这主要是一个"习惯问题",我们首先接受和采用的是双代号网络图,其推广时间较长。另一个重要原因是用双代号网络图表示工程进度比单代号网络图更为形象,特别是在应用带时间坐标的网络图中。

4.4.3　单代号网络图绘制原则

同双代号网络图的绘制一样,单代号网络图的绘制也必须遵循一定的逻辑规则。当违背了这些规则时,就可能出现逻辑关系混乱、无法判别各工作之间的直接紧前或直接紧后关系,无法进行网络图的时间参数计算。

(1) 当有多项工作同时开始或有多项工作同时结束时,可以虚拟一个起点节点和终点节点。这是为了保证单代号网络计划有一个起点和一个终点,这也是单代号网络图所特有的。

(2) 网络图中不允许出现循环回路。

(3) 网络图中不允许出现有重复编号的工作,一个编号只能代表一项工作。

(4) 在网络图除起点节点和终点节点外,不允许出现其他没有内向箭线的工作节点和没有外向箭线的工作节点。

(5) 为了计算方便,网络图的编号应是箭头编号大于箭尾编号。

4.4.4　单代号网络计划的绘制步骤

(1) 要从左向右逐个处理已经确定的逻辑关系;

(2) 当出现多个"起点节点"或多个"终点节点"时,应在网络图的两端设置一个虚拟的起点节点或终点节点;

(3) 绘制完成后,要认真检查逻辑关系是否正确;

(4) 检查无误,进行节点编号。

4.4.5 单代号网络图时间参数及其计算

1. 单代号网络图时间参数

（1）工作最早开始时间（earliest start time）：同双代号网络图，一般用 ES_i 表示，且规定 $ES_1=0$。

（2）工作最早完成时间（earliest finish time）：同双代号网络图，一般用 EF_i 表示，$EF_i=ES_i+D_i$。

（3）工作最迟开始时间（latest start time）：同双代号网络图，一般用 LS 表示。

（4）工作最迟完成时间（latest finish time）：同双代号网络图，一般用 LF_i 表示，且规定：

① 若没有规定工期 T_p，则终点节点的最迟时间等于计算工期 T_r，即 $LF_n=T_r$

② 若有规定工期 T_p，则终点节点的最迟时间等于规定工期 T_p，即 $LF_n=T_p$

（5）工作的总时差（total float）：同双代号网络图，一般用 TF_i 表示，$TF_i=LS_i-ES_i$ 或 $TF_i=LF_i-EF_i$。

（6）工作的自由时差（free float）：同双代号网络图，一般用 FF_i 表示，$FF_i=LS_i-ES_i$ 或 $TF_i=LF_i-EF_i$。

（7）工作的时间间隔（time lag）：是指单代号网络计划中，一项工作的最早完成时间与其紧后工作最早开始时间可能存在的差值，即 $LAG_{i-j}=ES_j-EF_i$。

2. 单代号网络图时间参数计算方法

（1）分析计算法：利用各时间参数的理论计算公式来计算。

（2）图上计算法：将工作的各时间参数直接在图上表示出来，其表示方法如图 4 - 25 所示。

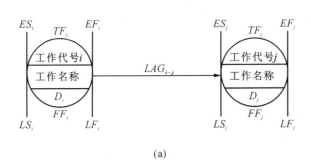

(a)

(b)

图 4 - 25 图上计算法

4.4.6 举例

【例4-3】 已知网络图的逻辑关系见表4-6,试绘制单代号网络图,并计算各工作的时间参数。

表4-6 某网络图的逻辑关系表

工 作	A	B	C	D
紧前工作	—	—	A	A,B
持续时间	3	2	5	4

【解】 (1)由上表可知,A,B两工作同时开始,C,D两工作同时结束,故要虚拟一个开始工作和一个完成工作。根据表中各工作的逻辑关系绘制的单代号网络图如图4-26所示。

(2)利用各工作时间参数的计算公式计算各工作的时间参数,如图4-27所示。

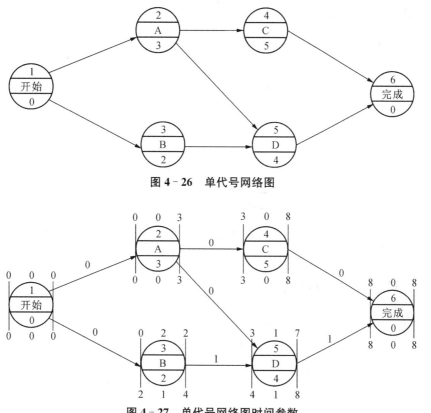

图4-26 单代号网络图

图4-27 单代号网络图时间参数

【例4-4】 已知网络图的逻辑关系见表4-7,试绘制单代号网络图。

表4-7 某网络图的逻辑关系表

工 作	A	B	C	D	E	G
紧前工作	—	A	A	B	B,C	D,E
持续时间	3	5	2	1	4	6

【解】 （1）由上表可知，只有 A 工作一项工作开始和只有 G 工作一项工作结束，故不需要虚拟一个开始工作和一个完成工作。根据表中各工作的逻辑关系绘制的单代号网络图如图 4 - 28 所示。

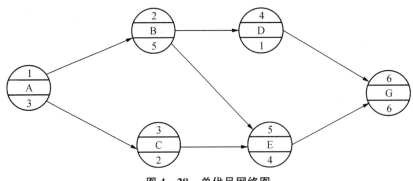

图 4 - 28　单代号网络图

（2）利用各工作时间参数的计算公式计算各工作的时间参数，如图 4 - 29 所示。

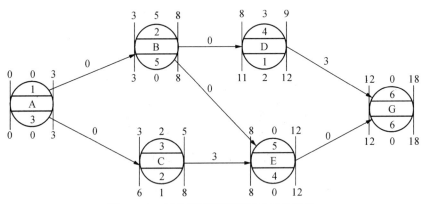

图 4 - 29　单代号网络图时间参数的计算

4.5　网络计划的优化

网络计划的优化是指在一定的约束条件下，按照既定目标对网络计划不断地进行完善与调整，直到寻找出满意的结果。根据既定目标的不同，网络计划优化的内容分为工期优化、费用优化和资源优化三个方面。

4.5.1　工期优化

1. 工期优化的基本原理

工期优化就是通过压缩计算工期，以达到既定工期目标，或在一定约束条件下，使工期最短的过程。

工期优化一般是通过压缩关键线路（关键工作）的持续时间来满足工期要求的。在优化过程中要保证被压缩的关键工作不能变为非关键工作，使之仍能够控制住工期。当出现多条关键线路时，如需压缩关键线路支路上的关键工作，必须将各支路上对应关键工作的持续时间同步压缩某一数值。

2．工期优化的方法与步骤

(1) 找出关键线路,求出计算工期 T_c。

(2) 根据要求工期 T_r,计算出应缩短的时间 $\Delta T = T_c - T_r$。

(3) 缩短关键工作的持续时间,在选择应优先压缩工作持续时间的关键工作时,须考虑下列因素:

① 该关键工作的持续时间缩短后,对工程质量和施工安全影响不大;

② 该关键工作资源储备充足;

③ 该关键工作缩短持续时间后,所需增加的费用最少。

通常,优先压缩优选系数最小或组合优选系数最小的关键工作或其组合。

④ 将应优先压缩的关键工作的持续时间压缩至某适当值,并找出关键线路,计算工期。

⑤ 若计算工期不满足要求,重复上述过程直至满足要求工期或工期无法再缩短为止。

3．工期优化示例

【例4-5】 已知网络计划如图4-30所示。箭线下方括号外数据为该工作的正常持续时间,括号内数据为该工作的最短持续时间,各工作的优选系数见表4-8。根据实际情况并考虑选择优选系数(或组合优选系数)最小的关键工作缩短其持续时间。假定要求工期为 $T_r = 19\,\mathrm{d}$,试对该网络计划进行工期优化。

表4-8　各工作的优选系数

工　作	A	B	C	D	E	F	G	H
优选系数	7	8	5	2	6	4	1	3

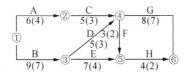

图4-30　原始网络计划

【解】 ① 确定关键线路和计算工期。

原始网络计划的关键线路和工期 $T_c = 22\,\mathrm{d}$,如图4-31所示。

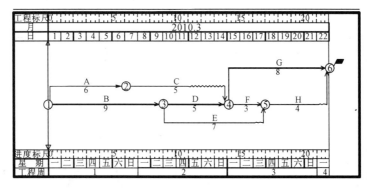

图4-31　原始网络计划的关键线路和工期

② 计算应缩短工期。

$$\Delta T = T_c - T_r = (22-19)\mathrm{d} = 3\,\mathrm{d}$$

③ 确定工作 G 的持续时间压缩 1 d 后的关键线路和工期,如图 4 - 32 所示。

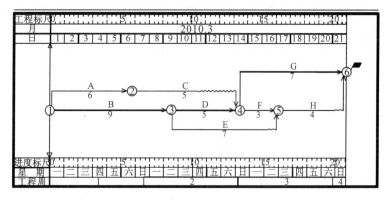

图 4 - 32   工作 G 压缩 1 d 后的关键线路和工期

④ 继续压缩关键工作。

将工作 D 压缩 1 d,网络计划如图 4 - 33 所示。

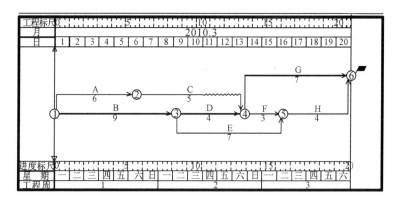

图 4 - 33   工作 D 压缩 1 d 后的关键线路和工期

⑤ 继续压缩关键工作。

将工作 D,H 同步压缩 1 d,此时计算工期为(20-1)d=19 d,满足要求工期。最终优化结果如图 4 - 34 所示。

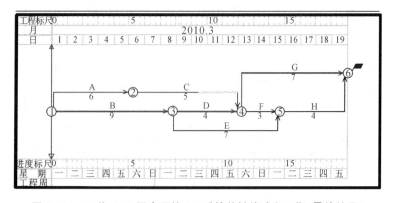

图 4 - 34   工作 D,H 同步压缩 1 d 后的关键线路和工期(最终结果)

4.5.2　资源优化

计划执行过程中,所需的人力、材料、机械设备和资金等统称为资源。资源优化的目标是通过调整计划中某些工作的开始时间,使资源分布满足要求。

1. 资源有限—工期最短的优化

资源有限—工期最短的优化是指在满足有限资源的条件下,通过调整某些工作的作业开始时间,使工期不延误或延误最少。

1) 优化步骤与方法

(1) 按照各项工作的最早开始时间安排进度计划,并计算网络计划每个时间单位的资源需用量。

(2) 从计划开始日期起,逐个检查每个时段(每个时间单位资源需用量相同的时间段)资源需用量是否超过资源限量。如果某个时段的资源需用量超过资源限量,则须进行计划的调整。

(3) 分析超过资源限量的时段。如果在该时段内有几项工作平行作业,则采取将一项工作安排在与之平行的另一项工作之后进行的方法,以降低该时段的资源需用量。

对于两项平行作业的工作 m 和工作 n 来说,为了降低相应时段的资源需用量,现将工作 n 安排在工作 m 之后进行(如图 4-35),则网络计划的工期增量为

$$\begin{aligned}
\Delta T_{m,n} &= EF_m + D_n - LF_n \\
&= EF_m - (LF_n - D_n) \\
&= EF_m - LS_n
\end{aligned} \tag{4-3}$$

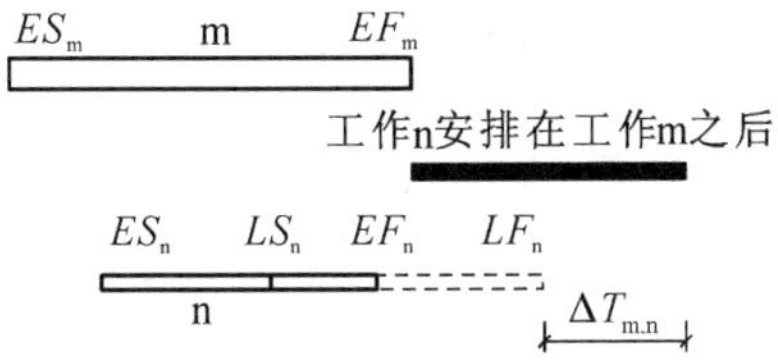

图 4-35　工作 n 安排在工作 m 之后

这样,在有资源冲突的时段中,对平行作业的工作进行两两排序,即可得出若干个 $\Delta T_{m,n}$,选择其中最小的 $\Delta T_{m,n}$,将相应的工作 n 安排在工作 m 之后进行,既可降低该时段的资源需用量,又使网络计划的工期增量最小。

(4) 对调整后的网络计划安排,重新计算每个时间单位的资源需用量。

(5) 重复上述(2)、(3)、(4),直至网络计划任意时间单位的资源需用量均不超过资源限量。

2) 优化示例

【例 4-6】　已知某工程双代号网络计划如图 4-36 所示,图中箭线上方【　】内数字为工作的资源强度,箭线下方数字为工作持续时间。假定资源限量 $R_a=4$,试对其进行"资源有限—工期最短"的优化。

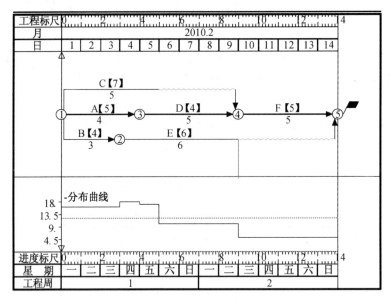

图 4-36 初始网络计划

【解】 ① 计算网络计划每个时间单位的资源需用量,绘出资源需用量分布曲线,即图 4-36 下方所示曲线。

② 从计划开始日期起,经检查发现第一个时段[1,3]存在资源冲突,即资源需用量超过资源限量,故应首先对该时段进行调整。

③ 在时段[1,3]有工作 C、工作 A 和工作 B 三项工作平行作业,利用式(4-3)计算 ΔT 值,其计算结果见表 4-9。

表 4-9 在时段[1,6]中计算 ΔT 值

工作名称	工作序号	最早完成时间/EF	最迟开始时间/LS	$\Delta T_{1,2}$	$\Delta T_{1,3}$	$\Delta T_{2,1}$	$\Delta T_{2,3}$	$\Delta T_{3,1}$	$\Delta T_{3,2}$
C	1	5	4	5	0				
A	2	4	0			0	−1		
B	3	3	5					−1	3

由表 4-9 可知工期增量 $\Delta T_{2,3} = \Delta T_{3,1} = -1$ 最小,说明将 3 号工作(工作 B)安排在 2 号工作(工作 A)之后或将 1 号工作(工作 C)安排在 3 号工作(工作 B)之后工期不延长。但从资源强度来看,应以选择将 3 号工作(工作 B)安排在 2 号工作(工作 A)之后进行为宜。因此将工作 B 安排在工作 A 之后,调整后的网络计划如图 4-37 所示,工期不变。

④ 重新计算调整后的网络计划每个时间单位的资源需用量,绘出资源需用量分布曲线,如图 4-37 下方曲线所示。从图中可知在第二个时段[5]存在资源冲突,故应该调整该时段。工作序号与工作代号见表 4-10。

⑤ 在时段[5]有工作 C,D 和工作 B 三项工作平行作业。对平行作业的工作进行两两排序,可得出 $\Delta T_{m,n}$ 的组合数为 $3 \times 2 = 6$ 个,见表 4-10。选择其中最小的 $\Delta T_{m,n}$,即 $\Delta T_{1,3} = 0$,故将相应的工作 B 移到工作 C 后进行,因 $\Delta T_{1,3} = 0$,工期不延长,如图 4-38 所示。

表 4 - 10　时段[5]的 $\Delta T_{m,n}$ 表

工作代号	工作序号	最早完成时间/EF	最迟开始时间/LS	$\Delta T_{1,2}$	$\Delta T_{1,3}$	$\Delta T_{2,1}$	$\Delta T_{2,3}$	$\Delta T_{3,1}$	$\Delta T_{3,2}$
C	1	5	4	1	0				
D	2	9	4			5	4		
B	5	7	5					3	3

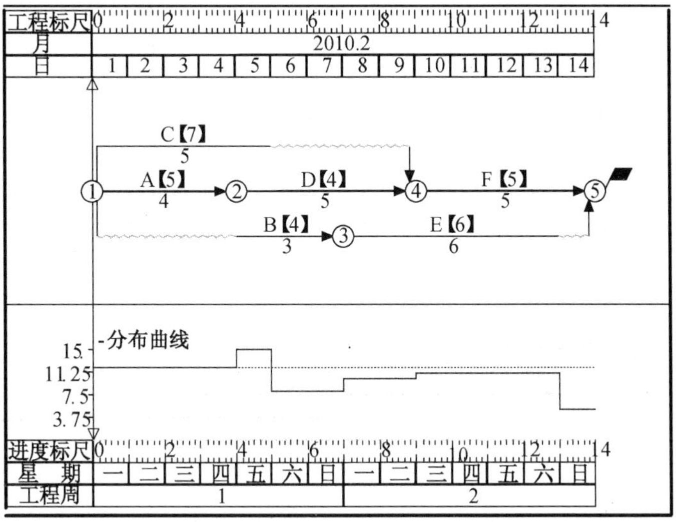

图 4 - 37　第一次调整后的网络计划

⑥ 重新计算调整后的网络计划每个时间单位的资源需要量,并绘出资源需用量分布曲线,如图 4 - 37 下方曲线所示。由于此时整个工期范围内的资源需用量均未超过资源限量,因此图 4 - 37 所示网络计划即优化后的最终网络计划,其最短工期为 14 d。

2. 工期固定—资源均衡的优化

在工期不变的条件下,尽量使资源需用量保持均衡。这样既有利于工程施工组织与管理,又有利于降低工程施工费用。

"工期固定—资源均衡"的优化方法有多种,这里仅介绍方差值最小法。

1) 方差值最小法

对于某已知网络计划的资源需用量,其方差为

$$\sigma^2 = \frac{1}{T} \sum_{t=1}^{T} (R_t - R_m)^2 \tag{4-4}$$

式中:σ^2——资源需用量方差;

　　　T——网络计划的计算工期;

　　　R_t——第 t 个时间单位的资源需用量;

　　　R_m——资源需用量的平均值。

对式(4-4)进行简化可得 $\sigma^2 = \dfrac{1}{T} \sum_{t=1}^{T} (R_t - R_m)^2$

$$= \frac{1}{T} \sum_{t=1}^{T} R_t^2 - R_m^2 \tag{4-5}$$

分析：若要使资源需用量尽可能的均衡，必须使 σ^2 最小。而工期 T 和资源需用量的平均值 R_m 均为常数，故可以得出 $\sum\limits_{t=1}^{T} R_t^2$ 应为最小。

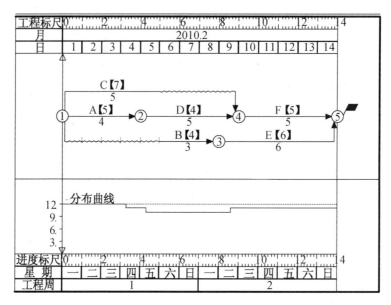

图 4-38 第二次调整后的网络计划（最终优化结果）

对网络计划中某项工作 K 而言，其资源强度为 γ_K。在调整计划前，工作 K 从第 i 个时间单位开始，到第 j 个时间单位完成，则此时网络计划资源需用量的平方和为

$$\sum_{t=1}^{T} R_{t_0}^2 = R_1^2 + R_2^2 + \cdots + R_i^2 + R_{i+1}^2 + \cdots + R_j^2 + R_{j+1}^2 + \cdots + R_T^2 \qquad (4-6)$$

若将工作 K 的开始时间右移一个时间单位，即工作 K 从第 $i+1$ 个时间单位开始，到第 $j+1$ 个时间单位完成，则第 i 天的资源需用量将减少，第 $j+1$ 天的资源需用量将增加。此时网络计划资源需用量的平方和为

$$\sum_{t=1}^{T} R_{t1}^2 = R_1^2 + R_2^2 + \cdots + (R_i - \gamma_K)^2 + R_{i+1}^2 + \cdots + R_j^2 + (R_{j+1} + \gamma_K)^2 + \cdots + R_T^2$$

$$(4-7)$$

将右移后的 $\sum\limits_{t=1}^{T} R_{t1}^2$ 减去移动前的 $\sum\limits_{t=1}^{T} R_{t0}^2$ 得

$$\sum_{t=1}^{T} R_{t1}^2 - \sum_{t=1}^{T} R_{t0}^2 = (R_i - \gamma_K)^2 - R_i^2 + (R_{j+1} + \gamma_K)^2 - R_{j+1}^2 = 2\gamma_K(R_{j+1} + \gamma_K - R_i)$$

$$(4-8)$$

如果式（4-8）为负值，说明工作 K 的开始时间右移一个时间单位能使资源需用量的平方和减小，也就是使资源需用量的方差减小，从而使资源需用量更均衡。因此，工作 K 的开始时间能够右移的判别式是

$$\sum_{t=1}^{T} R_{t1}^2 - \sum_{t=1}^{T} R_{t0}^2 = 2\gamma_K(R_{j+1} + \gamma_K - R_i) \leqslant 0 \qquad (4-9)$$

由于 $\gamma_K > 0$，因此式(4-9)可简化为

$$\Delta = (R_{j+1} + \gamma_K - R_i) \leqslant 0 \qquad (4-10)$$

式中：Δ——资源变化值$[(\sum_{t=1}^{T} R_{t1}^2 - \sum_{t=1}^{T} R_{t0}^2)/2\gamma_K]$。

在优化过程中，使用判别式(4-10)的时候应注意以下几点：

(1) 如果工作右移 1 d 的资源变化值 $\Delta \leqslant 0$，即$(R_{j+1} + \gamma_K - R_i) \leqslant 0$，说明可以右移；

(2) 如果工作右移 1 d 的资源变化值 $\Delta > 0$，即$(R_{j+1} + \gamma_K - R_i) > 0$，并不说明工作不可以移，可以在时差范围内尝试继续右移 n 天：

① 当右移第 n 天的资源变化值 $\Delta_n < 0$，且总资源变化值 $\sum \Delta \leqslant 0$，即$(R_{j+1} + \gamma_K - R_i) + (R_{j+2} + \gamma_K - R_{i+1}) + \cdots + (R_{j+n} + \gamma_K - R_{i+n-1}) \leqslant 0$ 时，则可以右移 n 天。

② 当右移 n 天的过程中始终是总资源变化值 $\sum \Delta > 0$，则不可以右移。

2)"工期固定—资源均衡"优化步骤和方法

① 绘制时标网络计划，计算资源需用量。

② 计算资源均衡性指标，用均方差值来衡量资源均衡程度。

③ 从网络计划的终点节点开始，按非关键工作最早开始时间的先后顺序进行调整。

④ 绘制调整后的网络计划。

3) 工期固定—资源均衡优化示例(初始时标网络图如图 4-39)

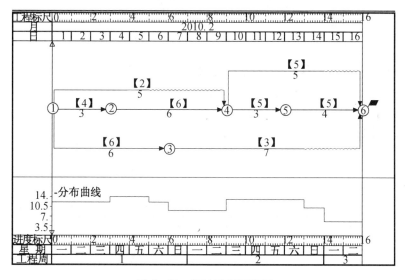

图 4-39 初始时标网络图

为了清晰地说明工期固定—资源均衡优化的应用方法，这里通过表格来反映优化过程，见表 4-11。

表 4-11 优化过程

工 作	计算参数	判别式结果	能否右移
4—6	$R_{j+1}=R_{14+1}=5$ $\gamma_{4,6}=5$ $R_i=R_{10}=13$	$\Delta_1=5+5-13<0$	可右移 1 天
	$R_{j+1}=R_{15+1}=5$ $\gamma_{4,6}=5$ $R_i=R_{11}=13$	$\Delta_2=5+5-13<0$	可右移 1 天
结论		该工作可右移 2 天	

工作 4—6 右移 2d 后的优化结果,如图 4-40 所示。同理,对于其他工作,可判别结果如下:

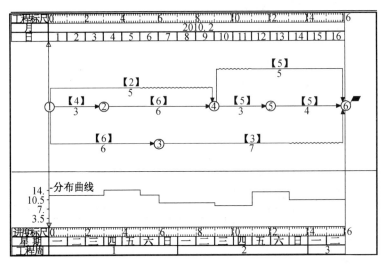

图 4-40 工作 4—6 右移 2d 后的进度计划及资源消耗计划

工作 3—6 不可移动,原网络计划不变化,仍如图 4-40 所示;

工作 1—4 可右移 4d,结果如图 4-41 所示。

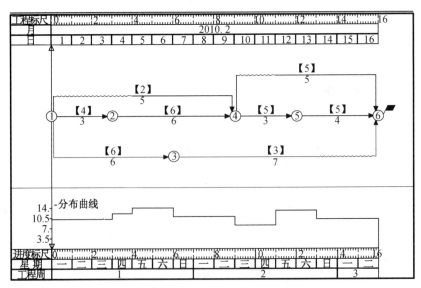

图 4-41 工作 1—4 右移 4d 后的进度计划及资源消耗计划(最终结果)

第一轮优化结束后,可以判断不再有工作可以移动,优化完毕,图 4-41 即最终的优化结果。

最后,比较优化前、后的方差值。

$$R_{\mathrm{m}} = (4 \times 3 + 14 \times 2 + 4 \times 1 + 9 \times 3 + 13 \times 4 + 10 \times 1 + 5 \times 2)/16 = 10.9$$

优化前:

$$\sigma^2 = \frac{1}{T} \sum_{t=1}^{T} R_t^2 - R_{\mathrm{m}}^2$$

$$= (4^2 \times 3 + 14^2 \times 2 + 4^2 \times 1 + 9^2 \times 3 + 13^2 \times 4 + 10^2 \times 1 + 5^2 \times 2)/16 - 10.9^2$$

$$= 47.31 - 118.81$$

$$= 8.5$$

优化后:

$$\sigma^2 = \frac{1}{T} \sum_{t=1}^{T} R_t^2 - R_{\mathrm{m}}^2$$

$$= (10^2 \times 3 + 4^2 \times 1 + 14^2 \times 2 + 14 \times 3 + 8^2 \times 2 + 13^2 \times 2 + 10^2 \times 3)/16 - 10.9^2$$

$$= 42.81 - 118.81$$

$$= 4.0$$

方差降低率为 $\dfrac{8.5-4.0}{8.5} \times 100\% = 52.9\%$。

4.5.3 费用优化

1. 费用优化的概念

一项工程的总费用包括直接费用和间接费用。在一定范围内,直接费用随工期的延长而减少,而间接费用则随工期的延长而增加,总费用最低点所对应的工期(T_0)就是费用优化所要追求的最优工期。

2. 费用优化的步骤和方法

(1) 确定正常作业条件下工程网络计划的工期、关键线路和总直接费、总间接费及总费用。

(2) 计算各项工作的直接费率。直接费率的计算公式可按式(4-11)计算:

$$\Delta D_{i-j} = \frac{CC_{i-j} - CN_{i-j}}{DN_{i-j} - DC_{i-j}} \tag{4-11}$$

式中:ΔD_{i-j}——工作 $i-j$ 的直接费率;

CC_{i-j}——工作 $i-j$ 的持续时间为最短时,完成该工作所需直接费用;

CN_{i-j}——在正常条件下,完成工作 $i-j$ 所需直接费用;

DC_{i-j}——工作 $i-j$ 的最短持续时间;

DN_{i-j}——工作 $i-j$ 的正常持续时间。

(3) 选择直接费率(或组合直接费率)最小并且不超过工程间接费率的关键工作作为被压缩对象。

（4）将被压缩关键工作的持续时间适当压缩,当被压缩对象为一组工作(工作组合)时,将该组工作压缩同一数值,并找出关键线路。

（5）重新确定网络计划的工期、关键线路和总直接费、总间接费、总费用。

（6）重复上述（3）、（4）、（5）,直至找不到直接费率或组合直接费率不超过工程间接费率的压缩对象为止。此时即求出总费用最低的最优工期。

（7）绘制出优化后的网络计划。

4.6　网络计划的控制

进度计划毕竟是人们的主观设想,在实施过程中,会随着新情况的产生、各种因素的干扰和风险因素的作用而发生变化,使人们难以执行原定的计划。为此,必须掌握动态控制原理,在计划执行过程中不断地对进度计划进行检查和记录,并将实际情况与计划安排进行比较,找出偏离计划的信息;然后在分析偏差及其产生原因的基础上,通过采取措施,使之能正常实施。如果采取措施后,不能维持原计划,则需要对原进度计划进行调整或修改,再按新的进度计划实施。这样在进度计划的执行过程中不断进行检查和调整,以保证建设工程进度计划得到有效的实施和控制。

4.6.1　前锋线法

前锋线比较法是通过绘制某检查时刻工程项目实际进度前锋线,进行工程实际进度与计划进度比较的方法,它主要适用于时标网络计划。所谓前锋线,是指在原时标网络计划上,从检查时刻的时标点出发,用点划线依次将各项工作实际进展位置点连接而成的折线。

前锋线法就是通过实际进度前锋线与原进度计划中各工作箭线交点的位置来判断工作实际进度与计划进度的偏差,进而判定该偏差对后续工作及总工期影响程度的一种方法。

1. 前锋线法的使用步骤

（1）绘制时标网络计划图

工程项目实际进度前锋线在时标网络计划图上标示。为清楚起见,可在时标网络计划图的上方和下方各设一时间坐标。

（2）绘制实际进度前锋线

一般从时标网络计划图上方时间坐标的检查日期开始绘制,依次连接相邻工作的实际进展位置点,最后与时标网络计划图下方坐标的检查日期相连接。

（3）进行实际进度与计划进度的比较

前锋线可以直观地反映出检查日期有关工作实际进度与计划进度之间的关系。对某项工作来说,其实际进度与计划进度间的关系可能存在以下三种情况:

① 工作实际进展位置点落在检查日期的左侧,表明该工作实际进度拖后,拖后时间为二者之差。

② 工作实际进展位置点与检查日期重合,表明该工作实际进度与计划进度一致。

③ 工作实际进展位置点落在检查日期的右侧,表明该工作实际进度超前,超前的时间为二者之差。

（4）预测进度偏差对后续工作及总工期的影响

通过实际进度与计划进度的比较确定进度偏差后,还可根据工作的自由时差和总时差预测该进度偏差对后续工作及项目总工期的影响。由此可见,前锋线比较法既适用于工作实际进度与计划进度之间的局部比较,又可用来分析和预测工程项目整体进度状况。

2. 示例

【例4-7】　某工程项目时标网络计划如图4-42所示。该计划执行到第6天末检查实际进度时,发现工作A和工作B已经全部完成,工作D,E分别完成计划任务量的80%和20%,工作C尚需1天完成,试用前锋线法进行实际进度与计划进度的比较。

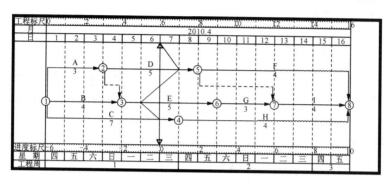

图4-42　实际进度前锋线

【解】　根据第5天末实际进度的检查结果绘制前锋线,如图4-42所示,通过比较可看出:

(1)工作D实际进度提前1天,可使其后续工作F的最早开始时间提前1天。

(2)工作E实际进度滞后1天,将使其后续工作H的最早开始时间推迟1天,最终将影响工期,导致工期拖延1天。

(3)工作C实际进度正常,既不影响其后续工作的正常进行,也不影响总工期。

由于工作H的开始时间推迟,从而使总工期延长1天。综上所述,如果不采取措施加快进度,该工程项目的总工期将延长1天。

4.6.2　进度计划的调整

在工程项目实施过程中,当通过实际进度与计划进度的比较,发现有进度偏差时,应根据偏差对后续工作及总工期的影响,采取相应的调整方法对原进度计划进行调整,以确保工期目标的顺利实现。

1. 分析进度偏差对后续工作及总工期的影响

进度偏差的大小及其所处的位置不同,对后续工作和总工期的影响程度是不同的,分析时需要利用网络计划中工作总时差和自由时差的概念进行判断。分析步骤如下:

(1)分析出现进度偏差的是否为关键工作

如果出现进度偏差的工作为关键工作,则无论其偏差有多大,都将对后续工作和总工期产生影响,必须采取相应的调整措施;如果出现偏差的工作为非关键工作,则需要根据进度偏差值与总时差和自由时差的关系作进一步分析。

(2)分析进度偏差是否超过总时差

如果工作的进度偏差大于该工作的总时差,则此进度偏差必将影响其后续工作和总工期,必须采取相应的调整措施;如果工作的进度偏差未超过该工作的总时差,则此进度偏差不影响总工期。至于对后续工作的影响程度,还需要根据偏差值与其自由时差的关系作进一步分析。

(3) 分析进度偏差是否超过自由时差

如果工作的进度偏差大于该工作的自由时差,则此进度偏差将对其后续工作的最早开始时间产生影响,此时应根据后续工作的限制条件确定调整方法;如果工作的进度偏差未超过该工作的自由时差,则此进度偏差不影响后续工作,因此,原进度计划可以不作调整。

2. 进度计划的调整方法

(1) 缩短某些工作的持续时间

通过检查分析,如果发现原有进度计划已不能适应实际情况时,为了确保进度控制目标的实现或需要确定新的计划目标,就必须对原进度计划进行调整,以形成新的进度计划,作为进度控制的新依据。这种方法的特点是不改变工作之间的先后顺序,通过缩短网络计划中关键线路上工作的持续时间来缩短工期,并考虑经济影响,实质是一种工期费用优化。

一般来说,缩短某些工作的持续时间都会增加费用。因此,在调整施工进度计划时,应选择费用增加量最小的关键工作作为压缩对象。

(2) 改变某些工作间的逻辑关系

当工程项目实施中产生的进度偏差影响到总工期,且有关工作的逻辑关系允许改变时,不改变工作的持续时间,可以改变关键线路和超过计划工期的非关键线路上的有关工作之间的逻辑关系,达到缩短工期的目的。例如,将依次进行的工作改为平行作业、搭接作业或者分段组织流水作业等方法来调整施工进度计划,有效地缩短工期。

(3) 其他方法

除采用上述方法来缩短工期外,当工期拖延得太多时,还可以同时采用缩短工作持续时间和改变工作之间的逻辑关系的方法对同一施工进度计划进行调整,以满足工期目标要求。

模块小结

双代号网络图、单代号网络图、时标网络图在表达方式上各有自己的优缺点,在不同的情况下,其体现的作用和意义也有所不同。在某些情况下,用单代号网络图表示较为简单,在某些情况下,用双代号网络图表示更为清楚,因此,它们是互有补充、各具特色的表现方法,目前在实际工程中均有应用。由于时标网络计划综合了横道图和网络图的优点,在工程中应用更为广泛。

实训练习

一、判断题

1. 在网络计划中不允许出现循环回路。 (　　)

2. 同一施工段上的有关施工过程按水平方向排列,施工段按垂直方向排列的网络图属于按施工过程排列的网络图。 (　　)

3. 在网络计划中当某项工作使用了全部或部分总时差时,则将引起通过该工作的线路

上所有工作总时差重新分配。 （　　）

4. 关键线路上相邻两项工作之间的时间间隔必为零。 （　　）

5. 在网络计划中,根据时间参数计算得到的工期是计算工期。 （　　）

6. 计算网络计划时间参数的目的主要是确定总工期,做到工程进度心中有数。 （　　）

7. 在单代号网络图中节点表示工作之间的逻辑关系。 （　　）

8. 网络图中的箭线可以画成直线、折线、斜线、曲线或垂直线。 （　　）

9. 在双代号网络计划中,两关键节点之间的工作一定是关键工作。 （　　）

二、单项选择题

1. 当计划工期等于计算工期时,以关键节点为完成节点的工作 （　　）

A. 总时差等于自由时差

B. 最早开始时间等于最迟开始时间

C. 一定是关键工作

D. 自由时差为零

2. 网络计划中一项工作的自由时差和总时差的关系是 （　　）

A. 自由时差等于总时差

B. 自由时差不超过总时差

C. 自由时差小于总时差

D. 自由时差大于总时差

3. 在工程网络计划中,关键线路是指 （　　）

A. 双代号网络计划中没有虚箭线的线路

B. 双代号网络计划中由关键节点组成的线路

C. 单代号网络计划中由关键工作组成的线路

D. 单代号网络计划中相邻两项关键工作之间的时间间隔为零的线路

三、多项选择题

1. 网络计划的关键线路是 （　　）

A. 总持续时间最长的线路

B. 双代号网络计划中全部由关键工作组成的线路

C. 时标网络计划中无波形线的线路

D. 相邻两项工作之间的时间间隔全部为零的线路

E. 双代号网络计划中全部由关键节点组成的线路

2. 已知某工程双代号网络计划的计划工期等于计算工期,且工作 M 的开始节点和完成节点均为关键节点,则关于工作 M 说法正确的是 （　　）

A. 一定是关键工作　　　　　　　　B. 总时差大于自由时差

C. 总时差等于自由时差　　　　　　D. 自由时差为零

E. 开始节点和完成节点的最早时间等于最迟时间

四、填空题

1. 工作之间相互制约或依赖的关系包括_____关系和_____关系。

2. 双代号网络图中的虚工作起着_____、_____、_____等三个作用。

五、计算题

1. 在右图所示的双代号网络计划中,试标出③,⑤,⑥三个节点的最早时间和最迟时间,该双代号网络计划表明(　　　)。

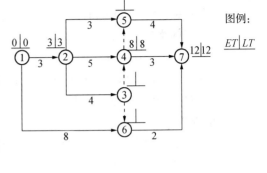

A. 关键线路有 2 条

B. 工作④—⑦与工作⑤—⑦均为关键工作

C. 工作②—③的总时差为 1

D. 工作②—③与工作②—⑤的最迟完成时间相等

E. 工作①—⑥的自由时差为 0

2. 在下图所示的双代号网络计划中,试标出 C,E,H 三项工作的最早开始时间和最迟开始时间,该双代号网络计划表明(　　　)。

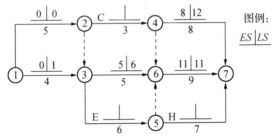

A. 关键线路有 2 条

B. 计算工期为 20

C. 工作①—③与工作⑤—⑦的总时差相等

D. 工作②—④与工作③—⑤的自由时差均为 0

E. 工作③—⑥的总时差与自由时差相等

3. 在下图所示的单代号网络计划中,试标出工作 A 的六个时间参数,该单代号网络计划表明(　　　)。

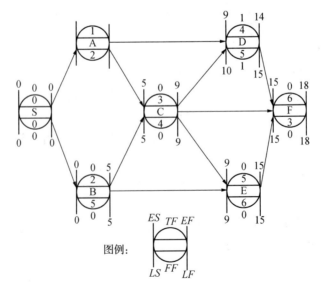

A. 关键线路有 2 条   B. 计算工期为 18

C. 工作 B 与 E 之间的时间间隔为 0   D. 工作 A 与工作 B 的最迟完成时间相等

E. 工作 A 和工作 D 均是非关键工作

六、分析作图题

1. 某工程划分为 A,B,C 三个施工过程,分三个施工段组织流水施工,其中施工过程 A 组织三个施工队同时施工,施工过程 B 和 C 各有一个施工队。根据以上条件,绘制了两个网络图,要求:

(1) 在你认为正确的网络图下方的括号内打"√",错误的网络图下方的括号内打"×"

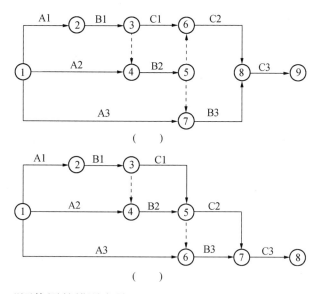

( )

( )

(2) 指出打"×"网络图的错误之处。

(3) 绘制该工程的单代号网络图。

2. 某工程划分为 A,B,C 三个施工过程,分两个施工段组织流水施工,该工程的双代号网络计划图如右所示:

(1) 写出该工程网络计划的关键线路及工期。

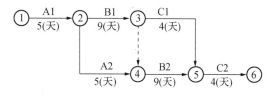

(2) 该工程流水施工的方式是( )。

A. 等节奏流水施工   B. 等步距异节拍流水施工

C. 异步距异节拍流水施工   D. 无节奏流水施工

(3) 在下图中按最早时间绘制该工程施工进度横道图。

施工过程	施工段													
	2	4	6	8	10	12	14	16	18	20	22	24	26	28
A														
B														
C														

3. 根据下表给定工作间逻辑关系绘制了四个网络图,要求:

(1) 在你认为正确的网络图下方的括号内打"√",错误的网络图下方的括号内打"×"。

工作	A	B	C	D
紧前工作	—	—	A,B	B

(2) 现增加一项工作 E,工作 E 须在工作 A 完成后开始,工作 E 无紧后工作,试绘制增加工作 E 后的双代号网络图。

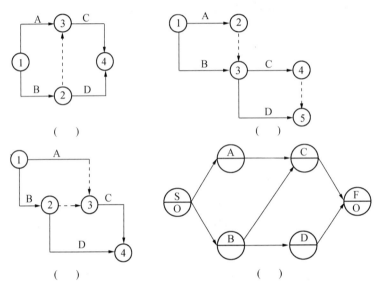

4. 设某分部工程包括 A,B,C,D,E,F 6 个分项工程,各工序的相互关系为:① A 完成后,B 和 C 可同时开始;② B 完成后,D 才能开始;③ E 在 C 后开始;④ 在 F 开始前,E 和 D 都必须完成。试绘制双代号网络图。

5. 绘出下列各工序的双代号网络图。

工序 C 和 D 都紧跟在工序 A 的后面。

工序 E 紧跟在工序 C 的后面,工序 F 紧跟在工序 D 的后面。

工序 B 紧跟在工序 E 和 F 的后面。

6. 根据下表,绘出双代号时标网络图。

本工作	A	B	C	D	E	G	H
持续时间	9	4	2	5	6	4	5
紧前工作	—	—	—	B	B,C	D	D,E
紧后工作		D,E	E	G,H	H	—	—

7. 已知网络图各工作之间的逻辑关系见下表,试绘出其双代号网络图。

工作	A	B	C	D	E	G	H	I	J
紧后工作	E	H,A	J,G	H,I,J	无	H,A	无	无	无

8. 某分部工程有 A,B,C 3 个施工过程,若分为 3 个施工段施工,流水节拍值分别为 $t_A=2$ d、$t_B=1$ d、$t_C=1$ d。请组织异节拍流水施工,绘出双代号时标网络图,并找出关键线路。

9. 某施工网络计划如图所示,在施工过程中发生以下的事件:

工作 A 因业主原因晚开工 2 d;

工作 B 承包商用了 21 d 才完成;

工作 H 由于不可抗力影响晚开工 3 d;

工作 G 由于业主方指令延误晚开工 5 d。

试问,承包商可索赔的工期为多少天?

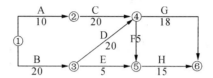

模块五
单位工程施工组织设计

【任务目标】

能进行单位工程施工组织设计的编制。

【案例引入】

我国古代留下很多有益的格言,如"凡事预则立,不预则废"、"良好的开端是成功的一半"等,说的都是组织计划的重要性。办事、想问题,事先都应有个计划考虑。合理的计划,周密的考虑,正确的措施,能使要办的事顺利进行,取得事半功倍的效果。

宋代学者沈括的《梦溪笔谈》一书中,有一篇《一举而三役济》的文章,其大意是"由于大火烧毁宫中殿堂,皇上任命丁谓主持宫殿修复工作。修复工程需要砖,但烧砖需要取土的地方太远,于是丁谓下令挖道路取土。很快,道路挖成了河,丁谓又下令将附近的污水引入河中,将河作为运输通道(水运成本要比陆运成本低),在河中用竹筏和船只来运送各地征集来的各种建筑材料。待宫殿修复完工之后,丁谓又下令将破损的瓦砾及泥土等建筑垃圾重新填入沟中,大沟又变回了街道。"这样的施工组织方案同时解决了取土、运输、处理建筑废渣三项工作,取得了降低费用、少用人工和缩短工期的良好效果,在当时运输手段原始落后、完全手工操作、社会分工很差的条件下是十分合理的。

施工组织设计就是对工程建设项目在整个施工全过程的构思设想和具体安排。我们编写施工组织设计的目的是要使工程建设达到速度快、质量好、效益高的目的,使整个工程在建筑施工中获得相对的最优效果。

5.1 单位工程施工组织设计的内容和编制程序

单位工程施工组织设计的主要内容有工程概况、施工方案、施工进度计划和施工平面图。另外,单位工程施工组织设计的内容还包括劳动力、材料、构件、施工机械等需用量计划,主要技术经济指针,确保工程质量和安全的技术组织措施、风险管理、信息管理等。如果工程规模较小,可以编制简单的施工组织设计,其内容包括施工方案、施工进度计划、施工平面图,简称"一案一表一图"。

单位工程施工组织设计的编制程序如图5-1所示。其编制依据包括:

(1)工程施工合同;

(2)施工组织总设计对该工程的有关规定和安排;

(3)施工图纸及设计单位对施工的要求;

(4)施工企业年度生产计划对该工程的安排和规定的有关指标;

(5)建设单位可能提供的条件和水、电等的供应情况;

（6）各种资源的配备情况；

（7）施工现场的自然条件和技术经济条件资料；

（8）预算或报价文件；

（9）有关现行规范、规程等资料。

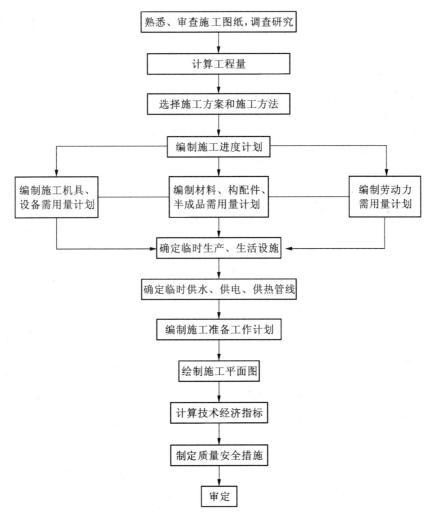

图 5‑1 单位工程施工组织设计的编制程序

5.2 施工方案

施工方案是单位工程施工组织设计的核心内容,必须从单位工程施工的全局出发慎重研究确定,施工方案合理与否,将直接影响单位工程的施工效果。应在拟定的多个可行方案中,经过分析比较,选用综合效益好的施工方案。

5.2.1 施工方案的主要内容

施工方案一般包括以下内容：确定施工程序；划分施工段,确定施工起点流向；确定施工顺序;选择施工方法和施工机械。

1. 确定施工程序

施工程序指分部工程、专业工程或施工阶段的先后顺序与相互关系。

(1) 单位工程的施工程序应遵守"先地下、后地上","先土建、后设备","先主体、后围护"的基本要求。

"先地下、后地上":在地上工程开始之前,尽量把管道、线路等地下设施和土方工程做好或基本完成,以免对地上工程施工产生干扰或带来不便。

"先土建、后设备":不论是工业建筑还是民用建筑,应协调好土建与给排水、采暖与通风、强弱电、智能建筑等工程的关系,统一考虑,合理穿插,尤其在装修阶段,要从保质量、讲节约的角度,处理好两者的关系。

"先主体、后围护":主要指框架结构,应注意在总的程序上有合理的搭接。一般来说,多层民用建筑工程结构与装修以不搭接为宜,而高层建筑则应尽量搭接施工,以有效地节约时间。

(2) 设备基础与厂房基础之间的施工程序:一般工业厂房不但有房屋建筑基础,还有设备基础,特别是重工业厂房,设备基础埋置深、体积大,所需工期较长,比一般房屋建筑基础的施工要困难和复杂。由于设备基础施工的先后顺序不同,常会影响到主体结构的安装方法和设备安装投入的时间,因此对其施工顺序需仔细研究决定。一般有封闭式施工程序和开敞式施工程序两种方案。

① 当厂房柱基础的埋置深度大于设备基础的埋置深度时,厂房柱基础先施工,设备基础后施工,即封闭式施工程序。

② 当设备基础埋置深度大于厂房柱基础的埋置深度时,厂房柱基础和设备基础应同时施工,即开敞式施工程序。

如果设备基础与柱基础的埋置深度相同或接近,则两种施工程序均可以选择。

(3) 注意协调工艺设备安装与土建施工的程序关系。土建施工要为工艺设备安装施工提供工作面,在安装的过程中,两者要相互配合。一般在工艺设备安装以后,土建还要做许多工作。总的来看,可以有三种程序关系:

① 封闭式施工。对于一般机械工业厂房,当主体结构完成后,即可进行工艺设备安装。对于精密设备的工业厂房,则应在装饰工程完成后才进行设备安装。这种程序称为封闭式施工。

封闭式施工的优点:土建施工时,工作面不受影响,有利于构件就地预制、拼装和安装,起重机械开行路线选择自由度大;设备基础能在室内施工,不受气候影响;厂房的吊车可为设备基础施工及设备安装运输服务。

封闭式施工的缺点:部分柱基回填土要重新挖填,运输道路要重新铺设,出现重复劳动;设备基础基坑挖土难以利用机械操作;如土质不佳时,设备基础挖土可能影响柱基稳定,需要增加加固措施费;不能提前为设备安装提供工作面;土建与机械设备安装依次作业,工期较长。

② 敞开式施工。冶金、电站用房等重型厂房,一般是先安装工艺设备,然后建造厂房。由于设备安装在露天进行,故称敞开式施工。敞开式施工的优缺点与封闭式施工相反。

③ 平行式施工。当土建为工艺设备安装创造了必要条件,同时又可采取措施保护工艺

设备时,便可同时进行土建与安装施工,称平行式施工。

(4) 确定施工程序时要注意施工最后阶段的收尾、调试、生产和使用前的准备,以及交工验收工作。

2. 划分施工段,确定施工起点流向

施工起点流向是指单位工程在平面上和竖向上施工开始部位和进展方向,它主要解决施工项目在空间上的施工顺序是否合理的问题。单层建筑物要确定分段(跨)在平面上的施工流向;多层建筑物除了应确定每层在平面上的施工流向外,还应确定每层或单元在竖向上的施工流向。其决定因素包括:

(1) 单位工程生产工艺要求;

(2) 建设单位对单位工程投产或交付使用的工期要求;

(3) 单位工程各部分复杂程度,一般应从复杂部位开始;

(4) 单位工程高低层并列,一般应从并列处开始;

(5) 单位工程如果基础深度不同,一般应从深基础部分开始,并且考虑施工现场周边环境状况。

3. 确定施工顺序

施工顺序是指单位工程内部各个分部分项工程之间的先后施工次序。施工顺序合理与否,将直接影响工种间配合、工程质量、施工安全、工程成本和施工速度,因此,必须科学合理地确定单位工程施工顺序。

各分项工程之间有着客观联系,但也并非一成不变,确定施工顺序有以下原则:

(1) 符合施工工艺及构造的要求,如支模——浇混凝土,安门框——墙地抹灰。

(2) 与施工方法及采用的机械协调,如外贴与内贴法的顺序;发挥主导施工机械效能的顺序。

(3) 符合施工组织的要求(工期、人员、机械),如地面灰土垫层是在砌墙前还是在砌墙后施工。

(4) 有利于保证施工质量和成品保护,如地面、顶棚、墙面抹灰顺序。

(5) 考虑气候条件,如室外与室内的装饰装修。

(6) 符合安全施工要求,如装饰与结构施工。

房屋建筑一般可分为地基与基础工程、主体结构工程、建筑装饰装修工程、建筑屋面工程4个阶段。其中主要的分项工程施工顺序如下:

浅基础的施工顺序:清除地下障碍物——软弱地基处理(需要时)——挖土——垫层——砌筑(或浇筑)基础——回填土。砖基础的砌筑中有时要穿插进行地梁施工,砖基础顶面还要浇筑防潮层。钢筋混凝土基础施工顺序:绑扎钢筋——支撑模板——浇筑混凝土——养护——拆模。如果基础开挖深度较大、地下水位较高,则在挖土前应进行土壁支护及降(排)水工作。

桩基础的施工顺序:沉桩(或灌注桩)——挖土——垫层——承台——回填土。承台的施工顺序与钢筋混凝土浅基础类似。

主体结构常用的结构形式有混合结构、装配式钢筋混凝土结构(单层厂房居多)、现浇钢筋混凝土结构(框架、剪力墙、筒体)等。

混合结构的主导工程是砌墙和安装楼板。混合结构标准层的施工顺序:弹线——砌筑墙体——过梁及圈梁施工——板底找平——安装楼板(浇筑楼板)。

装配式结构的主导工程是结构安装。单层厂房的柱和屋架一般在现场预制,预制构件达到设计要求的强度后可进行吊装。单层厂房结构安装可以采用分件吊装法或综合吊装法,但基本安装顺序都是相同的,即吊装柱——吊装基础梁、连系梁、吊车梁等——扶直屋架——吊装屋架、天窗架、屋面板,支撑系统穿插在其中进行。

现浇框架、剪力墙、筒体等结构的主导工程均是现浇钢筋混凝土。标准层的施工顺序为弹线——绑扎柱、墙体钢筋——支柱、墙体模板——浇筑柱、墙体混凝土——拆除柱、墙体模板——支梁板模板——绑扎梁板钢筋——浇筑梁板混凝土。其中柱、墙的钢筋绑扎在支模之前完成,而梁板的钢筋绑扎则在支模之后进行。柱、墙与梁板混凝土也可以一起浇筑。此外,施工中应考虑技术间歇。

建筑屋面工程包括屋面找平、屋面防水层等。卷材屋面防水屋的施工顺序:铺保温层(如需要)——铺找平层——刷冷底子油——铺卷材——铺隔热层。屋面工程在主体结构完成后开始,并应尽快完成,为进行室内装饰工程创造条件。

一般的建筑装饰装修工程包括抹灰、勾缝、饰面、喷浆、门窗安装、玻璃安装、油漆等。装饰工程没有严格的顺序,同一楼层内的施工顺序一般为地面——天棚——墙面;有时也可以采用天棚——墙面——地面的顺序。内外装饰施工相互干扰很小,可以先外后内,也可先内后外,或者两者同时进行。

4. 选择施工方法和施工机械

确定主要工种工程(如土方、桩基础、钢筋、混凝土、预应力、砌体、结构安装等)的施工方法时,应依据相关规范要求,制定针对本工程的技术措施,提高生产效率,保证工程质量与施工安全,降低造价。

施工方法和施工机械的选择是紧密相关的,它们在很大程度上受结构形式和建筑特征的制约。结构形式和施工方案是不可分割的,一些大型工程,往往在结构设计阶段就要考虑施工方法,并根据施工方法确定结构计算模式。

拟定施工方法时,应着重考虑工程量大、在单位工程中占有重要地位的工程;施工技术复杂或采用新技术、新工艺及对工程质量起关键作用的工程;不熟悉的特殊结构工程或由专业施工单位施工的特殊专业工程等的施工方法,对于常规做法的分项工程则不必详细拟定。

5.2.2 施工方案的技术经济评价

施工方案的技术经济评价方法主要有定性分析法和定量分析法两种。

1. 定性分析法

定性分析法是结合工程施工实际经验,对多个施工方案的一般优缺点进行分析和比较,例如:施工操作上的难易程度和安全可靠性;施工机械设备的获得是否体现经济合理性的要求;方案是否能为后续工序提供有利条件;施工组织是否合理;是否能体现文明施工等。

2. 定量分析法

定量分析法是通过对各个方案的工期指标、实物量指标和价值指标等一系列单个技术经济指标进行计算对比,从而得到最优实施方案的方法。定量分析指标通常有:

(1)施工工期。建筑产品的施工工期是指从开工到竣工需要的时间,一般以施工天数计。当要求工程尽快完成以便尽早投入生产和使用时,选择施工方案就要在确保工程质量、安全和成本较低的条件下,优先考虑工期较短的方案。

(2)单位产品的劳动消耗量。单位产品的劳动消耗量是指完成单位产品所需消耗的劳动工日数,它反映施工机械化程度和劳动生产率水平。通常,方案中劳动量消耗越少,施工机械化程度和劳动生产率水平越高。

(3)主要材料消耗量。主要材料消耗量指标反映各施工方案主要材料消耗和节约情况,这里主要材料是指钢材、木材、水泥、化学建材等材料。

(4)成本。成本指标反映施工方案的成本高低情况。

对施工方案的技术经济评价可以提高施工方案的技术、组织和管理水平,获得良好的综合效益。

5.3 单位工程施工进度计划

5.3.1 施工进度计划的作用

单位工程施工进度计划是在选定施工方案的基础上,根据规定工期和各种资源供应条件,按照施工过程的合理施工顺序及组织施工的原则,用横道图或网络图,对单位工程从开工到竣工的全部施工过程在时间上和空间上的合理安排。其主要作用有:

(1)保证在规定工期内完成符合质量要求的工程任务。

(2)确定各个施工过程的施工顺序、持续时间以及相互衔接和合理配合关系。

(3)为编制各种资源需要量计划和施工准备工作计划提供依据。

(4)是编制季、日、旬生产作业计划的基础。

5.3.2 施工进度计划的编制

1. 施工进度计划编制依据

(1)经过审批的建筑总平面图、地形图、施工图、工艺设计图以及其他技术数据。

(2)施工组织总设计对本单位工程的有关规定。

(3)主要分部分项工程的施工方案。

(4)采用的劳动定额和机械台班定额。

(5)施工工期要求及开、竣工日期。

(6)施工条件、劳动力、材料等资源及成品、半成品的供应情况,分包单位情况等。

(7)其他有关要求和资料。

2. 施工进度计划的表示方法

施工进度计划一般用图表形式表示,经常采用的有两种形式:横道图和网络图。横道图形式见表5-1,由左、右两部分组成。左边部分一般应包括下列内容:各分部分项工程名称、工程量、劳动量、机械台班数、每天工作人数、施工时间等;右边是时间图表部分(有时需要在图表下方绘制资源消耗动态图)。

表 5-1 单位工程施工进度计划

序号	分部分项工程名称	工程量		时间定额	劳动量		需用机械		工作班次	每班人数	工作天数	施工进度						
												月						
		单位	数量		工种	数量工日	名称	台班				5	10	15	20	25	5	10

网络图的表示方法详见模块四相关内容。

3. 施工进度计划的编制过程

1）确定施工过程

编制施工进度计划，首先应按施工图纸和施工顺序，将拟建工程的各个分部分项工程按先后顺序列出，并结合施工方法、施工条件和劳动组织等因素，加以适当调整，填在施工进度计划表的有关栏目内。通常，施工进度计划表中只列出直接在建筑物或构筑物上进行施工的建筑安装类施工过程以及占有施工对象空间、影响工期的制备类和运输类施工过程，例如钢筋混凝土柱、屋架等的现场预制。

在确定施工过程时，应注意以下问题：

① 施工过程的划分要便于指导施工，控制工程进度。为了使进度计划简明清晰，原则上应在可能条件下尽量减少工程项目的数目，可将某些次要项目合并到主要项目中去，或把同一时间内由同一专业工程队施工的项目，合并为一个工程项目。而对于次要的零星工程项目，可合并为一项工程，如门油漆、窗油漆合并为门窗油漆一项。

② 施工过程的划分要结合所选择的施工方案。例如单层工业厂房结构安装工程，若采用分件吊装法，则施工过程的名称、数量和内容及安装顺序应按照构件来确定；若采用综合吊装法，则施工过程应按照施工单元（节间、区段）来确定。

③ 所有施工过程应基本按施工顺序先后排列，所采用的施工项目名称应与现行定额手册上的项目名称一致。

④ 设备安装工程和水、暖、电、卫工程通常由专业工程队组织施工。因此，在一般土建工程施工进度计划中，只要反映出这些工程与土建工程间的配合关系即可。

2）计算工程量

工程量计算应严格按照施工图纸和工程量计算规则进行。当编制施工进度计划时若已经有了预算文件，则可直接利用预算文件中有关的工程量。若某些项目的工程量有出入但相差不大时，可按实际情况予以调整。例如土方工程施工中挖土工程量，应根据土壤的类别和采用的施工方法等进行调整。计算时应注意以下几个问题：

① 各分部分项工程的工程量计量单位应与现行定额手册中规定的单位一致，以便计算劳动量和材料、机械台班消耗量时直接套用，以避免换算。

② 结合选定的施工方法和安全技术要求，计算工程量。例如，土方开挖工程量应考虑土的类别、挖土方法、边坡大小及地下水位等情况。

③ 考虑施工组织的要求,按分区、分段和分层计算工程量。

④ 计算工程量时,尽量考虑编制其他计划时使用工程量数据的方便,做到一次计算,多次使用。

3) 计算劳动量

根据各分部分项工程的工程量、施工方法和现行劳动定额,结合施工单位的实际情况计算各分部分项工程的劳动量。人工操作,计算所需的工日数量;机械作业,计算所需的台班数量。计算公式如下:

$$P = \frac{Q}{S}$$

或
$$P = Q \cdot H \qquad (5-1)$$

式中:P——完成某分部分项工程所需的劳动量(工日或台班);

Q——某分部分项工程的工程量($m^3, m^2, t\cdots$);

S——某分部分项工程人工或机械的产量定额(m^3/工日或台班,m^2/工日或台班,t/工日或台班,$\cdots$);

H——某分部分项工程人工或机械的时间定额(工日或台班/m^3,工日或台班/m^2,工日或台班/t)。

计划中的"其他工程"项目所需劳动量,可根据实际工程对象,取总劳动量的 $10\%\sim 20\%$ 为宜。

此外,在编制土建单位工程施工进度计划时,通常不考虑水、暖、电、卫、设备安装等工程项目的具体进度,仅表示出与一般土建工程进度的配合关系即可。

4) 确定分部分项工程的施工天数

计算各分部分项工程的施工时间有两种方法。

(1) 按劳动资源的配备计算施工天数

该方法是首先确定配备在该分部分项工程施工的人数或机械台数,然后根据劳动量计算出施工天数。

$$t = \frac{P}{Rb} \qquad (5-2)$$

式中:t——完成某分部分项工程施工天数;

R——每班配备在该分部分项工程上的人数或机械台数;

b——每天工作班数;

P——该分部分项工程的劳动量。

(2) 根据工期要求计算

首先根据总工期和施工经验,确定各分部分项工程的施工天数,然后再按劳动量和班次,确定出每一分部分项工程所需工人数或机械台数,计算式为

$$R = \frac{P}{tb} \qquad (5-3)$$

在实际工作中,可根据工作面所能容纳的最多人数(即最小工作面)和现有的劳动组织

来确定每天的工作人数。在安排劳动人数时,必须考虑下述几点:

① 最小工作面。最小工作面是指每一个工人或一个班组施工时必须要有足够的工作面才能发挥高效率,保证施工安全。一个分部分项工程在组织施工时,安排人数的多少会受到工作面的限制,不能为了缩短工期,而无限制地增加工人人数,否则,会造成工作面不足而出现窝工。

② 最小劳动组合。在实际工作中,绝大多数分项工程不能由一个人来完成,而必须由几个人配合才能完成。最小劳动组合是指某一个施工过程要进行正常施工所必需的最少人数及其合理组合。

③ 可能安排的人数。根据现场实际情况(如劳动力供应情况、技工技术等级及人数等),在最少必需人数和最多可能人数的范围内,安排工人人数。通常,若在最小工作面条件下,安排了最多人数仍不能满足工期要求时,可组织两班制或三班制。

5) 安排施工进度

在编制施工进度计划时,应首先确定主导施工过程的施工进度,使主导施工过程能尽可能连续施工,其余施工过程应予以配合,服从主导施工过程的进度要求。具体方法如下:

(1) 确定主要分部工程并组织流水施工

首先确定主要分部工程,组织其中主导分项工程的连续施工并将其他分项工程和次要项目尽可能与主导施工过程穿插配合、搭接或并行操作。例如,现浇钢筋混凝土框架主体结构施工中,框架施工为主导工程,应首先安排其主导分项工程的施工进度,即框架柱扎筋、柱梁(包括板)立模、梁(包括板)扎筋、浇混凝土等主要分项工程的施工进度。只有当主导施工过程优先考虑后,才能安排其他分项工程施工进度。

(2) 按各分部工程的施工顺序编排初始方案

各分部工程之间按照施工工艺顺序或施工组织的要求,将相邻分部工程的相邻分项工程,按流水施工要求或配合关系搭接起来,组成单位工程进度计划的初始方案。

(3) 检查和调整施工进度计划的初始方案,绘制正式进度计划

检查和调整的目的在于使初始方案满足规定的计划目标,确定理想的施工进度计划。其内容如下:

① 检查施工过程的施工顺序以及平行、搭接和技术间歇等是否合理;

② 安排的工期是否满足要求;

③ 所需的主要工种工人是否连续施工;

④ 安排的劳动力、施工机械和各种材料供应是否能满足需要,资源使用是否均衡等。

经过检查,对不符合要求的部分进行调整。其方法一般有:增加或缩短某些分项工程的施工时间;在施工顺序允许的情况下,将某些分项工程的施工时间前后移动;必要时还可以改变施工方法或施工组织措施。

资源消耗的均衡程度常用资源不均衡系数和资源动态图来表示。资源动态图是把单位时间内各施工过程消耗某一种资源(如劳动力、砂石等)的数量进行累计,然后将单位时间内消耗的总量按统一的比例绘制而成的图形。资源消耗不均衡系数可按式(5-4)计算:

$$K = \frac{R_{max}}{R} \tag{5-4}$$

式中：R_{max}——单位时间内资源消耗的最大值；

R——该施工期内资源消耗的平均值。

资源消耗不均衡系数一般宜控制在 1.5 左右，最大不超过 2。

最后，绘制正式进度计划。表 5-2 为某五层砖混结构住宅工程用横道图表示的施工进度计划实例。

图 5-2 和图 5-3 为某工程用网络图表示的施工进度计划。

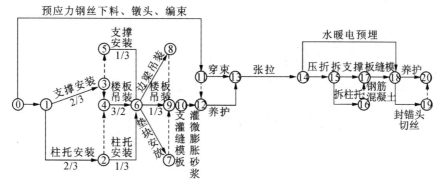

图 5-2　标准层结构施工网络计划

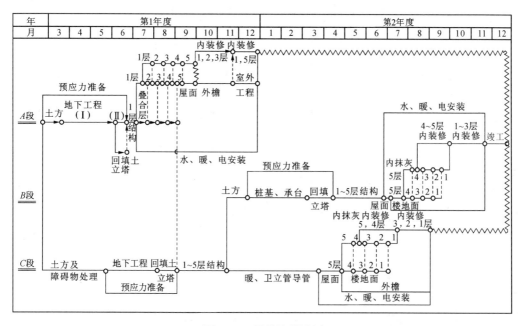

图 5-3　网络控制计划

表 5-2 施工进度计划表

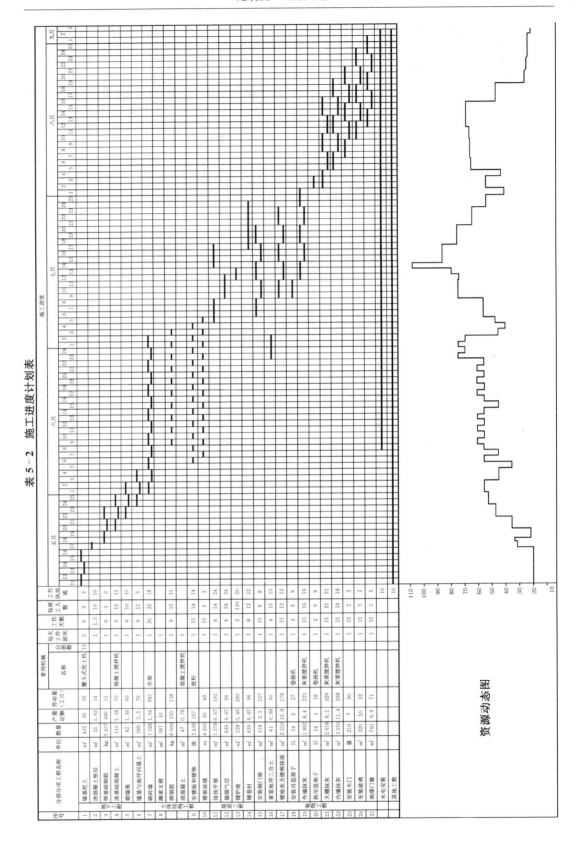

序号	分部分项工程名称	单位	数量	产量定额	劳动量(工日)	需用机械 名称	需用机械 台班数量	每天工作班次	每班工人数	工作队组成
1	墙基挖土	m³	432	36	36	蟹斗式挖土机	12	2	6	6	3
2	浇混凝土垫层	m³	23	1.63	14			1	1.5	10	10
3	绑扎基础钢筋	kg	5457	480	11			1	6	2	2
4	浇基础混凝土	m³	110	1.58	70	混凝土搅拌机		1	6	12	12
5	砌砖墙基	m³	82	1.36	60			1	6	10	10
6	墙基与地坪回填土	m³	399	5.3	76			1	6	12	6
7	砖内墙	m³	1026	1.04	985	井架		1	30	32	16
8	钢筋混凝土	kg	6000	150	138						
9	安装楼板和楼梯	m³	47	0.78		混凝土搅拌机		1	9	15	15
10	圈梁钢筋	块	2436	167		旗杆		1	15	14	14
11	楼板混凝土	m	4200	85	49			1	15	3	3
12	屋面找平层	m²	1278	6.67	192			1	8	24	24
13	屋面隔气层	m²	639	6.67	96			1	4	24	24
14	工厂铺油毡	m²	128	0.46	260			1	2	130	20
15	墙面制门窗框	m²	639	6.67	96			1	8	12	12
16	窗面地坪三合土	m²	318	2.5	127			1	15	8	8
17	楼地面及楼梯抹画	m²	41	0.68	60			1	15	15	15
18	安装吊篮架子	只	2554	19.8	178	卷扬机		1	15	12	12
19	外墙抹灰	m²	54	2	27	灰浆搅拌机		1	3	9	9
20	拆吊篮架子	只	1892	8.4	225	卷扬机		1	15	16	16
21	天棚抹灰	m²	54	3	18			1	2	9	9
22	内墙抹灰	m²	2658	8.2	326	灰浆搅拌机		1	21	21	21
23	安装木门	樘	3050	11.4	268	灰浆搅拌机		1	15	18	18
24	安装玻璃	m²	210	7	30			1	15	2	2
25	油漆门窗	m²	320	10	32			1	15	5	5
		m²	740	9.6	71			1	15	5	5
	水电安装									10	10
	其他工程									10	10

资源动态图

5.3.3　施工进度计划的评估

施工进度计划的评估,其目的是看该进度计划是否满足业主对该工程项目特别是技术经济效果的要求。可使用的评估指标有:

① 提前时间

提前时间＝合同规定工期—计划工期

② 节约时间

节约时间＝定额工期—计划工期

③ 劳动力不均衡系数

劳动力不均衡系数＝高峰人数/平均人数≤2

④ 单方用工数

总单方用工数＝总用工数(工日)/建筑面积(m²)

分部工程单方用工数＝分部工程用工数(工日)/建筑面积(m²)

⑤ 工日节约率

$$总工日节约率 = \frac{施工预算用工数(工日) - 计划用工数(工日)}{施工预算用工数(工日)} \times 100\% \quad (5-5)$$

⑥ 大型机械单方台班用量(以吊装机械为主)

$$大型机械单方台班用量 = \frac{大型机械台班用量(台班)}{建筑面积(m^2)} \quad (5-6)$$

⑦ 建安工人日产值

$$建安工人日产值 = \frac{计划施工工程工作量(元)}{[进度计划日期 \times 每日平均人数(工日)]} \quad (5-7)$$

上述指标一般以前三项指标为主。

值得注意的是,建筑施工过程是一个复杂的生产过程,影响计划执行的因素众多,劳动力以及施工机械和材料等物资供应往往不能满足要求,因此,在工程进行过程中,计划并不是固定不变的,应随时掌握工程状态,经常检查和调整计划,才能使工程始终处于有效的计划控制之中。

5.4　资源需要量计划

在单位工程施工进度计划确定之后,即可编制各项资源需要量计划。资源需要量计划主要用于确定施工现场的临时设施,并按计划供应材料、构件、调配劳动力和施工机械,以保证施工顺利进行。

5.4.1　劳动力需要量计划

劳动力需要量计划主要作为安排劳动力、调配和衡量劳动力消耗指标,安排生活及福利设施等的依据。其编制方法是将单位工程施工进度表内所列各施工过程每天(或旬、月)所需工人人数按工种汇总列成表格。其表格形式见表5-3。

表 5-3　劳动力需要量计划

序号	工程名称	人数	月份									
			1	2	3	4	5	6	7	8	9	…

5.4.2　主要材料需要量计划

材料需要量计划表是备料、供料、确定仓库和堆场面积及组织运输的依据。其编制方法是根据施工预算的工料分析表、施工进度计划表、材料的贮备和消耗定额,将施工中所需材料按品种、规格、数量、使用时间计算汇总,填入主要材料需要量计划表。其表格形式见表5-4。

表 5-4　主要材料需要量计划

序号	材料名称	规格	需要量		供应时间	备注
			单位	数量		

5.4.3　构件和半成品需要量计划

构件和半成品需要量计划主要用于落实加工订货单位,根据所需规格、数量、时间,组织加工、运输和确定仓库或堆场,按施工图和施工进度计划编制。其表格形式见表5-5。

表 5-5　构件和半成品需要量计划表

序号	品名	规格	图号	需要量		使用部位	加工单位	供应日期	备注
				单位	数量				

5.4.4　施工机具需要量计划

施工机具需要量计划主要用于确定施工机具的类型、数量、进场时间,以此落实机具来源和组织进场。其编制方法是将单位工程施工进度计划表中的每一个施工过程以及每天所需的机具类型、数量和施工时间进行汇总,以便得到施工机具需要量计划表。其表格形式见表5-6。

表 5-6　施工机具需要量计划表

序号	机具名称	型号	需要量		货源	使用起止时间	备注
			单位	数量			

5.5　单位工程施工平面图设计

单位工程施工平面图设计是对建筑物或构筑物施工现场的平面规划,是施工方案在施工现场空间上的体现,它反映了已建工程和拟建工程之间,以及各种临时建筑、设施相互之间的空间关系。施工现场的合理布置和科学管理是进行文明施工的前提,同时,对加快施工进度、降低工程成本、提高工程质量和保证施工安全有极其重要的意义。因此,每个工程在施工之前都要进行施工现场布置和规划,在施工组织设计中,均要进行施工平面图设计。

5.5.1　单位工程施工平面图设计依据

在进行施工平面图设计前,应认真研究施工方案,对施工现场进行深入调查,对原始资料作周密分析,使设计与施工现场的实际情况相符,能对施工现场空间布置起到指导作用。布置施工平面图的依据,主要有以下三个方面的资料。

（1）设计和施工依据的有关原始资料

① 自然条件数据:包括地形数据、工程地质及水文地质数据、气象数据等。主要用于确定各种临时设施的位置,布置施工排水系统,确定易燃、易爆以及有碍人体健康设施的位置等。

② 技术经济条件资料:包括交通运输、供水供电、地方物资资源、生产及生活基地情况等。主要用于确定仓库位置、材料及构件堆场,布置水、电管线和道路,现场施工可利用的生产和生活设施等。

（2）建筑、结构设计数据

① 建筑总平面图。建筑总平面图包括一切地上地下拟建和已建的房屋和构筑物。根据建筑总平面图可确定临时房屋和其他设施的位置,以及获得修建工地临时运输道路和解决施工排水等所需资料。

② 地下和地上管道位置。一切已有或拟建的管道,在施工中应尽可能考虑予以利用;若对施工有影响,则需考虑提前拆除或迁移;同时应避免把临时建筑物布置在拟建的管道上面。

③ 建筑区域的竖向设计和土方调配图。与布置水、电管线,安排土方的挖填及确定取土、弃土地点有紧密联系。

④ 有关施工图资料。

（3）施工资料

① 施工方案。据以确定起重机械、施工机具、构件预制及堆场的位置。

② 单位工程施工进度计划。由施工进度计划掌握施工阶段的开展情况，进而对施工现场分阶段布置规划，节约施工用地。

③ 各种材料、半成品、构件等的需要量计划。为确定各种仓库、堆场的面积和位置提供依据。

5.5.2 单位工程施工平面图设计的内容和原则

（1）设计的内容

单位工程施工平面图的比例尺一般采用 $1:500\sim1:200$，图上内容包括：

① 建筑总平面图上已建和拟建的地上和地下的一切建筑物、构筑物和管线；

② 自行式起重机开行路线、轨道布置和固定式起重运输设备的位置；

③ 测量放线标桩、地形等高线和土方取弃场地；

④ 材料、加工半成品、构件及机具堆场；

⑤ 生产用临时设施，如加工厂、搅拌站、钢筋加工棚、木工棚、仓库等；

⑥ 生活用临时设施，如办公室用房、宿舍、休息室等；

⑦ 供水供电线路及道路，供气及供热管线，包括变电站、配电房、永久性和临时性道路等；

⑧ 一切安全及防火设施的位置。

（2）设计的原则

① 在保证施工顺利进行的前提下，现场布置尽量紧凑，以节约土地。

② 合理使用场地，一切临时性设施布置时，应尽量不占用拟建永久性房屋或构筑物的位置，以免造成不必要的搬迁。

③ 现场内的运输距离应尽量短，减少或避免二次搬运。

④ 临时设施的布置，应有利于工人生产和生活。

⑤ 应尽量减少临时设施的数量，降低临时设施费用。

⑥ 要符合劳动保护、技术安全和防火的要求。

单位工程施工平面图设计一般应考虑施工用地面积、场地利用系数、场内运输量、临时设施面积、临时设施成本、各种管线用量等技术经济指标。

5.5.3 单位工程施工平面图设计的步骤

设计施工平面图的一般步骤如下：

（1）熟悉、了解和分析有关资料

熟悉、了解设计图纸、施工方案和施工进度计划的要求，通过对有关资料的调查、研究及分析，掌握现场四周地形、工程地质、水文地质等实际情况。

（2）确定垂直运输机械的位置

垂直运输机械的位置直接影响仓库、材料堆场、砂浆和混凝土搅拌站的位置，以及场内道路和水电管网的位置等。因此，应首先予以考虑。

① 固定式垂直运输机械

固定式垂直运输机械(如井架、桅杆、固定式塔式起重机等)的布置,主要应根据机械性能、建筑物平面形状和大小、施工段划分情况、起重高度、材料和构件重量和运输道路等情况确定。应做到使用方便、安全,便于组织流水施工,便于楼层和地面运输,并使其运距短。通常,当建筑物各部位高度相同时,布置在施工段界线附近;当建筑物高度不同或平面较复杂时,布置在高低跨分界处或拐角处;当建筑物为点式高层时,采用固定式塔式起重机应布置在建筑中间或转角处;井架可布置在窗间墙处,以避免墙体留槎,井架用卷扬机不能离井架架身过近。布置塔式起重机时,应考虑塔机安拆的场地,当有多台塔式起重机时,应避免相互碰撞。

② 移动式垂直运输机械

有轨道式塔式起重机布置应考虑建筑物的平面形状、大小和周围场地的具体情况。应尽量使起重机在工作幅度内将建筑材料和构件运送到操作地点,避免出现死角。履带式起重机布置,应考虑开行路线、建筑物的平面形状、起重高度、构件重量、回转半径和吊装方法等。

③ 外用施工电梯

外用施工电梯又称人货两用电梯,是一种安装在建筑物外部,施工期间用于运送施工人员及建筑材料的垂直提升机械。外用施工电梯是高层建筑施工中不可缺少的关键设备之一,其布置的位置,应方便人员上下和物料集散;由电梯口至各施工处的平均距离最短;便于安装附墙装置等。

④ 混凝土泵

混凝土泵设置处应场地平整,道路畅通,供料方便,泵离浇筑地点近,便于配管,排水、供水、供电方便,在混凝土泵作用范围内不得有高压线等。

(3) 选择搅拌站的位置

砂浆及混凝土搅拌站的位置,要根据房屋类型、现场施工条件、起重运输机械和运输道路的位置等来确定。布置搅拌站时应考虑尽量靠近使用地点,并考虑运输、卸料方便,或布置在塔式起重机服务半径内,使水平运输距离最短。

(4) 确定材料及半成品的堆放位置

材料和半成品是指水泥、砂、石、砖、石灰及预制构件等。这些材料和半成品堆放位置在施工平面图上很重要,应根据施工现场条件、工期、施工方法、施工阶段、运输道路、垂直运输机械和搅拌站的位置以及材料储备量综合考虑。

搅拌站所用的砂、石堆场和水泥库房应尽量靠近搅拌站布置,同时,石灰、淋灰池也应靠近搅拌站布置。若用袋装水泥,应设专门的干燥、防潮水泥库房;若用散装水泥,则需用水泥罐贮存。砂、石堆场应与运输道路连通或布置在道路边,以便卸车。沥青堆放场及熬制锅的位置应离开易燃品仓库或堆放场,并宜布置在下风向。

当采用固定式垂直运输设备时,建筑物基础和第一层施工所用材料应尽量布置在建筑物的附近;当混凝土基础的体积较大时,混凝土搅拌站可以直接布置在基坑边缘附近,待混凝土浇筑完后再转移,以减少混凝土的运输距离;同时,应根据基坑(槽)的深度、宽度和放坡坡度确定材料的堆放地点,并与基坑(槽)边缘保持一定的安全距离(≥0.5 m),以避免产生土壁塌方。第二层以上用的材料、构件应布置在垂直运输机械附近。

当采用移动式起重机时,宜沿其开行路线布置在有效起吊范围内,其中构件应按吊装顺序堆放。材料、构件的堆放区距起重机开行路线不小于 1.5 m。

(5) 运输道路的布置

现场运输道路应尽可能利用永久性道路,或先修好永久性道路的路基,在土建工程结束之前再铺路面。现场道路布置时,应保证行驶畅通并有足够的转弯半径。运输道路最好围绕建筑物布置成一条环形道路。单车道路宽不小于 3.5 m,双车道路宽不小于 6 m。道路两侧一般应结合地形设置排水沟,深度不小于 0.4 m,底宽不小于 0.3 m。

(6) 临时设施的布置

临时设施分为生产性临时设施和生活性临时设施。生产性临时设施有钢筋加工棚、木工房、水泵房等;生活性临时设施有办公室、工人休息室、开水房、食堂、厕所等。临时设施的布置原则是有利生产,方便生活,安全防火。

① 生产性临时设施(如钢筋加工棚和木工加工棚)的位置,宜布置在建筑物四周稍远位置,且有一定的材料、成品堆放场地。

② 一般情况下,办公室应靠近施工现场,设于工地入口处,亦可根据现场实际情况选择合适的地点设置;工人休息室应设在工人作业区;宿舍应布置在安全的上风向一侧;收发室宜布置在入口处等。

(7) 水、电管网的布置

① 施工现场临时供水

现场临时供水包括生产、生活、消防等用水。通常,施工现场临时用水应尽量利用工程的永久性供水系统,减少临时供水费用。因此在做施工准备工作时,应先修建永久性供水系统的干线,至少把干线修至施工工地入口处。若是高层建筑,必要时,可增设高压泵以保证施工对水头的要求。

消防用水一般利用城市或建设单位的永久性消防设施。室外消防栓应沿道路布置,间距不应超过 120 m,距房屋外墙一般不小于 5 m,距道路不应大于 4 m。工地消防栓 2 m 以内不得堆放其他物品,室外消防栓管径不得小于 100 mm。

临时供水管的铺设最好采用暗铺法,即埋置在地面以下,防止机械在其上行走时将其压坏。临时管线不应布置在将要修建的建筑物或室外管沟处,以免这些项目开工时,切断水源影响施工用水。施工用水龙头位置,通常由用水地点的位置确定。例如搅拌站、淋灰池、浇砖处等,此外,还要考虑室内外装修工程用水。

② 施工现场临时供电

为了维修方便,施工现场多采用架空配电线路,且要求架空线与施工建筑物水平距离不小于 10 m,与地面距离不小于 6 m,跨越建筑物或临时设施时,垂直距离不小于 2.5 m。现场线路应尽量架设在道路一侧,尽量保持线路水平,以免电杆受力不均。在低电压线路中,电杆间距应为 25～40 m,分支线及引入线均应由电杆处接出,不得由两杆之间接线。

单位工程施工用电应在全工地施工总平面图中一并考虑。一般情况下,计算出施工期间的用电总数,提供给建设单位,不另设变压器;只有独立的单位工程施工时,才根据计算的现场用电量选用变压器,其位置应远离交通要道及出入口处,布置在现场边缘高压线接口处,四周用铁丝网围绕加以保护。

　　建筑施工是一个复杂多变的生产过程,工地上的实际布置情况会随时改变,如基础施工、主体施工、装饰施工等各阶段在施工平面图上是经常变化的。但是整个施工期间使用的一些主要道路、垂直运输机械、临时供水供电线路和临时房屋等,则不会轻易变动。对于大型建筑工程,施工期限较长或建设地点较为狭小的工程,要按施工阶段布置多张施工平面图;对于较小的建筑物,一般按主要施工阶段的要求来布置施工平面图即可。施工平面图的示例如图5-4所示。

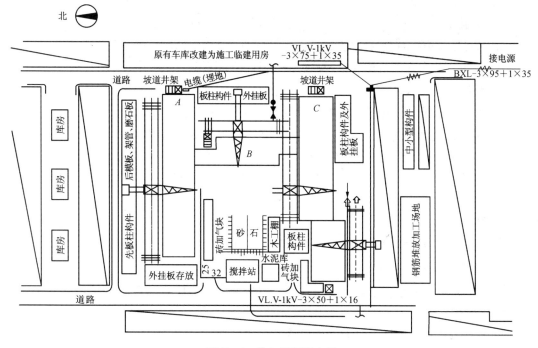

图 5-4　施工平面图布置

模块小结

　　本模块详细地阐述了单位工程施工组织设计的具体内容,包括编制依据和编制内容。重点介绍了编制内容中的工程概况、施工方案的选择、施工进度计划、施工准备工作计划与各种资源需要量计划、施工平面图。

实训练习

一、判断题

　　1. 施工进度计划的编制是单位工程施工组织设计的核心内容。　　　　　（　　）

　　2. 选择好施工方案后,便可编制资源需要量计划。　　　　　　　　　　（　　）

　　3. 采用网络计划技术及其他科学适用的计划方法对工程进度实施动态控制是确保工

期的技术措施之一。 （　　）

    4. 单位工程施工平面图设计首先确定起重机械的位置。 （　　）

    5. 正确选择施工方法和施工机械是制定施工方案的关键。 （　　）

    6. 施工方案的设计是单位工程施工组织设计的核心内容。 （　　）

    7. 单位工程施工进度计划初始方案编制后，应先检查工期是否满足要求，然后再进行调整。 （　　）

二、单项选择题

    1. 实现施工现场有组织、有计划地进行文明施工的先决条件是 （　　）

    A. 选择好施工方案   B. 制定好技术组织措施

    C. 编制好施工进度计划   D. 设计好施工平面图

    2. 选择施工方案首先应考虑 （　　）

    A. 施工方法和施工机械的选择   B. 流水施工的组织

    C. 制定主要技术组织措施   D. 确定合理的施工顺序

    3. 在单位工程施工组织设计中，整个工程全局的关键是 （　　）

    A. 编制施工进度计划   B. 制定技术组织措施

    C. 设计施工平面图   D. 选择施工方案

    4. 下列内容中，不属于单位工程施工组织设计编制依据的是 （　　）

    A. 可行性研究报告   B. 现场水文地质情况

    C. 预算文件   D. 施工图

    5. 在进行单位工程施工进度计划编制时，首先应 （　　）

    A. 计算工程量   B. 确定施工顺序

    C. 划分施工过程   D. 组织流水作业

三、多项选择题

    1. 选择施工方法和施工机械的主要依据有 （　　）

    A. 质量要求   B. 工期长短

    C. 合同条件   D. 施工条件

    E. 资源供应条件

    2. 单位工程施工组织设计的内容包括 （　　）

    A. 施工部署   B. 施工作业计划

    C. 各种资源需要量计划   D. 施工准备工作计划

    E. 施工方案

    3. 单位工程施工组织设计内容中的工程概况，主要包括 （　　）

    A. 建设概况   B. 建筑、结构设计概况

    C. "三通一平"情况   D. 建设地点特征

    E. 施工条件

    4. 单位工程施工方案选择的内容包括 （　　）

    A. 技术组织措施的确定   B. 流水施工的组织

    C. 施工顺序的确定   D. 各项资源需要计划的确定

　　E. 施工方法和施工机械的选择

四、填空题

　　1. 单位工程施工进度计划编制步骤为：划分施工过程、_____、计算劳动量及机械台班量、_____、初排施工进度、_____。

　　2. 在编制单位工程施工进度计划时，确定施工过程延续时间的方法一般有三种：_____、_____和_____。

　　3. 施工组织设计中"一案一表一图"指的是_____、_____、_____。

五、本学院将建某项目，请根据现场条件及资料，编制单位工程施工组织设计。

模块六
施工组织设计实例

【任务目标】

掌握单位工程施工组织设计编制的主要方法和过程。结合本实际案例,掌握施工组织设计的施工部署、施工进度计划的编制和施工平面布置图的绘制。

6.1 工程概况

某综合楼工程位于市中心,现有建筑面积 36 000 m²,裙楼 6 层,地下 2 层,主体 24 层,建筑总高度为 90 m。主体结构为现浇框架—剪力墙结构,基础采用复合基础,地下室混凝土抗渗等级 1.0 MPa,地下室砌体为 MU10 灰砂砖,地上部分砌体材料为加气混凝土砌块。加气混凝土砌块填充墙外墙厚 250 mm,内墙厚 200 mm。

1. 工程建筑设计概况

(1)装饰部分

① 外墙:灰白色外墙涂料、外挂铝板、玻璃幕墙。

② 楼地面:水泥砂浆、陶瓷地砖。

③ 墙面:混合砂浆、瓷砖墙面 1800 mm 高。

④ 顶棚:混合砂浆、轻钢龙骨、石膏板吊顶。

⑤ 楼梯:水泥砂浆。

(2)防水部分

① 地下:2 厚聚氨酯防水涂料。

② 屋面:SBS 改性沥青卷材。

③ 卫生间:1.5 厚聚氨酯防水涂料。

2. 工程结构设计概况

① 基础工程:主体结构 24 层,采取复合基础形式,人工挖孔灌注桩和筏基。

② 主体工程:结构采用框架—剪力墙,抗震设防等级为 6 级,人防等级为 6 级。

3. 安装工程概况

(1)给排水工程

本工程主要包括室内给排水系统、消防栓给水及人防预留工程等。本大楼进行分区供水,5 层以下由市政供水管直接供水,6~24 层以上采用地下贮水池—生活水泵—屋顶水箱联合供水。消火栓系统分高、低两个区,2~10 层为低区,11~24 层为高区,低区由消防水泵接合器直接供水,高区由地下室消防栓水泵出水经减压阀减压供给。消火栓管道采用无缝钢管,二次镀锌,焊接连接。大楼设生活污废水系统,污废水经室外化粪池处理达标后排入城市污水管网。排水管采用 Q/XZG001－2001B 型。

（2）电气系统工程

动力照明系统：引入线采用 NH－YJV－1KV 电缆，电气竖井内的电缆采用托盘式电缆桥架敷设。支线采用导线穿扣压式薄壁钢管暗敷。

防雷保护：本工程采用二级防雷保护，避雷带采用镀锌扁钢 40×4 沿屋面明敷，并形成 10×10 的避雷网。沿屋面平台、女儿墙、屋脊等均安装避雷带，采用 12 镀锌圆钢。突出屋面的金属管道、设备外壳、钢支架等均应与柱内主筋联结，30 m 以上，每 2 层将建筑物圈梁内筋($\phi \geqslant 14$)与钢窗及金属构件连成一体。接地装置利用建筑的基础，将基础内的桩承台圈梁底部水平方向的主筋($\phi \geqslant 14$)连成闭合回路。利用建筑物基础地梁内钢筋作为接地装置，要求接地电阻不大于 1 Ω。

4．自然条件

（1）气象条件

本工程处于市区内，气候差异明显，年平均气温 17～20 ℃，日最高气温 43 ℃（每年 7～9 月份气温最高），日最低气温 －6.6 ℃。年正常降雨量 1200～1300 mm，年最大降雨量 2000 mm，日最大降雨量 260 mm，雨季集中在每年的 3 月份。

（2）工程地质及水文条件

根据专门的水质检验报告及环境水文地质调查报告，判断该地下水对混凝土无腐蚀性，对钢结构具弱腐蚀性。

（3）地形条件

由于前期土方已开挖完成，场地已基本成型，满足开工要求。

（4）周边道路及交通条件

该工程位于城市繁华地段，交通道路畅通。工程施工现场"三通一平"已完成，施工用水、用电已经到位，进场道路畅通，具备开工条件。

（5）场地及周边地下管线

本工程现场施工管线较清晰明朗，对施工的影响可以通过提前协调解决的办法来消除或减小。

（6）工程特点

工程量大，工期紧，总工期 800 天；工程质量要求高；场地狭小，专业工种多，现场配合，协调管理。

6.2 施工部署

1．工程目标

以质量为中心，采用先进成熟的新技术、新工艺、新设备、新材料，精心组织、科学管理、文明施工。紧紧围绕工程质量、工期、安全及文明施工四大目标，严格履行合同，安全、优质、高速地完成工程施工任务。

（1）质量目标

严格按照国家施工规范和施工图纸要求施工，保证单位工程一次交验合格率 100%，杜绝重大质量事故，确保优质工程。

（2）工期目标

本工程合同有效施工工期为 800 日历天,确保在合同工期内完成所有合同中的工作内容。

（3）安全目标

制定和完善安全管理制度,提高施工人员的安全意识,杜绝重大人员伤亡事故和重大机械安全事故,轻伤频率控制在 1‰以内,实现安全施工。

（4）文明施工目标

严格执行建设部有关施工现场文明施工管理规定,确保达到文明施工现场样板工地,争创文明施工工地。

（5）环保卫生目标

不污染城市道路,不排放未经处理的污水,夜间施工不扰民。

2．施工流水段的划分及施工工艺流程

（1）施工流水段的划分

本土程在地下室及裙房结构施工时,以地下室及裙房间沉降缝为界划分为 I,II 两个施工流水段,在主楼主体结构施工时,以③—④轴之间的后浇带划分为 A 和 B 两个施工段,如图 6‐1 所示,并组织流水施工。

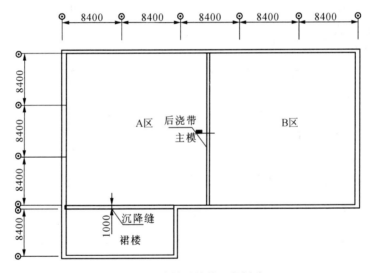

图 6‐1　主体结构施工段划分

（2）施工工艺流程

施工准备(桩基已施工完毕)——土方开挖——垫层施工——底板施工——地下室结构——7 层结构——主楼结构封顶——屋面工程——外装饰工程——内精装工程——总平面工程——竣工验收。

3．施工准备

1）施工技术准备

（1）施工图设计技术交底及图纸会审：项目经理负责组织现场管理人员认真审查施工图纸,领会设计意图。结合图纸会审纪要,编制具体的施工方案和进行必要的技术交底,计算并列出材料计划、周转材料计划、机具计划、劳动力计划等,同时做好施工中不同工种的组织协调工作。

（2）设备及器具：本工程根据生产的实际需要配制设备及器具。主要机械设备有垂直运输机械；根据实际情况，主体结构施工选择一台 TC5613 自升塔式起重机，回转半径54 m，起重能力80 t·m，设置在本工程 C 轴附近的 12 轴外；选择 SCD200/200 型双笼外用电梯一台，主要用于人员的上下和材料的运输；选择两台 HBT60 型最大输送量 60 m/h、最大垂直输送高度 200 m 的混凝土泵。主要施工机具需用计划参见表 6 - 1。

表 6 - 1　主要施工机具需用计划表

序号	名　称	单位	数量	规格型号	备　注
1	塔式起重机	台	1	TC5613	75 kW
2	双笼电梯	台	1	SCD200/200	44 kW
3	混凝土输送泵	台	2	HBT60	45 kW
4	砂浆搅拌机	台	2	250 型	4 kW
5	钢筋切断机	台	2	GO40 - 2	3 kW
6	钢筋弯曲机	台	2	GJB40	3 kW
7	冷拉卷扬机	台	2	JK - 2	11 kW
8	木工圆盘锯	台	2	MJ105	4 kW
9	插入式振动器	台	8	ZN50	1.5 kW
10	交流电焊机	台	4	BX3 - 300	15 kW
11	闪光对焊机	台	2	VN - 100	100 kVA
12	打夯机	台	4	HC700	1.5 kW
13	潜水泵	台	10	50	3 kW
14	经纬仪	台	1		其中激光经纬仪一台
15	水准仪	台	2		NA_2＋GPM
16	S4 自动安平水准仪	台	2		
17	激光铅直仪	台	1		
18	全站仪	台	1		

（3）测量基准交底、复测及验收本工程测量基准点。基准点由业主移交给项目部，项目测量员应对基准点进行复测，复测合格后将其投测到拟建建筑物四周的建筑物外墙上。轴线定位根据设计图纸进行施工测量，测量员放线后请监理单位复测验收，合格以后方可进行施工测量。

2）现场准备

（1）施工和生活用电、用水由甲方向乙方提供。

（2）现场的临时排水，如生产、生活污水经排水管道集中在集水井后，排入市政管网。

3）各种资源准备

（1）劳动力需用量及进场计划

为满足工程施工质量、工期进度要求，根据劳动力需用计划适时组织各类专业队伍进场，对作业层要求技术熟练，并要求服从现场统一管理，对特殊工种人员需提前做好培训工作，必须做到持证上岗。根据工程需要，将组织素质好、技术能力强的施工队伍进行工程施工，主要施工队伍安排如下：混凝土施工队负责混凝土工程等的施工；钢筋队负责有关钢筋的制作与绑扎；砖工队负责砌体工程及抹灰工程；木工队负责梁、板、墙、柱等模板工作；架工队负责脚手架施工;电工队负责电气安装;管工队负责管道安装;焊工队负责焊接施工。

（2）施工用材料计划

为了做好本工程的材料准备及市场调研工作,对本工程中将要使用的主要材料提前列计划。针对本工程的具体特点,本工程需要投入的周转材料有钢管、模板、木枋、扣件、对拉螺杆、竹夹板、安全网。周转材料需用量计划参见表 6-2。

表 6-2　周转材料需用量计划表

序　号	名　称	规　格	数　量	备　注
1	钢管	$\phi 45 \times 35$	700 t	
2	扣件		10 万套	扣件按三种类型备齐
3	普通模板	1830 mm×918 mm×18 mm	10 000 套	
4	木枋	50 mm×100 mm	600 m³	
5	竹架板		6200 块	
6	安全网	密目安全网	15 600 m²	
7	安全带		130 副	
8	手推车		60 辆	
9	对拉螺栓	$\phi 14$	46 000 根	

4）施工进度控制计划

（1）工期目标

本工程工期较为紧张,所以在进度计划的安排上也要在保证质量、安全的基础上,达到最快。为此在充分考虑各方面因素后,对本工程的施工进度节点作如下安排:地下室结构封顶 124 日历天;主体结构封顶 462 日历天;竣工总工期 730 日历天。

在施工进度计划的安排上,计划以 730 日历天完成本工程合同内的所有施工任务,其中124 个日历天完成地下室部分的施工工作,462 个日历天完成地上部分主体结构的施工工作。主楼地下室工程 124 天完成;主体结构工程 462 天完成,砌体工程在五层结构完工时进入施工,粗装修跟随砌体插入;精装饰在主体封顶后随外装饰自上而下进行;安装工程在结构施工时进行预留预埋,有了工作面后,即插入设备安装。

（2）工期保证措施

为了保证工期,拟加强对工人的培训,为公司培养大量的有经验的技术工人。另外,单位长期和一些相关的劳动力市场联系,了解农村劳动力的特点,并准备了一些应急措施。

6.3　施工总平面布置

1. 施工总平面布置依据

本工程总平面布置依据主要有图纸、工程特点、现场条件、甲方要求、现场施工管理条例以及相关规范、标准和地方法规等。

2. 施工总平面图的绘制及布置原则

本工程的施工现场非常狭小,现场临时设施布置尽量集中,生产、生活区相对分开。生产设施的布置考虑施工生产的实际需要,尽量不影响业主方的正常营业与生活。

3. 施工总平面图的内容

本工程施工平面图的主要内容有围墙及出入口、施工电梯、塔式起重机、食堂、现场办公室、临时休息室、配电房、钢筋加工房、木工车间、动力车间、库房、原材料堆放场地、成品及半成品堆放场地、周转材料堆场、实验房、厕所等,如图6-2所示。

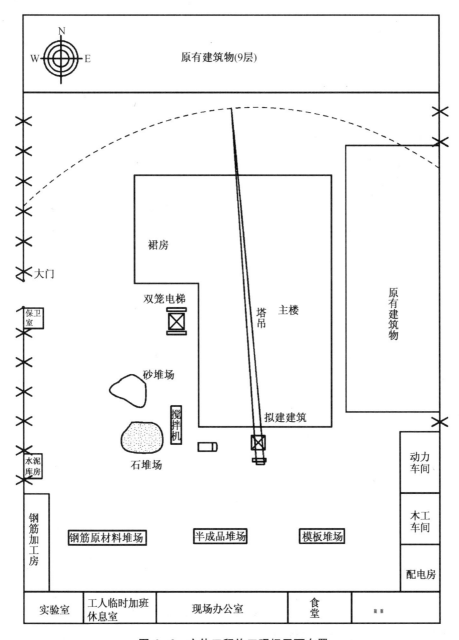

图6-2　主体工程施工现场平面布置

(1) 现场道路及排水

现场道路在本项目进场时就已经建好,主要道路是西门通入院内的道路。本工程东、北侧有建筑物,已经设有排水沟,现场地表水及生活污水,包括地下室积水,由此排水沟排水。

其他地方因无空间不设排水。

（2）现场机械、设备的布置

钢筋加工房布置在本工程的西面，设有钢筋原材料堆场、钢筋半成品堆场、钢筋拉伸机、闪光对焊机、钢筋弯曲机等钢筋加工机械；塔吊设在本工程南面附近，双笼施工电梯设在本工程西北面。

（3）现场办公区、生活区

本工程办公用房主要采用本工程南边办公房，办公房的位置见施工平面布置图。现场设厕所和管理人员的食堂。

（4）临时用水布置

施工现场供水必须满足现场施工生产、生活及临时消防用水的需要。给水系统采用镀锌钢管，直接与甲方提供的水源进行连接，接至用水地点。施工现场排水清污分流，在基坑及场地地面四周接明沟加集水井用以施工排水。生活用水、雨水及地下水经过沉积后及时排入市政排水管网。厕所污水经过三次处理后排入市政排污管网。

（5）临时用电布置

甲方提供的电源在综合楼的东北角。在本工程现场办公室的东南角设置配电房，总配电箱至甲方电源处导线应选用 $95\ mm^2$ 的铜芯橡皮线（BX 型）。根据施工现场用电设备的布置情况，本工程平面按 4 个用电回路设计。

6.4　地下工程

1. 地下工程说明

本工程地下工程中基坑支护、大面积土方开挖以及桩基工程均由业主直接分包给其他单位施工。本章节主要就地下室框架柱、梁、板、墙的支模方法及钢筋工程、混凝土工程等主体结构工程的施工方法作一说明。

2. 地下室防水工程

地下室结构为防水混凝土结构，抗渗等级为 1.0 MPa。建筑防水层参照《98ZJ001 地防 1》进行，业主、设计和监理单位确定防水材料为水性聚氨酯隔热弹性防水涂料。

1）自防水混凝土施工

（1）施工材料的准备。本工程应用的混凝土为商品混凝土，在混凝土浇筑前要做好混凝土的试配工作，并提供水泥、砂、石以及配合比与外加剂的检验报告。

（2）作业条件

① 完成钢筋、模板的隐蔽、预检验收工作。需注意检查固定模板的铅丝和螺栓是否穿过混凝土墙，如必须穿过时应采取止水措施。特别是设备管道或预埋件穿过处是否已做好防水处理。木模板提前浇水湿润，并将落在模内的杂物清理干净。

② 根据施工方案，做好技术交底工作。

③ 各项原料需经试配提出混凝土配合比。试配的抗渗标号应按设计要求提高 0.2 MPa。每立方米混凝土水泥用量（包括细料在内）不少于 300 kg。含砂率为 35%～45%，灰砂比必须保持 1∶2～1∶2.5，水灰比不大于 0.55，入泵坍落度宜为 100～140 mm。

④ 地下防水工程施工期间继续做好降水排水。

（3）操作工艺

① 总体要求：底板混凝土整体性要求高，要求混凝土连续浇筑，采取"斜面分层、一次到顶、层层推进"的浇筑方法。本工程整个地下室底板混凝土量约 1500 m³，计划 85 h 浇筑完成，采用一台混凝土输送泵。保证底板混凝土连续浇筑，避免产生施工缝。

② 混凝土运输：本工程采用混凝土输送泵。按照施工方案布置好泵管，混凝土运到施工地点有离析现象时，必须进行第二次搅拌。当坍落度损失后不能满足施工要求时，应加入原水灰比的水泥浆或二次掺加减水剂进行搅拌，严禁直接加水。

③ 混凝土浇灌：底板混凝土在各自的区段内应连续浇灌，不得留施工缝，施工缝必须设在膨胀后浇带两侧。在混凝土底板上浇灌墙体时，需将表面清洗干净，再铺一层 2～5 cm 厚水泥砂浆同一配合比的减石子混凝土（即采用原混凝土配合比去掉石子）。浇第一步混凝土高度为 40 cm，以后每步浇灌 50～60 cm，按施工方案规定的顺序浇灌。为保证混凝土浇灌时不产生离析，混凝土由高处自由倾落，其落距不应超过 2 m，高度超过 2 m 必须要沿串筒或溜槽下落。本工程防水混凝土采用高频机械振捣，以保证混凝土密实。振捣器采用插入式振捣器，插入要迅速，拔出要缓慢，振动到表面泛浆无气泡为止。插入间距应不大于 500 mm，严防漏振。结构断面较小，钢筋密集的部位严格按分层浇灌、分层振捣的原则操作。振捣和铺灰应选择对称的位置开始，以防止模板走动。浇灌到面层时，必须将混凝土表面找平，并抹压坚实平整。

（4）施工缝的位置及接缝形式

① 底板防水混凝土应连续施工，不得随意留施工缝，如需留施工缝，应留在膨胀后浇带或沉降后浇带处。墙体一般只允许留水平施工缝，其位置不应留在底板与墙体交接处，而应留在底板以上 500 mm 处的墙身上。

② 钢板止水带的埋设应保证位置正确、固定牢靠。

③ 施工缝新旧混凝土接槎处，继续浇灌前应将表面浮浆和杂物清除，先铺净浆，再铺 30～50 mm 厚的 1∶1 水泥砂浆并及时浇灌混凝土。

④ 防水混凝土结构内部设置的各种钢筋或绑扎铁丝，不得接触模板。固定模板用的螺栓要加止水环。

⑤ 地下室外墙墙体模板采用 X12 带止水片的螺杆拉结，以保证墙体不渗水。

（5）混凝土的养护

底板混凝土的养护：混凝土终凝后即进行养护。采取保温蓄热浇水养护，待混凝土面压光后立即用一层塑料薄膜加一层麻袋覆盖，以控制混凝土的内外温差在 25 ℃ 以内，避免产生温度裂缝。

竖向结构混凝土的养护：模板有保温保湿的作用，所以防水混凝土的拆模时间要控制好，墙体浇灌 3 d 后将侧模撬松，宜在侧模与混凝土表面缝隙中浇水，保持模板与混凝土之间的空隙的湿度。

浇水养护：常温混凝土浇灌完后 4～6 h 内必须浇水养护，3 d 内每天浇水 4～6 次，3 d 后每天浇水 2～3 次，养护时间不少于 14 d。

2）涂料防水层

按设计图纸要求选定防水材料，防水材料要有产品合格证，进场后要按要求进行抽样送检，检验合格后才允许施工。防水工上岗必须具有上岗证。根据设计变更的要求，本工程地下室底板、外墙侧壁及顶板外露部分需做 2 mm 厚聚氨酯防水涂料。因本工程地下室外墙施工时,墙外侧有多处无施工面,经设计单位等多家单位磋商,决定在外墙外侧无施工面的地方,砌砖胎模作为外墙施工时的外侧模板,并在砖胎模上做防水层。施工前,须对防水基层进行检查验收,其基层必须平整、坚实,无麻面、起砂起壳、松动及凹凸不平等现象。阴阳角处基层应抹成圆弧形,基层表面应干燥,含水率以小于 9% 为宜。

(1) 涂料施工时应遵循"先远后近、先高后低、先细部后大面"的原则进行,以利涂膜质量及涂膜保护。

(2) 涂膜应分多遍完成,涂刷前应待前遍涂层干燥成膜后进行。

(3) 每遍涂刷时应交替改变涂层的涂刷方向,同层涂膜的先后搭接宽度宜为 30～50 mm。

(4) 涂料防水层的施工缝应注意搭接缝宽度应大于 100 mm,接涂前应将其接口表面处理干净。

(5) 底板防水施工时,在防水层未固化前不得上人踩踏,涂抹施工过程中应留出施工退路,可以分区分片用后退法涂刷施工。

(6) 涂料施工时若遇气温较低或混合料搅液流动度低的情况下,应预先在混合料中适当加入二甲苯稀释,用板刷涂抹后,再用滚刷滚涂均匀,涂膜表面即可平滑。

3) 地下室土方回填

本工程回填土方量较少,所以采用人工填土、半人工半机械夯实的方法进行施工。地下室结构工程验收完毕,外墙防水施工验收合格后,将基坑周围杂物清理干净,并排干积水才能进行土方回填。土方回填的土宜优先利用基槽中挖出的土,但不得含有有机杂质。

使用前应过筛,其粒径不大于 50 mm,含水量应符合规定。回填土应分层铺摊和夯实。每层铺土厚度和夯实遍数应根据土质、压实系数和机具性能确定。回填土取样测定压实后的干土重力密度,其合格率不应小于 90%;不合格干土重力密度的最低值的差不应大于 0.08 g/cm,且不应集中。使用蛙式打夯机每层铺土厚度为 200～250 mm;人工打夯不得大于 200 mm,每层至少打夯 3 遍。分层夯实时,要求一夯压半夯。深浅两基坑相连时,应先填夯深基坑,填至浅基坑标高时,再与浅基坑一起填夯。如必须分段填夯时,交接处应填成阶梯形,上下层错缝距离不小于 1.0 m。基坑回填土,必须清理到基底标高,才能逐层回填。回填房心及管沟时,为防止管道中心线位移或损坏管道,应用人工先在管子周围填土夯实,并应与管道两边同时进行,直至管顶 0.5 m 以上时,在不损坏管道的情况下,方可采用蛙式打夯机夯实。在管道接口处、防腐绝缘层或电缆周围,使用细粒料回填。

6.5 结构工程

1. 钢筋工程

本工程所需钢筋总量约 2150 t。其中地下室钢筋为 650 t。最大钢筋直径为 32 mm 的 HRB400 钢筋,钢筋级别有 HPB235,HRB335 和 HRB400 3 种级别。

1) 钢筋的采购与保管

钢筋的采购严格按审批程序进行,并按要求进行材料复检,严禁不合格钢材用于该工程。钢材出厂厂家和品牌提前向业主、监理报批,严格质量检验程序和质量保证措施,确保钢筋质量;采购的钢筋要求挂牌整齐堆码,并派专人看管。

2)主要钢筋规格和材料要求

(1)主要钢筋规格

本工程钢筋种类繁多,共有 HPB235,HRB335,HRB400 3 种级别,最大钢筋直径为 32 mm。HRB400 钢筋有Φ32,Φ28,Φ25,Φ22,Φ20,Φ18,Φ16 等;HRB335 钢筋有Φ25, Φ22,Φ20,Φ18,Φ16,Φ14,Φ12等;HPB235 钢筋有Φ12,Φ10,Φ8,Φ6 等。

(2)材料要求

① 钢筋的品种和质量,焊条、焊剂的牌号和性能必须符合设计要求和有关标准规定。

② 每批每种钢材应有与钢筋实际质量与数量相符合的合格证或产品质量证明。

③ 电焊条、焊剂应有合格证。电焊条、焊剂保存在烘箱中,保持干燥。

④ 取样数量:各种规格和品种的钢材以 60 t 为一批,不足 60 t 的也视为一批。在每批钢筋中随机抽取两根钢筋取样($L=50$ cm,30 cm)作为拉力试样和冷弯试样。

⑤ 取样部位、方法:去掉钢材端部 50 cm 后切取试样样坯,切取样坯可用断钢机,不允许用铁锤等敲打以免造成伤痕。

⑥ 钢筋原材料的抗拉和冷弯试验、焊接试验必须符合有关规范要求,并应及时收集整理有关试验资料。

⑦ 钢筋原材料经试验合格后,试验报告送项目技术负责人、项目质检员。若发现不合格,由项目技术负责人处以退货。

⑧ 钢筋原材料经试验合格后由项目技术负责人签字同意方可付给供应商款项。

⑨ 钢筋原材料堆场下面垫以枕木或石条,钢筋不能直接堆在地面上。

⑩ 各种规格钢筋挂牌,标明其规格大小、级别和使用部位,以免混用。

3)钢筋的加工

施工现场设有钢筋加工房。钢筋运至加工场地后,应严格按分批、等级、牌号、直径、长度分别挂牌堆放,不得混淆。钢筋加工前应认真做好钢筋翻样工作。根据施工工程分区分构件进行加工,并作好半成品标记。所有钢筋加工前应进行除锈与调直,对损伤严重的钢筋应剔除不用。

(1)钢筋的切断

将同规格钢筋根据不同长度长短搭配,一般应先断长料,后断短料,减少短头,减少损耗。为减少下料中产生累积误差,应在钢筋切断机工作台上标出尺寸刻度线并设置控制断料尺寸的挡板。在切断的过程中,如发现钢筋有裂纹缩头或严重的弯头等必须切除,钢筋的断口不得有马蹄形或弯起等现象。

(2)钢筋直螺纹的加工下料

钢筋下料可用专用切割机进行下料,要求钢筋切割端面垂直于钢筋轴线,端面不准挠曲,不得有马蹄形。

钢筋套丝:钢筋套丝在钢筋螺纹机上进行。加工人员每次装刀与调刀时,前 5 个丝头应逐个检验,稳定后按 10% 自检。检测合格的丝头,立即将其一端上塑料保护帽,另一端拧上同规格的连接套筒并拧紧,存放待用。

(3)钢筋弯曲成型

钢筋弯曲前,根据钢筋配料单上标明的尺寸,用石英笔将各弯曲点位置画出。弯曲细钢筋时,为了使弯弧一侧的钢筋保持平直,挡铁轴宜做成可变挡架或固定挡架。弯制曲线形钢筋时,可在原有钢筋弯曲机的工作盘中央,放置一个十字架与钢套。另外在工作盘4个孔内插上短轴与成型钢套,钢筋成型过程中,成型钢套起顶弯作用,一字架协助推进。钢筋弯曲形状必须准确,平面上无翘曲不平现象,弯曲点处不得有裂纹。

（4）制作质量要求

① 钢筋形状正确,平面内没有翘曲不平现象。

② 钢筋末端弯钩的净空直径不小于 $2.5d$。

③ 钢筋弯曲点处没有裂缝,因此,HRB335,HRB400 钢筋不能弯过规定角度。

④ 钢筋弯曲成型后的允许偏差:全长 ±10 mm;弯起钢筋起弯点位移 20 mm;弯起钢筋的弯起高度 ±5 mm;箍筋边长 5 mm。

⑤ 标示:钢筋制作成型后,应挂料牌(竹片 300 mm×50 mm),料牌用铁丝绑牢,其上注明钢筋形状、部位、数量、规格等。

4）钢筋的运输

钢筋的运输由专人负责。现场钢筋的运输主要用塔吊进行。在吊运时,应按施工顺序和工地需要进行,所有钢筋应按部位、尺寸、型号、数量统一吊运,以免将钢筋弄混难找。

5）钢筋接长

（1）钢筋的连接方式

① 柱钢筋:Φ16 以上钢筋采用 A 级套筒直螺纹连接。

② 基础梁、框架梁钢筋:Φ18 以上钢筋采用 A 级套筒直螺纹连接,其他采用焊接连接。

③ 板钢筋:采用绑扎搭接连接。

（2）钢筋的锚固长度

本工程抗震等级为二级。具体钢筋的最小搭接长度与最小锚固长度见施工图纸说明。

6）钢筋的焊接

本工程钢筋的焊接主要采用闪光对焊。施焊时,先闭合一次电路,使两钢筋端面轻微接触,此时端面的间隙中即将喷射出火花熔化的金属微粒闪光,接头徐徐移动使钢筋两端面仍保持轻微接触,形成连续闪光。当闪光到预定的长度,钢筋端头加热到将近熔点时,以一定的压力进行顶锻。先带电顶锻,再无电顶锻到一定长度,焊接接头即完成。为了获得良好的对焊接头,应合理选择焊接参数,并按规范从每批成品中切取 6 个试样,3 个进行拉伸试验,3 个进行弯曲试验。

7）钢筋的绑扎

（1）剪力墙钢筋的绑扎

剪力墙钢筋的绑扎顺序:清理预留搭接钢筋——焊接(绑扎)主筋——画水平筋间距——绑定位横筋——绑其余横竖钢筋。

钢筋的搭接部位及长度应满足设计要求,双排钢筋之间应绑拉筋,其间距应符合设计要求。为了模板的安装和固定,并确保墙体的厚度,需要在绑扎墙体钢筋时,绑扎支撑筋,支撑筋为Φ12@450×4500。

（2）柱钢筋的绑扎

柱钢筋的绑扎顺序:套柱箍筋——焊接立筋——画箍筋间距——绑箍筋。柱箍筋与主筋要垂直,箍筋转角与主筋交点均要绑扎。箍筋的弯钩应沿柱竖筋交错布置;并绑扎牢固。

柱加密区钢筋从楼面 50 mm 开始绑扎，其长度和间距应符合设计要求。

柱的插筋根据设计要求插至基底面。当柱的截面改变时，插筋插至框架梁底以下 40 d 或按照规范要求弯折小于 1∶6 的坡度后采用直螺纹接头连接。

（3）梁钢筋的绑扎

梁钢筋的绑扎顺序：画主次梁箍筋间距——放主次梁箍筋——穿主梁底层纵筋及弯起筋——穿次梁底层纵筋并与箍筋固定——穿主梁上层纵向架立筋——按箍筋间距绑扎——穿次梁上层纵筋——按箍筋间距绑扎。

框架梁上部纵筋应贯穿中间节点，下部纵筋伸入中间节点锚固长度及伸过中心线的长度应符合设计要求；框架梁纵筋在端部节点内的锚固长度应符合设计要求，梁端第一个箍筋应在距柱节点边缘 50 mm 处，箍筋加密应符合设计要求。当梁设有两排或三排钢筋时，为保证上下排钢筋间的间距，需在两排钢筋间按Φ25@1500 设置垫筋。

（4）板钢筋的绑扎

板钢筋的绑扎：清理模板——模板上画线——绑板底受力筋——绑负弯矩筋。

板筋端部锚固长度要满足设计与规范要求，为了保证浇筑混凝土时板的上部钢筋不被踩踏，确保板结构的有效截面，需要设置"几"字形马凳筋，马凳筋为Φ14@1000×1000 梅花形布置。底板的马凳筋为Φ18@1000×1000 梅花形布置。

（5）楼梯钢筋的绑扎

楼梯钢筋的绑扎：画位置线——绑主筋——绑分布筋——绑负弯矩筋。

（6）钢筋保护层控制

① 钢筋保护层的厚度。基础梁：迎水面为 50 mm，背水面为 25 mm；基础底板、外墙、水池壁：迎水面为 50 mm，背水面为 25 mm；梁、柱、内墙 25 mm；板 15 mm。

② 钢筋保护层控制方法：钢筋保护层采用绑扎预制混凝土垫块的方法进行控制。混凝土垫块为与原结构同强度等级的细石混凝土在施工现场按保护层厚度预制。混凝土垫块要严格按规范要求绑扎在钢筋上。具体要求：柱绑扎在受力钢筋的主筋上；墙绑扎在外侧水平筋上；板垫于底筋下；梁垫于梁底受力钢筋的主筋下。

2. 模板工程

1）模板选型

（1）本工程梁、板模板均选用 18 厚胶合板（规格为 1830 mm×915 mm）；背枋选用 50 mm×100 mm 木枋，背枋间距 300 mm。墙体模板加固采用 X12 对拉螺杆，间距 400～500 mm，地上部分剪力墙采用大模施工。

（2）楼梯模板采用整体式全封闭支模工艺。该工艺是在传统支模施工工艺基础上增加支设楼梯踏面模板，并予以加固，使楼梯预先成型，混凝土浇筑一次完成。该工艺避免了传统支模工艺易出现的质量通病，混凝土拆模后表面光洁平整，观感效果良好，楼梯预埋件位置准确。为满足工期的要求，原则上墙、柱模板按两层配置，框架梁模板按四层配制。

（3）地下室、部分外墙外侧模板采用砖胎模。

（4）底板及地梁模板采用砖模。

（5）≥700 mm 的柱采用槽钢进行加固。

2）主要部位模板的施工方法

（1）地下室内墙模板

内墙模板采用 18 mm 厚的木夹板模、50 mm×100 mm 木竖楞，ϕ48 钢管脚手围楞，如图 6-3 所示。穿墙螺杆采用 X12 圆钢制作，地下部分墙螺杆一次性使用，然后割除外露部分。

模板竖楞和围楞以及对拉螺杆的设置间距同外墙。为了控制墙体的厚度以及更好地固定模板，需设置墙内支撑筋，支撑筋为Φ12@500×500。

（2）地下室外墙模板

在地下室底板施工时，地下室外墙应支导墙模板，安装钢板止水带。导墙模板高度为 500 mm，采用吊模支法，模板底口标高同底板面标高。

地下外墙模板采用 18 mm 木夹板，50 mm×100 mm 木竖楞，ϕ48 钢管脚手围楞。穿墙螺杆采用 X12 圆钢制作，中间焊接有止水片，模板竖楞间距按 300 mm 布置，X12 穿墙螺杆在模板拆除后，凿除两端小木块后用氧割割除螺杆头，再做防水砂浆施工。留设施工缝处应增设钢板止水带。围楞和对拉螺杆的设置：模板围楞间距底部@400 六道，再向上@500，穿墙螺杆底部@400 六道，再向上@500 双向。

模板的安装：模板安装前应弹出模板边线，以便模板定位，保证墙体尺寸。安装时，应先安放外模，后安放内模，模板就位后，应认真检查其垂直度。

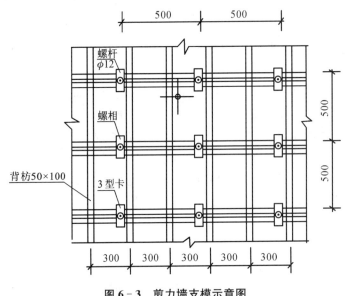

图 6-3　剪力墙支模示意图

因本工程部分剪力墙离基坑支护边距离较近，外墙模板施工时无工作面。根据要求需在基坑支护边与外墙外侧边之间事先砌筑砖护壁，以形成剪力墙外侧胎模，施工时只需支设内模即可。

因外侧模板为砖护壁胎模，内模加固时无法采用对拉螺杆进行，只能靠内侧支撑进行加固，木竖楞间距按 300 mm 设置，横楞采用钢管按 400 mm 设置。横楞与支设顶模的满堂脚手架固定。为确保内侧模板支设牢固，不发生横向位移，在浇筑底板前，事先在离外墙内边 2000 mm 及 3000 mm 处底板钢筋上预埋Φ28@800 mm 各一排（L=800 mm，露出板面 300 mm），然后将支设顶板模板的钢管插入钢筋头中，最后用钢管支撑将内墙模木楞与之固定，内墙模钢管支撑间距为立杆 800 mm，水平杆 600 mm。

（3）地上部分墙体模板

结合本工程的特征，在模板设计中，将竖向剪力墙结构模板在本工房集中制作成大模板，从而改善混凝土的外观质量，提高模板的周转次数，减少操作层的作业量，加快施工进度。

模板制作时，所有木枋与模板的接触面刨平刨直，确保木枋平直。模板侧边刨平，使边线平直，四角归方，模板拼缝平整严密，可采用密封胶条。所有模板配制完成后，均要按模板设计平面布置图编号，分类堆码备用。

模板采用 18 mm 厚木夹板，大模板周边采用 50 mm×100 mm 木枋做龙骨。模板制作完成后按规定间距（500 mm×500 mm）钻孔，作为对拉螺杆的穿墙孔。外墙模板及内墙模板支撑系统采用ϕ48 钢管加快拆头斜撑，间距 3 m，在斜撑钢管中部设横向钢管及反拉钢管一道。在楼板上预埋ϕ25 地锚，间距 2 m，斜撑钢管与地锚通过扫地杆相连。外墙外侧模支撑系统采用钢管脚手架横撑，竖向设水平及竖向钢管各一道，间距 1500 mm。

（4）框架柱模板

框架柱也采用 18 mm 的木夹板、50 mm×100 mm 木竖楞、ϕ48 钢管定位，外围采取 10 号槽钢（槽钢需进行加强处理）和ϕ14 对拉螺杆双向加箍，保证柱截面美观。模板围楞间距底部@ 400 六道，再向上@500，穿墙螺杆底部@ 400 六道，再向上@500 双向。

（5）梁、板模板

梁、板模板采用木夹板，50 mm×100 mm 木楞，梁底及侧模用ϕ48 钢管做支撑。

梁模板安装：先在板上弹出轴线、梁位置的水平线，钉柱头模板。然后按设计标高调整梁底支撑标高，安装梁底模板，拉线找平。再根据轴线安装梁侧模板、压脚板、斜撑等。

当梁高大于 750 mm 时，增设一道对拉螺杆。

板模板安装：模板从四周铺起，在中间收口。板底采用主次木楞，主楞间距 1000 mm，次楞间距 300～450 mm。

现浇梁板结构：当跨度＞4 m 时，应按 1/1000～3/1000 起拱。

楼梯模板：为避免常规现浇楼梯支模工艺中出现的楼梯梯面倾斜、混凝土面不平等情况，楼梯模板均采用全封闭式楼梯支模工艺。

全封闭楼梯模板工艺施工要点：

① 楼梯栏杆预埋件的埋设预先用 22 号铁丝及铁钉将预埋件先固定在踏步模板上。

② 封闭模板混凝土浇筑存在一定难度，利用混凝土的流动性，将混凝土从梯梁处下料，用震动棒将混凝土震入梯模内。混凝土的振捣是将震动棒从梯梁处伸入梯模底部进行振捣，同时用另一台震动棒在梯模表面进行振捣，以确保混凝土的密实。

③ 楼梯表面由于四边封死，存在气坑，故在踏面模板隔三步处用电钻钻 2 个ϕ20 排气孔。

（6）后浇带模板

底板后浇带及外墙后浇带采用钢板网加密用钢丝网封堵，钢板网两层，靠近混凝土一侧为密网，密网紧贴粗网，后面采用ϕ18 钢筋对其加固，确保不漏浆。

3）模板拆除

（1）内墙、柱模板在混凝土的强度能保证其表面及棱角不因拆模而受损时可以拆除。拆除时间在 12 h 左右。外墙模板的拆模时间大约 24 h，即混凝土强度达到 1.2 MPa。

（2）其余现浇结构拆模所需混凝土强度见表 6-3。

表 6-3　现浇结构拆模所需混凝土强度

结构类型	结构跨度/m	按设计的混凝土强度标准的百分比计/%
板	≤2	50
	2<,≤8	75
	>8	100
梁、拱、壳	≤8	75
	>8	100
悬臂结构	100	100

3. 混凝土工程

1）设计要求

主体工程混凝土强度等级如下：楼面梁板标高 29.40 m 以下采用 C40 混凝土，标高 29.40～54.60 m 采用 C40 混凝土，标高 54.60 m 以上采用 C35 混凝土；柱及剪力墙混凝土标高 14.370 m 以下采用 C55 混凝土，标高 14.370～36.570 m 采用 C50 混凝土，标高 36.570～47.370 m 采用 C45 混凝土，标高 47.370～58.170 m 采用 C40 混凝土，标高 58.170 m 以上采用 C35 混凝土。节点核芯区混凝土强度等级按柱要求确定。本工程混凝土拟采用商品混凝土，混凝土施工包括混凝土浇筑、混凝土养护等工序。

2）混凝土施工缝的留设

为了保证混凝土的施工质量，根据混凝土施工工艺，混凝土施工缝留设如下：

（1）地下室及裙楼部分的地板和楼板处，施工缝设在后浇带处。

（2）在基础底板上 500 mm 留设施工缝。

（3）剪力墙的施工缝每层按两处设置，留在剪力墙中暗梁下 100 mm 处和结构楼层板面。

（4）为了防止地下室墙体施工缝渗漏，在混凝土墙体施工缝处设 3 mm 厚钢板止水带。

4. 混凝土的浇筑

1）混凝土浇筑方式

（1）基础及主体结构各区混凝土浇筑均采用泵送混凝土工艺，底板两台、主体结构一台固定泵通过泵管输送到施工面。

（2）仓库基础混凝土浇筑也采用泵送工艺，混凝土浇筑采用两台固定泵通过泵管输送到施工点。

（3）由于本工程竖向结构柱子与水平结构混凝土标号不同，且竖向结构柱子比较分散，故竖向结构柱子主要采用塔吊配合调运至各施工点。

2）混凝土浇筑方法（泵送施工工艺）

（1）输送管线布置应尽可能直，转弯要缓，管道接头要严，以减少压力损失。

（2）为减少泵送阻力，用前先泵送适量的水泥砂浆以润滑输送管内壁，然后进行正常的泵送。

（3）泵送的混凝土配合比要符合有关要求：碎石最大粒径与输送管内径之比宜为

1∶3,砂宜用中砂,水泥用量不宜过少,最小水泥用量为 $300\ kg/m^3$,水灰比宜为 $0.4\sim0.6$,坍落度宜控制在 $100\sim140\ mm$。

（4）混凝土泵宜与混凝土搅拌运输配套使用,且应使混凝土搅拌站的供应能力和混凝土搅拌运输车的运输能力大于混凝土泵的泵送能力,以保证混凝土泵能连续工作,保证不堵塞。

（5）泵送结束要及时清洗泵体和管道。

3）混凝土浇筑的注意事项

（1）在浇筑混凝土的过程中应认真对混凝土进行振捣,特别是梁柱底、梁柱交接处和楼梯踏步等部位,避免漏振造成蜂窝、麻面影响结构的安全性及美观。

（2）在振捣混凝土的过程中应避免过振造成混凝土离析,混凝土振捣应使混凝土表面呈现浮浆和不再沉落。

（3）在振捣混凝土的过程中,要防止钢筋移位,特别是悬挑构件的钢筋,对于因混凝土振捣而移位的钢筋应及时请钢筋工进行修正。

（4）混凝土振捣应对称均匀进行,防止模板单侧受力而滑移、漏浆及爆模。

4）混凝土养护

混凝土在浇筑 $12\ h$ 后进行养护。对柱墙等竖向构件的混凝土,拆模后用麻袋进行外包浇水养护,对梁、板等水平构件的混凝土进行保水养护,同时在梁板底面用喷管向上喷水养护。

5）混凝土质量保证措施

（1）混凝土的骨料级配、水灰比、外加剂以及坍落度、和易性等,应按《普通混凝土配合比设计技术规程》进行计算,并经过试配和试块检验合格后方可使用。

（2）严格实行混凝土浇灌令制度,技术、质量和安全负责人负责检查各项准备工作,如施工技术方案准备、技术与安全交底、机具和劳动力准备、柱墙基底处理、钢筋模板工程交接、水电、照明以及气象信息和相应技术措施准备等,检查合格后方可签发混凝土浇捣令。

（3）泵送混凝土机具的现场安装按施工技术方案执行,并应重视机具的护理工作。

（4）浇筑柱、墙、梁时,混凝土的浇捣必须严格分层进行,严格控制捣实时间,尽可能避免浇灌工作在钢筋密实处停歇,确保混凝土的浇捣密实。

（5）混凝土浇捣后由专人负责混凝土的养护工作,技术负责人和质量员负责监督其养护质量。

（6）按我国现行的《钢筋混凝土施工及验收规范》中有关规定进行混凝土试块制作和测试。

5. 砌体工程

本工程砌体填充墙与框架梁柱应有可靠拉结,沿墙设置 $2\ \Phi6@500$ 水平方向拉结筋,锚入混凝土柱内 $40d$,拉筋每边伸入填充墙内大于 $700\ mm$ 且大于 $L/5$（L 为墙体长度）。当墙长大于 $5\ m$ 时,应与墙顶的梁板有可靠的拉结。层高为 $5.4\ m$ 的填充墙在 $1/2$ 高度或门窗上加一道现浇钢筋混凝土拉结带兼过梁,拉梁高 $180\ mm$,厚度同墙体,拉梁主筋为 $4\ \Phi12$,箍筋为 $\Phi6@2500$。填充墙中应设置构造柱,主筋为 $4\ \Phi10$,箍筋为 $\Phi6@250$,构造柱间距不大于 $3\ m$,并沿墙设置 $2\ \Phi6@500$ 的水平拉筋。砌体工程可在不影响主体施工的情况下提前插入,即在主体施工到第五层时可插入第一层砖砌体,并随主体自下而上同步施工,但施工人员数量和作业面应予以一定的限制,以确保主体施工运输和人员安全。砌筑墙体部位的楼地面凿除高出地面的凝结灰浆,并清扫干净,砖或砌体在砌筑前洒水湿润。砌筑前在楼板上弹出墙身及门窗洞口的水平位置线,在柱上弹出砖墙立边线。砌体施工时要严格按照图纸及规范进行,注意圈梁、构造柱、过梁、墙拉筋的留设及门窗洞口的处理。管道设备井要待设备或管道安装完毕后再施工砌体。各楼层砌体在相应楼层达到设计强度时即可插入施工,须在每层留出小于 240 mm 的空间,并逐层用斜砌法将顶部填实砌满。砌体施工要点如下:

(1) 砌块排列时,必须根据砌块尺寸、垂直灰缝的宽度和水平灰缝的厚度计算砌块砌筑皮数和排数,以保证砌体的尺寸。砌块排列应按设计要求,从各结构层面开始排列。

(2) 砌块排列时,尽可能采用主规格和大规格砌块,以提高工程质量。

(3) 外墙转角处和纵横墙交接处,砌块应分皮咬槎、交错搭砌,以增加房屋的刚度和整体性。

(4) 对设计规定或施工需要的孔洞口、管道、沟槽和预埋件等,应在砌筑时预留或预埋,不得在砌筑好的墙体上打洞、凿槽。

(5) 灰缝应做到横平竖直,全部灰缝均应填铺砂浆。水平灰缝宜用坐浆法铺浆。垂直灰缝可先在砌块端头铺满砂浆,然后将砌块上墙挤压至要求的尺寸。也可在砌筑端头刮满砂浆,然后将砌块上墙。水平灰缝的砂浆饱满度不得低于 90%。垂直灰缝的砂浆饱满度不得低于 60%。灰缝应控制在 8~12 mm 左右,埋设的拉结钢筋必须放在砂浆中。

(6) 砌块采用的砂浆除满足强度要求外,还应具有较好的和易性和保水性。

(7) 砌筑一定面积的砌体以后,应随时进行砌体勾缝工作。

(8) 在一般情况下,每天砌筑的高度不宜大于 1.8 m。当风压为 400~500 N/m² 时,每天的砌筑高度不宜大于 1.4 m。

(9) 砂浆由现场砂浆搅拌机搅拌,并对砂浆进行抽检取样。

(10) 砌门洞口时,洞口高度不大于 2 m 时,两边预埋 3 块木块,洞口高度大于 2 m 时,预埋 4 块,木块必须经过防腐处理。

(11) 注意的质量问题有:砖在装运过程中应轻装轻放,堆码整齐,防止缺棱掉角;落地砂浆及时清除,以免与地面黏结;搭拆脚手架时,不要碰坏已砌墙体和门窗棱角。

6. 脚手架工程

1) 脚手架类型的选择

根据本工程的结构特点和钢管刚度好、强度高等优点,结合施工单位丰富的施工经验,本工程内、外脚手架全部采用扣件式钢管脚手架;工程地下部分采用落地式双排扣件式钢管脚手架,搭设最大高度为 31 m。主要用于地下室外墙及裙楼的施工。脚手架可与围护结构连接,以保证其稳定性。裙楼部分采用双排落地架。地上部分:从第五层结构顶板开始采用悬挑脚手架,脚手架每六层一挑,即在第六层楼板、十二层楼板和十八层楼板分三次挑出。步距内侧为 1200 mm,外侧为 600 mm,立杆纵横距为 900 mm。悬挑外架的支撑为"下撑上拉"式,即下部采用槽钢支撑,上部采用软钢丝绳斜拉。

2) 脚手架的安全

施工前必须有经过审批的脚手架搭设方案,拆除时必须有详尽的切实可行的拆除方案,在使用过程中要加强检查,发现不符合方案要求的,立刻勒令整改。进行外架搭设的架子工必须持证上岗,所使用的原材料(扣件、钢管)必须经过检验。

　　3) 安全网的搭设要求及注意事项

　　(1) 所用进场安全网都要求进行试验,试验合格后方可使用。

　　(2) 安装前必须对网和支撑进行下列检查:网的标牌与选用相符,网的外观质量无任何影响使用的弊病。支撑物(架)有适合的强度、刚性和稳定性,系网处无撑角和尖锐边缘。

　　(3) 为保护网不受损坏,应避免把网拖过粗糙的表面或锐边。

　　(4) 安全网安装时,系绳的系结点应沿网边均匀分布,间距为 750 mm,系结应牢固、易解开和受力后不会松脱。

　　(5) 安全网系好后要求整齐、美观。

　　(6) 为了防护安全,要求安全网高出相应施工作业层 1.5 m。

　　(7) 每施工层脚手架均设挡脚板及防护栏杆,防护居中设置。

　　(8) 挡脚板设于外排立杆内侧。

　　(9) 整个脚手架外侧满张密目安全网,绑扎牢固,四周交圈设置,网间不得留有缝隙。

　　(10) 进入现场的通道上方用钢管搭设防护棚,顶面满铺脚手板防护,并满张密目安全网,侧面亦满张密目安全网。

　　(11) 在电梯井口、通风口、管井口等周边搭设脚手架前,应每层用竹夹板进行封闭。

6.6　屋面工程

　　1. 屋面保温层施工

　　应先将屋面清扫干净,并应根据架空板尺寸,弹出支座中线,在支座底面的卷材防水层上应采取加强措施。铺设架空板时,应将灰浆刮平,随时扫净屋面防水层上落灰、杂物等,以保证架空隔热层气流畅通。操作时,不得损坏已完工的防水层。架空板铺设应平整、稳固。

　　2. 屋面防水工程

　　根据施工图要求,本工程楼梯间及机房层屋面为不上人屋面,属高聚物改性沥青卷材防水屋面,其防水等级为Ⅱ级,具体做法:钢筋混凝土屋面板表面清扫干净——干铺 150 mm厚加气混凝土砌块——20 mm 厚(最薄处)1:8 水泥珍珠岩找 2‰ 坡——20 mm 厚 1:2.5水泥砂浆找平层——刷基层处理剂一遍——两层 3 mm 厚 SBS 卷材,面层带绿页岩保护层。

6.7　门窗工程

　　1. 木门安装

　　木门(连同纱门窗)由木材加工厂提供木门框和扇,核对型号,检查数量,门框、扇的加工质量及出厂合格证。门框和扇进场后应及时组织油漆工将框靠地的一面涂刷防腐涂料,其他各面应涂刷底油一道,刷油后应分类码放整齐,底层应热平、热高。每层框间都必须用衬木板通风,不得露天堆放。门扇安装应在室内外抹灰前进行,门扇安装在地面工程完成并达到强度后进行。

　　2. 塑钢窗安装

　　塑钢窗的规格、型号应符合设计要求,五金配件配套齐全,并有产品的出厂合格证。

在施工前必须准备的防腐材料、保温材料、水泥、砂、连接铁脚、连接板焊条、密封膏、嵌缝材料、防锈漆、铝纱等材料均应符合设计要求,并有合格证。

6.8 装饰工程

本工程装饰种类较多,主要装饰项目有抹灰土程;外墙塑铝板和玻璃幕墙;内墙刷乳胶漆;楼面贴地砖;天棚为轻钢龙骨石膏板吊顶。玻璃幕墙由甲方另行发包。总的施工顺序为室外装饰自上而下进行;室内粗装修自下而上进行,精装修自上而下进行。

1. 抹灰工程

抹灰前必须先找好规矩,即四角规方、横线找平、立线吊直、弹出准线和墙裙、踢脚板线,每隔 2 m 应在转角、门窗口处设置灰饼,确保抹灰墙面平整度、垂直度符合要求;抹灰分三次成活,即通过"基层处理——底灰——中灰——罩面灰"成活。底灰抹完达到初凝强度后,进行罩面灰施工。抹灰过程中,随时用靠尺、阴阳角尺检验表面平整度、垂直度和阴阳角方正。室内墙角、柱面的阳角和门洞的阳角,用 1∶2 水泥砂浆抹出护角,护角高度不应低于 2 m,每侧宽度不小于 50 mm。基层为混凝土时,抹灰前应先刷素水泥浆一道或刷界面剂一层,以保证抹灰层不会空鼓、起壳。

2. 内墙刷乳胶漆

基层先用 1∶3 水泥砂浆打底 15 mm 厚,再罩 3 mm 厚纸筋石灰膏。基层要求坚固,无酥松、脱皮、起壳、粉化等现象。基层表面要求干净、平整而不应太光滑,做到无杂物脏迹,表面孔洞和沟槽提前用腻子刮平。基层要求含水率 10% 以下,pH 值 10 以下,所以基层施工后至少应干燥 10 d 以上,避免出现粉化或色泽不匀等现象。在刷涂前,先刷一道冲稀的乳胶漆(渗透能力强),使基层坚实、干净,待干燥 3 d 后,再正式涂刷乳胶漆二度。涂刷时要求涂刷方向和行程长短一致,在前一度涂层干燥后才能进行后一度涂刷,前后两度涂刷的间隔时间不能少于 3 h。

6.9 季节性施工措施

在施工期间加强同气象部门的联系,及时接收天气预报,并结合本地区的气候特点,按照现场有关冬雨季施工规范和措施,做到充分准备,合理安排施工,确保施工质量和施工安全。

1. 雨季施工措施

做到现场排水设施与市政管网连通,排水畅通无阻,做好运输道路的维护,保证运输通畅,基坑及场地无积水。对水泥、木制品等材料采取防护措施。尽量避开大雨施工,遇到雨天施工,应备足遮雨物资,及时将浇筑的混凝土用塑料薄膜覆盖,以防雨水冲刷。下雨后,通知混凝土搅拌站重新测试砂、石含水率,及时调整混凝土、砂浆配合比,以保证水灰比准确。雨天钢筋绑扎、模板安装,要及时清理钢筋与模板上携带的泥土等杂物。雨季做好结构层的防漏和排水措施,以确保室内施工。如有机电设备,应搭好防雨篷,应防止漏水、淹水,并应设漏电保护装置;机电线路应经常检修,下班后拉闸上锁;高耸设备应安装避雷接地装置。

2．冬季施工措施

施工时要采取防滑措施,保证施工安全。大雪后必须及时将架子、大型设备上的积雪清扫干净。进入冬季施工,应编写冬季施工方案和作业指导书,对有关施工人员进行冬季施工技术交底。钢筋低温焊接时,必须符合国家有关规范、规定,风力超过三级,气温低于-10℃时,要采取挡风措施和预热施焊,焊后未冷却的接头严禁碰到冰雪。混凝土骨料必须清洁,不得含有冰雪和冻块。为保证混凝土冬季施工质量,要求在混凝土中掺加早强防冻剂。搅拌所用砂、石、水要注意保温,必要时进行适当加热,搅拌时间比常温延长50％,使混凝土温度满足浇筑需要。入模时的温度要控制好,采用蓄热养护。混凝土浇筑完毕,混凝土表面即覆盖一层塑料薄膜,上盖两层草带,再加一层塑料薄膜封好,混凝土利用自身的水分和热量达到保温养护效果。砌筑、抹灰应采用防冻砂浆,搅拌用水应预热,要随拌随用,防止存灰多而受冻。合理安排施工生产和施工程序,寒冷天气尽量不做外装修。严格遵循国家现行规范、规定有关冬季施工的规定。

6.10　项目质量保证体系的构成及分工

"追求卓越管理,创造完美品质,奉献至诚服务"是公司的质量方针。

本项目施工将以项目法施工管理为核心,以 GB/T19002—ISO9002 系列标准为贯彻目标,对本工程质量进行全面管理,使该工程的全过程均处于受控状态。项目法施工,项目经理理所当然是本工程第一质量责任人,项目经理分成两个质量体系:以项目生产副经理为首的工程部、物资部的项目质量执行体系,对本项目所有材料质量、施工质量直接负责;以项目主任工程师为首的质检部门的项目质量监督体系,对本项目的工程质量负监督、控制责任。在此基础上组织编写并由项目经理签署发布"项目质量计划",规定本项目质量管理工作程序,明确各有关质量工作人员的具体责任及职权范围,进行质量体系要素分配。

1．项目主要管理人员质量职责

施工质量检查的组织机构中各部门只有做到职责明确,责任到位,才能便于管理,才能将质量管理工作落到实处。

2．项目经理的质量职责

项目经理应对整个工程的质量全面负责,并在保证质量的前提下,衡量进度计划、经济效益等各项指标的完成,并督促项目所有管理人员树立质量第一的观念,确保项目《质量计划》的实施与落实;施工工长作为施工现场的直接指挥者,其自身首先应树立质量第一的观念,并在施工过程中随时对作业班组进行质量检查,随时指出作业班组的不规范操作,质量达不到要求的施工内容,要督促整改。施工工长亦是各分项施工方案作业指导书的主要编制者,并应做好技术交底工作。

3．质量目标

单位工程一次交验率达100％,杜绝质量事故,确保达到优良等级,为整个工程达到市优工程奠定坚实的基础。

4．施工过程中的质量控制措施

施工阶段的质量控制技术要求和措施主要分事前控制、事中控制、事后控制三个阶段,并通过这三个阶段对本工程各分部分项工程的施工进行有效的阶段性质量控制。

1）事前控制阶段

事前控制是在正式施工活动开始前进行的质量控制，事前控制是先导。事前控制主要是建立完善的质量保证体系，编制《质量计划》，制定现场的各种管理制度，完善计量及质量检测技术和手段，熟悉各项检测标准。对工程项目施工所需的原材料、半成品、构配件进行质量检查和控制，并编制相应的检验计划。进行设计交底、图纸会审等工作，并根据本工程特点确定施工流程、工艺及方法。对本工程将要采用的新技术、新结构、新工艺、新材料均要审核其技术审定书及运用范围。检查现场的测量标桩、建筑物的定位线及高程水准点等。

2）事中控制阶段

事中控制是指在施工过程中进行的质量控制。事中控制是质量控制的关键，其主要内容有：

（1）完善工序质量控制，把影响工序质量的因素都纳入管理范围。及时检查和审核质量统计分析资料和质量控制图表，抓住影响质量的关键问题进行处理和解决。

（2）严格工序间交接检查，做好各项隐蔽验收工作，加强交检制度的落实，达不到质量要求的前道工序决不交给下道工序施工，直至质量符合要求为止。对完成的分部分项工程，按相应的质量评定标准和办法进行检查、验收、审核设计变更和图纸修改。同时，如施工中出现特殊情况，隐蔽工程未经验收而擅自封闭、掩盖，或使用无合格证的工程材料，或擅自变更替换工程材料等，主任工程师有权向项目经理建议下达停工令。

3）事后控制阶段

事后控制是指对施工过的产品进行质量控制，是对质量的弥补。按规定的质量评定标准和办法，对完成的单项工程进行检查验收。整理所有的技术资料，并编目、建档。在保修阶段，对本工程进行维修。

6.11　技术资料的管理

在日常的施工管理工作中，为保证项目各项技术工作的顺利进行，特要求有关部门做到：

（1）材料计划编制中必须明确材料的规格及品种、型号、质量等级要求。材料进场以后，严格检验产品的质量合格证（材质证明）。实行严格的原材料送检制度，所有的进场原材料必须在监理单位有关人员的监督下送检，只有检验合格的产品才能使用到工程实体上。各种原材料进场以后必须按照施工平面图分类、分规格码放，并挂标志牌，以防混用。

（2）项目试验人员根据阶段性生产和材料计划，制定检验和试验计划，并按计划规定的内容和批量进行检验和试验，确保检验和试验工作的科学性、真实性、完整性。

（3）土建施工必须为安装单位留设合格的预留孔洞，并统一负责填补洞口，施工中安装单位一定要和土建施工队伍搞好施工协调工作，防止出现事后补洞。

6.12　降低成本措施

（1）选用先进的施工技术和机械设备，科学地确定施工方案，提高工程质量，确保安全施工，缩短施工工期，从而降低工程成本。

（2）全面推行项目法施工，按照我单位推行的 GB/T19001—2000 系列标准严格施工管理，从而提高劳动生产率，减少单位工程用工量。

（3）在广大工程技术人员和职工中展开"讲思想、比贡献"活动，献计献策，推广应用"四新"成果，降低原材料消耗。

（4）合理划分施工区段，优化施工组织，按流水法组织施工，避免窝工，提高工效。

（5）加大文明施工力度，周转材料、工具应堆放整齐，模板、架料不得随意抛掷，拆下的模板要及时清理修整，以增加模板的使用周转次数。

（6）加强材料、工具、机械的计量管理工作，控制能源、材料的消耗。

（7）大力加强机械化施工水平，从而减少用工量，缩短工期，降低管理费用。

（8）加强机械设备的保养工作，以减少维修费用，提高其利用率。

6.13　安全、消防保证措施

1. 安全生产目标

确保无重大工伤事故，轻伤事故率控制在 1.5‰以内。

2. 确保工程安全施工的组织措施

（1）项目经理是安全第一责任人，应对本项目的安全生产管理负完全责任。要建立项目安全保证体系，在签订纵、横向合同时，必须明确安全指标及双方责任，并具有奖罚标准。严格按《质量手册》标准编制施工组织设计和设计方案，同时应具有针对性的安全措施，并负责提足安全技术措施费，满足施工现场达标要求。在下达施工生产任务时必须同时下达安全生产要求，并作好书面安全技术交底。每月组织一次安全生产检查，严格按照建设部安全检查评分标准进行检查，对查出的隐患立即责成有关人员进行整改，做好记录，做到文明施工。负责本项目的安全宣传教育工作，提高全员安全意识，搞好安全生产。发生重大伤亡事故时，要紧急抢救，保护现场，立即上报，不许隐报。严格按照"四不放过"的原则参加事故调查分析及处理。

（2）新工人、民建队入场安全教育

凡新分的学生、工人、实习生，都应由人事部门通知质安部门进行安全教育，使接受教育人员了解公司的安全生产制度、安全技术知识、安全操作规程及施工现场的一般安全知识。

凡新进场的民建队，应由劳资部门通知质安部门对其进行安全教育。

（3）变更工种工人的安全教育

凡有变更工种的工人，应由劳资员通知质安部门对其进行安全教育。

（4）班组、建筑队安全活动

各班组、建筑队在每日上班前，结合当天的情况，对本班组或队的人员进行针对性的班前安全教育。

各班组、建筑队不定期地开展安全学习活动。

（5）安全生产宣传

施工现场、车间、"五口"、各临边、机械、塔吊、施工电梯等地方都要挂设安全警示牌或操作规程牌。项目要充分利用各种条件，如广播、板报、录像等形式对广大职工进行安全教育。并实施以下安全检查制度：

① 由主管安全工作的经理,每月两次,组织施工工长、安全员、保卫、材料等人员,对本项目经理部的施工现场、生产车间、库房、食堂及生活区域进行安全、防火、卫生检查。检查必须作好记录以备查。对检查出来的安全隐患问题,应制订解决方案,落实整改人,限期整改,消除隐患,保证安全施工生产。

② 主管安全工作的队长,对检查隐患问题发出的整改通知书,要认真落实和整改。并将整改情况及时反馈到项目经理部。按期上交违章罚款,如果阳奉阴违,拖延不改,造成事故发生,首先追查主管安全施工队长的责任。

③ 由班组长成员分别对工作区域、施工机械、电气设备、防护设备、个人防护用品使用进行班前、班中、班后三检查。发现安全隐患问题,应组织班(队)人员及时进行处理。对班(队)不能解决的隐患问题要立即报告工长、安全员处理。安全隐患未消除的,必须停止执行,如果冒险蛮干,造成事故发生,将追究班(队)长的责任。

3. 确保工程施工安全的技术措施

(1) 有可能产生有害气体的施工工艺,如聚丙烯管道热熔等,应加强对施工人员的保护。

(2) 随时接受有关部门对本工程施工现场大气污染指数的测定检查,若出现超标情况,立即组织整改。

(3) 严禁在施工现场煎熬、烧制易产生浓烟和异味的物质(如沥青、橡胶等),以免产生严重的大气污染问题。

(4) 严禁在施工现场和楼层内随地大小便,施工现场内设巡查保安,一经发现,给予重罚。

6.14　文明施工管理制度

(1) 施工现场成立以项目经理为组长,主任工程师、生产经理、工程部主任、工长、技术、质量、安全、材料、保卫、行政卫生等管理人员为成员的现场文明施工管理小组。

(2) 实行区域管理制度,划分职责范围,工长、班组长分别是包干区域的负责人,项目按《文明施工中间检查记录》表自检评分,每月进行总结考评。

(3) 加强施工现场的安全保卫工作,完善施工现场的出入管理制度,施工人员佩戴证明其身份的证卡,禁止非施工人员擅自进入。

(4) 严格遵守国家环境保护的有关法规和公司的工作标准,参照 ISO—14000《环境保护》系列标准的要求,制定本工程防止环境污染的具体措施。

(5) 建立检查制度。采取综合检查与专业检查相结合、定期检查与随时抽查相结合、集体检查与个人检查相结合等方法。班、组实行自检、互检、交接检制度,做到自产自清、日产日清、工完场清。工地每星期至少组织一次综合检查,按专业、标准全面检查,按规定填写表格,算出结果,制表以榜公布。

(6) 坚持会议制度。施工现场坚持文明施工会议制度,定期分析文明施工情况,针对实际制定措施,协调解决文明施工问题。

(7) 加强教育培训工作。采取派出去、请进来、短期培训、上技术课、登黑板报、广播、看录像、看电视等方法狠抓教育工作。要特别注意对民工的岗前教育。专业管理人员要熟练掌握文明施工标准。

模块小结

本模块主要介绍工程实际案例,建筑面积 36 000 m²,裙楼 6 层,地下 2 层,主体 24 层,建筑总高度为 90 m,主体结构为现浇框架—剪力墙结构项目的施工组织设计。

实训练习

1. 施工组织设计的基本内容是 （ ）

A. 施工方案 B. 施工方法的确定

C. 进度计划 D. 流水施工的组织

E. 平面布置

2. 施工方案的基本内容是 （ ）

A. 平面布置 B. 施工方法的确定

C. 进度计划 D. 流水施工的组织

E. 施工机具的选择

3. 施工方案的基本内容中,属于施工方案技术内容的是（ ）,属于施工方案组织内容的是 （ ）

A. 施工方法的确定 B. 流水施工的组织

C. 施工顺序的安排 D. 施工机具的选择

4. 施工信息收集的方法有 （ ）

A. 专家调查法 B. 社会调查法

C. 沟通法 D. 汇报法

E. 资料查阅法

5. 施工技术准备的主要内容是 （ ）

A. 建立精干的施工队伍 B. 签订分包合同

C. 编制施工组织设计 D. 现场三通一平

E. 编制施工图预算和施工预算

6. 施工现场准备的主要内容有 （ ）

A. 签订分包合同 B. 现场三通一平

C. 编制施工组织设计 D. 做好施工现场测量控制网

E. 临时设施的建设 F. 组织施工机械进场

7. 劳动组织准备的主要内容有 （ ）

A. 拟建项目的领导机构 B. 建立精干的施工队伍

C. 签订分包合同 D. 建立各项管理制度

E. 组织施工机械进场

8. 技术交底是施工过程中基础性管理工作,常用形式有 （ ）

A. 书面形式 B. 文字形式

C. 口头形式 D. 适当形式

E. 不拘形式

9. 熟悉和自审图纸中应抓的重点是 （　　）

A. 基础及地下室部分　　　　　　B. 钢筋混凝土部分

C. 主体结构部分　　　　　　　　D. 尺寸标注部分

E. 装饰装修部分

10. 确定流水节拍应考虑的因素有 （　　）

A. 专业工作队人数要符合最小劳动组合的人数要求和工作面对人数的限制条件

B. 工作班次

C. 机械台班效率或机械台班产量的大小,流水节拍取整数

D. 便于现场管理和劳动安排

E. 施工段的数目

11. 划分施工段的原则是 （　　）

A. 便于现场管理和劳动安排

B. 施工段的数目及分界要合理

C. 各段量大致相等,相差 $10\% \sim 15\%$

D. 工作班次

E. 能充分发挥设备和人员的效率

12. 确定流水步距的原则是 （　　）

A. 专业工作队人数要符合最小劳动组合的人数要求和工作面对人数的限制条件

B. 要满足相邻两个专业工作队在施工顺序上的制约关系

C. 要保证相邻两个专业工作队在各个施工段上都能连续作业

D. 要使相邻两个专业工作队在开工时间上能实现最大限度和合理的搭接

E. 流水步距的确定要保证工程质量、安全生产的要求

13. 固定节拍流水的特点是 （　　）

A. 流水节拍相等

B. 各施工过程之间流水步距相等,且等于流水节拍

C. 各专业工作队的流水步距彼此相等,且等于最小流水节拍

D. 专业工作队数 N 等于施工过程数 n

E. 每一个专业队都能连续施工,施工段上没有闲置

14. 成倍节拍流水的特点 （　　）

A. 同一施工过程在各个施工段上的流水节拍均相等

B. 不同施工过程在同一施工段上的流水节拍彼此不完全相等,但都不得是最小流水节拍的整数倍

C. 每一个施工过程的专业队不止一个,且大于施工过程数

D. 专业工作队数 N 等于施工过程数 n

E. 各专业队能够连续作业,施工段上没有闲置

15. 异节奏流水施工的特点为 （　　）

A. 同一施工过程在各个施工段上的流水节拍相等

B. 不同施工过程在同一施工段上的流水节拍彼此不完全相等,但都不得是最小流水节拍的整数倍

C. 每一个施工过程均由一个专业队独立完成,专业队数 N 等于施工过程数 n

D. 各专业工作队能够连续作业,施工段可能有闲置

E. 各专业工作队的流水步距彼此相等,且等于最小流水节拍

16. 组织流水施工的时间参数有 （ ）

A. 流水节拍   B. 流水步距

C. 流水段数   D. 施工过程数

E. 工期

17. 有间歇时间和提前插入时间时,固定节拍流水施工工期等于 （ ）

A. 第一个专业队开始施工到最后一个专业队完成施工为止的全部持续时间

B. 第一个专业队完成流水施工所需持续时间和间歇时间之和

C. 最后一个专业完成流水施工所需持续时间与流水步距、间歇时间的总和

D. 最后一个专业完成流水施工所需持续时间与全部流水步距、间歇时间的总和,再减去提前插入时间

E. 最后一个专业完成流水施工所需持续时间与全部流水步距之和,再减去提前插入时间

二、参观本学院附近的某高层施工现场,谈谈自己对高层施工组织的看法。

模块七
建筑工程项目管理

【任务目标】

通过本章学习,掌握建筑工程项目管理的基本方法,能根据项目的实际进行工程项目质量、进度、成本的控制。

【案例引入】

2008 年 4 月 30 日,湖南省长沙市上河国际商业广场工程在施工过程中,发生一起模板坍塌事故,造成 8 人死亡,3 人重伤,直接经济损失 339.4 万元。

该工程位于长沙市马王堆路东侧,由商业裙楼和 4 座塔楼组成,人工挖孔桩基础,框架剪力墙结构,地上 25～30 层,在第 4 层设置转换层,建筑总高度 98 m,建筑面积 10 万 m^2,工程造价 6870 万元。

事发当日 8 时左右,按照项目部安排,泥工班长带领 9 名泥工开始裙楼东天井加盖现浇钢筋混凝土屋面施工,12 时左右,天井屋面从中间开始下沉,并迅速导致整体坍塌。

防止工程事故必须加强施工现场管理。

7.1 施工项目管理

7.1.1 施工项目管理的概念

施工项目管理是企业运用系统的观点、理论和科学技术对施工项目进行的计划、组织、监督、控制、协调等全过程管理。

(1) 施工项目的管理者是建筑施工企业。由业主或监理单位进行的工程项目管理中涉及的施工阶段管理仍属建设项目管理,不能算做施工项目管理。

(2) 施工项目管理的对象是施工项目。施工项目管理的周期也就是施工项目的生产周期,包括工程投标、签订工程项目承包合同、施工准备、施工及交工验收等。

(3) 施工项目管理的内容是在一个长时间内进行的有序过程之中按阶段变化的。管理者必须做出设计、提出措施、进行有针对性的动态管理,并使资源优化组合,以提高施工效率和施工效益。

(4) 施工管理要求强化组织协调工作。施工活动中往往涉及复杂的经济关系、技术关系、法律关系、行政关系和人际关系等。

7.1.2 施工项目管理的工作内容

施工项目管理的内容主要包括:编制项目管理规划大纲和项目管理实施规划,项目进度控制,项目质量控制,项目安全控制,项目成本控制,项目人力资源管理,项目材料管理,项目机械设备管理,项目技术管理,项目资金管理,项目合同管理,项目信息管理,项目现场管理,项目组织协调,项目竣工验收,项目考核评价和项目回访保修。

7.2 建筑工程项目管理的组织形式

7.2.1 建设项目管理的组织形式

工程项目的管理模式是指一个工程项目建设的基本组织模式以及在完成项目过程中各参与方所扮演的角色及合同关系,在某些情况下,还要规定项目完成后的运营方式。

1. 传统的项目管理模式

传统的项目管理模式即"设计——招投标——建造"模式,将设计、施工分别委托给不同单位承担。我国自1984年学习鲁布革水电站引水系统工程项目管理经验以来,先后实施的"招标投标制"、"建设监理制"、"合同管理制"等均参照这种传统模式。

2. 工程总承包项目管理模式

工程总承包是指从事工程总承包的企业受业主委托,按照合同约定对工程项目的勘察、设计、采购、施工、试运行(竣工验收)等实行全过程或若干阶段的承包。工程总承包企业按照合同约定对工程项目的质量、工期、造价等向业主负责。工程总承包企业可依法将所承包工程中的部分工作发包给具有相应资质的分包企业,分包企业按照分包合同的约定对总承包企业负责。工程总承包的具体方式、工作内容和责任等,由业主与工程总承包企业在合同中约定。工程总承包主要方式有:

(1) 设计、采购、施工(EPC)

EPC总承包又称交钥匙总承包,指工程总承包企业按照合同约定,承担工程项目的设计、采购、施工、试运行服务等工作,并对承包工程的质量、安全、工期、造价全面负责,使业主获得一个现成的工程,由业主"转动钥匙"就可以运行。1999年国际咨询工程师联合会(FIDIC)在对原有的合同文本进行全面修订的基础上,出版了《设计采购施工/交钥匙工程合同条件》。EPC工程管理模式代表了现代西方工程项目管理的主流。EPC模式的重要特点是充分发挥市场机制的作用,促使承包商、设计师、建筑师共同寻求最经济、最有效的方法实施工程项目。当然在项目竣工验收时,仍然要按合同的要求对工程项目及其中的设备进行相应的严格检查与验收。EPC模式为我国现有的工程项目建设管理模式的改革提供了新的变革动力。通过EPC工程项目公司的总承包,可以比较容易地解决设计、采购、施工、试运行整个过程的不同环节中存在的突出矛盾,使工程项目实施获得优质、高效、低成本的效果。EPC模式主要适用于化工、冶金、电站、铁路等大型基础设施工程,含有机电设备的采购和安装工程项目等。

(2) 设计—施工总承包(Design—Build)

设计—施工总承包是指工程总承包企业按照合同约定,承担工程项目设计和施工,并对承包工程的质量、安全、工期、造价全面负责。因设计由承包商负责,减少了索赔;施工经验能够融入设计过程中,有利于提高可建造性;对投资和完工日期有实质的保障。但是,如果业主提出变更,代价非常大。

(3) 设计—管理总承包(Design—Manage)

设计—管理总承包模式通常是指由同一实体向业主提供设计,并进行施工管理服务的工程管理方式。

根据工程项目的不同规模、类型和业主要求,工程总承包还可采用设计—采购总承包(E—P)、采购—施工总承包(P—C)等方式。

3. 由专业化机构进行项目管理的模式

(1) 项目管理服务(PM)模式

项目管理服务是指从事工程项目管理的企业受业主委托,按照合同约定,代表业主对工程项目的组织实施进行全过程或若干阶段的管理和服务。

项目管理企业按照合同约定,在工程项目决策阶段,为业主编制可行性研究报告,进行可行性分析和项目策划;在工程项目的准备和实施阶段,为业主提供招标代理、设计管理、采购管理、施工管理和试运行(竣工验收)等服务,代表业主对工程项目进行质量、安全、进度、费用、合同、信息等管理和控制。项目管理企业不直接与该工程项目的总承包企业或勘察、设计、供货、施工等企业签订合同。项目管理企业一般应按照合同约定承担相应的管理责任。

对于业主而言,使用 PM 模式能够利用专业项目管理单位的管理经验,有可能缩短项目工期,总成本、进度和质量控制比传统的施工合同更有效。但是,增加了业主的额外费用;业主与设计单位之间通过项目管理单位进行沟通,不利于提高沟通质量;项目管理单位的职责不易明确。因此主要用于大型项目或大型复杂项目,特别是业主的管理能力不强的情况。

(2) 项目管理承包(PMC)模式

项目管理承包是指工程项目管理企业按照合同约定,除完成项目管理服务(PM)的全部工作内容外,还可以负责完成合同约定的工程初步设计(基础工程设计)等工作。项目管理承包企业一般应当按照合同约定承担一定的管理风险和经济责任。

采用 PMC 模式可充分发挥管理承包商在项目管理方面的专业技能,统一协调和管理项目的设计与施工,减少矛盾;管理承包商负责管理施工前阶段和施工阶段,有利于减少设计变更;可方便地采用阶段发包,有利于缩短工期;有利于激励其在项目管理中的积极性和主观能动性,充分发挥其专业特长。但是由于 PMC 模式下业主与施工承包商没有合同关系,因而控制施工难度较大;与传统模式相比,增加了一个管理层,也就增加了一笔管理费。

(3) 建筑工程管理模式(以下简称 CM 模式)

建筑工程管理模式又称阶段发包方式或快速轨道方式,这种模式采用的是阶段性发包方式,与设计图纸全部完成之后才进行招标的传统的连续建设模式不同,其特点是由业主委托的 CM 方式项目负责人(以下简称 CM 经理)与设计单位、咨询工程师组成一个联合小组,共同负责组织和管理工程的规划、设计和施工。在项目的总体规划、布局和设计时,要考虑控制项目的总投资,在主体设计方案确定后,完成一部分工程的设计,即对这一部分工程进行招标,发包给一家承包商施工,由业主直接与承包商签订施工承包合同。

7.2.2　施工项目管理的组织形式

目前我国施工企业的组织机构基本形式主要有以下几种。

1. 直线式组织结构

直线式组织结构是典型的线性组织形式,它的本质是联系和命令的线性化,即上下机构之间的联系置于垂直的领导线上,而每一个下属机构只有一个上级领导,它只接受其唯一的直接上级部门下达的指令。即每一个工作部门,甚至于每一个工作人员都只有一人对它(他)们发布命令,它(他)们都只有一个上级。管理信号(指令)沿着领导垂直线上下传递,呈现金字塔形,类似于军队的组织形式。

这种组织结构具有结构简单、权力集中、职责分明、指令统一、指挥灵活及效率高等优点;其缺点是专业分工差,横向联系薄弱,信息交流困难,其决策、指挥、协调和控制基本属于个人管理。线性组织适合于规模小、技术简单、级别较低、协作关系少的工程项目。

2. 直线职能制组织结构

直线职能制组织系统吸收了直线制和职能制两种组织形式的优点,得到了广泛的采用。直线职能制组织结构的特点是公司负责人集权制领导,一方面通过职能部门对公司承揽的工程项目实行横向领导,另一方面又通过职能部门实行纵向(直线)领导。这种组织形式,在我国施工企业运用较多。

直线职能制的优、缺点分别如下:

(1) 优点:专业人员分工明确,专业性强,集中了专业化程度高的技术专家为项目服务,具有权力集中、职责分明、指挥灵活及效率高等优点;分工协作好,能使项目获得部门内广泛的知识和技术支持,对创造性地解决项目的技术问题十分有利。

(2) 缺点:项目摊子太大,消耗资源多,难以兼顾整体利益,可能出现部门之间的摩擦,对项目的总目标实现造成一定影响。

3. 矩阵式组织结构

矩阵制组织形式是在直线职能制垂直形态组织系统的基础上,再增加一种横向的领导系统。这是一种横纵两套系统交叉形成的复合结构组织。纵向是职能系统,横向是为完成某项专门任务而组成的项目系统。

(1) 既发挥职能部门的纵向优势,又发挥项目组织的横向优势。项目经理将团队成员与项目组织的职能人员在横向上有效地组织在一起,为实现项目目标协同工作。

(2) 专业职能部门是永久性的,项目组织是临时性的。职能部门负责人对参与项目组织的人员有组织调配、业务指导和管理考察的责任。

(3) 每个成员接受原部门负责人和项目经理的双重领导,但部门的控制力大于项目的控制力,要求部门负责人在专业人员的调配中充分运筹,提高人才利用率。

(4) 项目经理掌握用人决策权,他的工作受到多个职能部门支持,但要求在横向和纵向有良好的信息沟通及良好的协调配合。

矩阵式组织结构适用于大型、复杂的工程项目,因为这种项目要求多部门、多技术、多工种配合实施,可以充分利用有限的人才对多个项目进行管理,特别有利于发挥稀有人才的作用。

4. 事业部式组织结构

随着现代工业的发展和企业规模的扩大,企业管理的职能朝着综合化和专业化两个方向展开。美国通用汽车公司总裁斯隆于1921年首创了事业部式组织形式。这种组织结构强调采取集中决策、分散经营管理的方式,即集权与分权两种趋势,所有权、经营权逐渐分开。

（1）特点

事业部对企业内来说是职能部门,对企业外而言可以是一个独立单位。它具有相对独立的自主权,有相对独立的利益,相对独立的市场,这三者是构成事业部的基本要素。事业部可以按地区设置,也可以按工程类型或经营内容设置。事业部能较迅速适应环境变化,提高企业的应变能力,调动部门的积极性。

（2）适用范围

事业部式项目组织适用于大型经营性企业的工程承包,特别是适用于远离公司本部的工程承包,即在一个地区内有长期市场或一个企业有多种专业化施工力量时采用。当一个地区只有一个项目,没有后续工程时,不宜设立地区事业部。在这些情况下,事业部与地区市场共存亡,地区没有项目时,该事业部应予撤销。

7.2.3 工程项目组织机构形式的选择方法

如何确定工程项目组织机构类型,对项目实施效果影响很大,在确定最适宜的项目组织机构时,应综合将企业的素质、任务、条件、基础同工程项目的规模、性质、内容、要求的管理方式结合起来分析。一般情况下,可按下列参考方式选择项目组织机构形式。

（1）大型综合型企业,管理水平高,人员素质好,业务综合性强,能承担大型工程项目的任务,适宜采用矩阵式、混合工作队式、事业部式的项目组织机构。

（2）对于简单、小型项目,或承包内容专一的项目,应采用部门控制式项目组织机构。

（3）在同一企业内可以根据项目情况采用几种组织形式,如将事业部式与矩阵式的项目组织结合使用,将混合工程队式项目组织与事业部式结合使用等。但不能同时采用矩阵式及混合工程队式,以免造成管理渠道和管理秩序的混乱。

7.3 建筑工程项目成本控制

7.3.1 施工项目成本的构成

1. 项目成本的构成

（1）直接成本

直接成本是指施工过程中耗费的构成工程实体和有助于工程形成的各项费用支出,包括直接工程费、措施费。直接费用发生时就能够确定其用于哪些工程,可以直接记入该工程成本。

（2）间接成本

间接成本指项目经理部为准备施工、组织施工生产和管理所需的全部费用支出,间接费用发生时不能明确区分其用于哪些工程,只能采用分摊费用方法计入。

7.3.2 施工项目成本控制的内容

成本控制是指在项目实施过程中,对影响项目成本的各项要素,即施工生产所耗费的人力、物力和各项费用,采取一定措施进行监督、调节和控制,及时预防、发现和纠正偏差,保证项目成本目标的实现。根据全过程成本管理的原则,成本控制应贯穿于项目建设各个阶段,是项目成本管理核心内容,也是项目成本管理中不确定因素最多、最复杂、最基础的管理内容。项目成本控制包括计划预控、过程控制和纠偏控制 3 个环节。

7.4　建筑工程项目进度控制

7.4.1　影响施工项目进度的因素

1. 工程建设相关单位的影响

影响工程项目施工进度的单位不只是施工承包单位。事实上,只要是与工程建设有关的单位(如政府有关部门、建设单位、设计单位、物资供应单位、资金贷款单位,以及运输、通讯、供电等部门等),其工作进度的拖后必将对施工进度产生影响。因此,控制施工进度仅仅考虑施工承包单位是不够的,必须充分发挥监理的作用,协调各相关单位之间的进度关系。而对于那些无法协调控制的进度关系,在进度计划的安排中应留有足够的机动时间。

2. 物资供应进度的影响

施工过程中需要的材料、构配件、机具和设备等,如果不能按期运抵施工现场或者是运抵施工现场后发现其质量不符合有关标准的要求,都会对施工进度产生影响。因此,监理工程师应严格把关,采取有效措施控制好物资供应进度。

3. 资金的影响

工程施工的顺利进行必须有足够的资金作保障。一般来说,资金的影响主要来自建设单位,没有及时给足工程预付款,拖欠工程进度款,这些都会影响承包单位流动资金的周转,进而影响施工进度。监理工程师应根据建设单位的资金供应能力,安排好施工进度计划,并督促建设单位及时拨付工程预付款和工程进度款,以免因资金供应不足拖延进度,导致工期索赔。

4. 设计变更的影响

施工过程中出现设计变更是难免的,或者是由于原设计有问题需要修改,或者是由于建设单位提出了新的要求。监理工程师应加强图纸审查,严格控制随意变更,特别应对建设单位的变更要求进行制约。

5. 施工条件的影响

在施工过程中一旦遇到气候、水文、地质及周围环境等方面的不利因素,必然会影响施工进度。此时,承包单位应利用自身的技术组织能力予以克服。监理工程师应积极疏通关系,协助承包单位解决那些自身不能解决的问题。

6. 各种风险因素的影响

风险因素包括政治、经济、技术及自然等方面的各种可预见或不可预见的因素。政治方面有战争、内乱、罢工、拒付债务、制裁等;经济方面有延迟付款、汇率浮动、换汇控制、通货膨胀、分包单位违约等;技术方面有工程事故、试验失败、标准变化等;自然方面有地震、洪水等。监理工程师必须对各种风险因素进行分析,提出控制风险、减少风险损失及对施工进度影响的措施,并对发生的风险事件给予恰当的处理。

7. 承包单位自身管理水平的影响

施工现场的情况千变万化,如果承包单位的施工方案不当,计划不周,管理不善,解决问题不及时等,都会影响工程项目的施工进度。承包单位应通过总结分析吸取教训,及时改进。而监理工程师应提供服务,协助承包单位解决问题,以确保施工进度控制目标的实现。

7.4.2 施工项目进度控制的措施

施工项目进度控制采取的主要措施有组织措施、技术措施、合同措施、经济措施和信息管理措施等。

组织措施是指落实各层次的进度控制的人员以具体任务和工作责任,建立进度控制的组织系统,按照施工项目的结构、进展的阶段或合同结构等进行项目分解,确定其进度目标,建立控制目标体系,确定进度控制工作制度,对影响进度的因素分析和预测。技术措施主要是采取加快施工进度的技术方法。合同措施是指与协作单位签订施工合同的合同工期与有关进度计划目标相协调。经济措施是指实现进度计划的资金保证措施。信息管理措施是指不断地收集施工实际进度有关资料进行整理统计,与计划进度比较,定期地向指定单位提供比较报告。

7.4.3 施工项目进度控制原理

1. 动态控制原理

施工项目进度控制是一个不断进行的动态控制,也是一个循环进行的过程。它从项目施工开始,实际进度出现了运动的轨迹,也就是计划进入执行的动态。实际进度按照计划进度进行时,两者相吻合;当实际进度与计划进度不一致时,便产生超前或落后的偏差。分析偏差的原因,采取相应的措施,调整原来计划,使两者在新的起点上重合,继续按其进行施工活动,并尽量发挥组织管理的作用,使实际工作按计划进行。但是在新的干扰因素作用下,又会产生新的偏差。如此周而复始,进行动态循环控制。

2. 系统原理

(1) 施工项目计划系统

为了对施工项目实行进度计划控制,首先必须编制施工项目的各种进度计划。其中有总进度计划、单位工程进度计划、分部分项工程进度计划、季度和月(旬)作业计划,这些计划组成进度计划系统。计划的编制对象由大到小,计划的内容从粗到细。编制时从总体计划到局部计划,逐层进行控制目标分解,以保证计划控制目标落实。

(2) 施工项目进度实施组织系统

施工项目实施全过程的各专业队伍都是遵照计划规定的目标去努力完成一个个任务的。项目经理和劳动调配、材料设备、采购运输等各职能部门都按照施工进度规定的要求进行严格管理,落实和完成各自的任务。

(3) 施工项目进度控制组织系统

项目进度的检查控制系统是为了保证施工项目的进度实施。自公司、项目部,到作业班组,都设立专门职能部门或人员负责统计整理实际施工进度的资料,与计划进度比较分析并进行调整。不同层次人员负有不同的进度控制职责,分工协作,形成一个纵横连接的施工项目进度控制组织系统。

3. 信息反馈原理

信息反馈是施工项目进度控制的主要环节,施工的实际进度通过信息反馈给基层施工项目进度控制的工作人员,经过对其加工,将信息逐级向上反馈,直到主控制室。主控制室整理统计各方面的信息,经比较分析做出决策,调整进度计划,仍使其符合预定工期目标。

4. 封闭循环原理

项目的进度计划控制的全过程是计划、实施、检查、比较分析、确定调整措施、再计划。从编制项目施工进度计划开始,经过实施过程中的跟踪检查,收集有关实际进度的信息,比较和分析实际进度与施工计划进度之间的偏差,找出产生原因和解决办法,确定调整措施,再修改原进度计划,形成一个封闭的循环系统。

5. 网络计划技术原理

在施工项目进度的控制中利用网络计划技术原理编制进度计划,根据收集的实际进度信息,比较和分析进度计划,又利用网络计划的工期优化、工期与成本优化和资源优化的理论调整计划。网络计划技术原理是施工项目进度控制的完整的计划管理和分析计算理论基础。

7.4.4　施工项目进度控制程序

(1)项目经理部要根据施工合同的要求确定施工进度目标,明确计划开工日期、计划总工期和计划竣工日期,确定项目分期分批的开竣工日期。

(2)编制施工进度计划,具体安排实现计划目标的工艺关系、组织关系、搭接关系、起止时间、劳动力计划、材料计划、机械计划及其他保证性计划。分包人负责根据项目施工进度计划编制分包工程施工进度计划。

(3)向监理工程师提出开工申请报告,按监理工程师开工令确定的日期开工。

(4)实施施工进度计划。项目经理应通过施工部署、组织协调、生产调度和指挥、改善施工程序和方法的决策等,应用技术、经济和管理手段实现有效的进度控制。项目经理部首先要建立进度实施、控制的科学组织系统和严密的工作制度,然后依据施工项目进度控制目标体系,对施工的全过程进行系统控制。正常情况下,进度实施系统应发挥监测、分析职能并循环运行,即随着施工活动的进行,信息管理系统会不断地将施工实际进度信息,按信息流动程序反馈给进度控制者,经过统计整理、比较分析后,确认进度无偏差,则系统继续运行;一旦发现实际进度与计划进度有偏差,系统将发挥调控职能,分析偏差产生的原因,及对后续施工和总工期的影响。必要时,可对原计划进度做出相应的调整,提出纠正偏差方案和实施的技术、经济、合同保证措施,以及取得相关单位支持与配合的协调措施。确认切实可行后,将调整后的新进度计划输入到进度实施系统,施工活动继续在新的控制下运行。当新的偏差出现后,再重复上述过程,直到施工项目全部完成。进度控制系统也可以处理由于合同变更而需要进行的进度调整。

(5)全部任务完成后,进行进度控制总结并编写进度控制报告。

7.5　建筑工程项目质量控制

7.5.1　施工项目质量管理的特点

施工项目质量管理的特点是由工程项目的工程特点和施工生产的特点决定的,施工质量控制必须考虑和适应这些特点,进行有针对性的管理。

1. 工程项目的工程特点和施工生产的特点

(1) 施工的一次性

(2) 工程的固定性和施工生产的流动性

每一组工程项目都要固定在指定地点的土地上,工程项目全部施工完后,由施工单位就地移交给使用单位。工程的固定性使生产表现出流动性的特点,一方面表现为所有生产要素在同一工程上的流动,另一方面表现在不同工程项目之间的流动。由此,形成了施工生产管理方式的特殊性。

(3) 产品的单件性

每一工程项目都要和周围环境相结合。由于环境、地基承载力的变化,只能单独设计生产。

(4) 工程体形庞大

工程项目是由大量的工程材料、制品和设备构成的实体,体积庞大,无论是房屋或是铁路、桥梁、码头等,都会占有很大的外部空间。一般只能露天进行施工生产,施工质量受气候和环境的影响较大。

(5) 生产的预约性

工程产品不像一般的工业产品那样先生产后交易,只能在现场根据预定的条件进行生产,即先交易后生产。

2. 施工质量管理的特点

工程项目的施工质量受到多种因素的影响。因此,要保证工程项目的施工质量,必须对所有这些影响因素进行有效控制。

(1) 控制因素多。

(2) 控制难度大。

(3) 过程控制要求高。

(4) 终检局限大。

7.5.2 施工项目质量管理基本原理

PDCA 循环是人们在管理实践中形成的基本理论方法。从实践论的角度看,管理就是确定任务目标,并按照 PDCA 循环原理来实现预期目标。由此可见 PDCA 是目标控制的基本方法。

计划 P：可以理解为质量计划阶段,明确目标并制订实现目标的行动方案。在建设工程项目的实施中,"计划"是指各相关主体根据其任务目标和责任范围,确定质量控制的组织制度、工作程序、技术方法、业务流程、资源配置、检验试验要求、质量记录方式、不合格处理、管理措施等具体内容和做法的文件。"计划"还需对其实现预期目标的可行性、有效性、经济合理性进行分析论证,按照规定的程序与权限审批执行。

实施 D：包含两个环节,即计划行动方案的交底和按计划规定的方法与要求展开工程作业技术活动。计划交底目的在于使具体的作业者和管理者明确计划的意图和要求,掌握标准,从而规范行为,全面地执行计划的行动方案,步调一致地去努力实现预期的目标。

检查 C：指对计划实施过程进行各种检查,包括作业者的自检、互检和专职管理者专检。各类检查都包含两大方面,一是检查是否严格执行了计划的行动方案,实际条件是否发生了变化,不执行计划的原因;二是检查计划执行的结果,即产出的质量是否达到标准的要求,对此进行确认和评价。

处置 A:对质量检查发现的质量问题,及时进行原因分析,采取必要的措施予以纠正,保持质量形成的受控状态。处置分纠偏和预防两个步骤。前者是采取应急措施,解决当前的质量问题;后者是信息反馈管理部门,反思问题症结或计划的不周,为今后类似问题的质量预防提供借鉴。

7.5.3　施工项目质量管理程序和方法

1. 施工项目质量管理程序

任何工程项目都由分项工程、分部工程和单位工程组成,工程项目的建设要通过一道道工序来完成。所以,施工项目的质量管理是从工序质量到分项工程质量、分部工程质量、单位工程质量的系统控制过程。

2. 施工项目质量管理的方法

1)现场质量检查的内容

(1)开工前检查。目的是检查是否具备开工条件,开工后能否连续正常施工,能否保证工程质量。

(2)工序交接检查。对重要的工序或对工程质量有重大影响的工序,在自检、互检基础上,还要组织专职人员进行工序检查。

(3)隐蔽工程检查。凡是隐蔽工程均应认证后方能掩盖。

(4)停工后复工的检查。因处理质量问题或某种原因停工后需要复工时,应经检查认可后方能复工。

(5)分项、分部工程完工后,应经检查认可、签署验收记录后,才许进行下一工程项目施工。

(6)成品保护检查。检查成品有无保护措施或保护措施是否可靠。

2)现场质量检查的方法

(1)目测法。其手段可归纳为看、摸、敲、照四个字。

看,就是根据质量标准进行外观目测,如墙面粉刷质量检查表面是否有压痕、空鼓,大面及口角是否平直,地面是否平整,施工顺序是否合理,工人操作是否正确等,均是通过目测评价。

摸,就是手感检查,主要用于装饰工程的某些检查项目,如水刷石、干粘石粘接牢固程度,地面有无起砂等,均通过摸加以鉴别。

敲,是应用工具进行音感检查,通过声音的虚实确定有无空鼓,根据声音的清脆或沉闷,判断属于面层空鼓或底层空鼓。此外,用手敲如发出颤动声响,一般是底灰不满。

照,对于难以看到或光线较暗的部位,则可采用镜子反射或灯光照射的方法进行检查。如门框顶和底面的油漆质量等,均可用照来评估。

(2)实测法。就是通过实测数据与施工规范及质量标准所规定的允许偏差对照,来判断质量是否合格。实测检查法的手段,也可归纳为靠、吊、量、套四个字。

靠,是用直尺、塞尺检查墙面、地面、屋面的平整度。

吊,是用托线板以线锤吊线检查垂直度。

量,是用测量工具和计量仪表等检查断面尺寸、轴线、标高、湿度、温度等的偏差。

套,是用方尺套方,辅以塞尺检查。如对阴阳角的方正、踢脚线的垂直度、预制构件的方正等项目的检查,对门窗口及构配件的对角线(審角)检查,也是套方的特殊手段。

(3)试验法。指必须通过试验手段,才能对质量进行判断的检查方法。如对水泥的试验,确定安定性和质量是否符合标准;对钢筋接头进行拉力试验,检查焊接的质量等。

7.5.4 施工项目质量的影响因素

影响施工工程项目的因素主要包括五大方面,主要指人(Man)、材料(Material)、机械(Machine)、方法(Method)和环境(Environment),即建筑工程的4M1E。在施工过程中,事前对这五大方面的因素严加控制,是施工管理中的核心工作,是保证施工项目质量的关键。

1. 人的质量意识和质量能力对工程质量的影响

人是质量活动的主体,对建设工程项目而言,人是泛指与工程有关的单位、组织和个人。

建筑业实行企业经营资质管理、市场准入制度、职业资格注册制度、持证上岗制度以及质量责任制度等,规定按资质等级承包工程任务,不得越级、不得跨靠、不得转包,严禁无证设计、无证施工。

人的工作质量是工程项目质量的一个重要组成部分,只有提高工作质量,才能保证工程质量,而工作质量的高低,又取决于与工程建设有关的所有部门和人员。因此,每个工作岗位和每个人的工作都直接或间接地影响着工程项目的质量。提高工作质量的关键,在于控制人的素质,人的素质包括很多方面,主要有思想觉悟、技术水平、文化修养、心理行为、质量意识、身体条件等。

2. 建筑材料、构配件及相关工程用品的质量因素

材料是指在工程项目建设中所使用的原材料、半成品、成品、构配件和生产用的机电设备等,它们是建筑生产的劳动对象。建筑质量的水平在很大程度上取决于材料工业的发展,原材料、建筑装饰材料及其制品的开发,导致人们对建筑消费需求日新月异的变化,因此正确合理地选择材料,控制材料构配件及工程用品的质量规格、性能、特性使其符合设计规定标准,直接关系到工程项目的质量形成。

材料质量是形成工程实体质量的基础,使用的材料质量不合格,工程质量也肯定不会符合标准要求。加强材料的质量控制,是保证和提高工程质量的重要保障,是控制工程质量的有效措施。

3. 机械对工程质量的影响

机械是指工程施工机械设备和检测施工质量所用的仪器设备。施工机械是实现工业化、加快施工进度的重要物质条件,是现代机械化施工中不可缺少的设施,它对工程质量有着直接影响。所以,在施工机械设备选型及性能参数确定时,都应考虑它对保证工程质量的影响,特别要注意考虑它经济上的合理性、技术上的先进性、使用操作及维护上的方便性。

质量检验所用的仪器设备,是评价和鉴定工程质量的物质基础,它对工程质量评定的准确性和真实性,对确保工程质量有着重要作用。

4. 方法对工程质量的影响

方法(或工艺)是指施工方案、施工工艺、施工组织设计、施工技术措施等的综合。施工方案的合理性、施工工艺的先进性、施工设计的科学性、技术措施的适用性,对工程质量均有

重要影响。

施工方案包括工程技术方案和施工组织方案。前者指施工的技术、工艺、方法和机械、设备、模具等施工手段的配置，后者指施工程序、工艺顺序、施工流向、劳动组织之间的决定和安排。通常的施工顺序是先准备后施工、先场外后场内、先地下后地上、先深后浅、先主体后装修、先土建后安装等，施工顺序应在施工方案中明确，并编制相应的施工组织设计。这两者都会对工程质量的形成产生影响。

在施工工程实践中，施工方案考虑不周和施工工艺落后往往会拖延工程进度，影响工程质量，增加工程投资。为此，在制定施工方案和施工工艺时，必须结合工程的实际，从技术、组织、管理、措施、经济等方面进行全面分析、综合考虑，确保施工方案技术上可行，经济上合理，且有利于提高工程质量。

5. 工程项目的施工环境

影响工程质量的环境因素较多。工程技术环境，包括地质、水文、气候等自然环境及施工现场的通风、照明、安全卫生防护设施等劳动作业环境；工程管理环境，也就是由工程承包发包合同结构所派生的多单位、多专业共同施工的管理关系、组织协调方式及现场施工质量控制系统等构成的管理环境，如质量保证体系、质量管理制度等；劳动环境，如劳动组合、作业场所、工作面等。环境因素对工程质量的影响，具有复杂而多变的特点，如气象条件变化万千，温度、湿度、大风、暴雨、酷暑、严寒都直接影响工程质量。又如前一道工序就是后一道工序的环境，前一分项工程、分部工程就是后一分项工程、分部工程的环境。

因此，根据工程特点和具体条件，应对影响工程质量的环境因素，采取有效的措施严加控制。

7.6 施工项目职业健康与现场安全控制

7.6.1 施工项目现场安全管理的特点

1. 一次性

考虑项目实施时间、地点、参加者、自然条件和社会条件，世界上没有绝对相同的一栋建筑，设计的单一性，施工的单件性，项目生产的知识、经验和技能积累困难，很难将其重复运用到以后的项目管理中，不确定因素多，如政治、经济、自然和技术因素，它们存在于项目决策、设计、组织、施工、维修等各个阶段。

2. 流动性

建筑工程是露天作业，受自然条件的影响，建筑工程所处的地理位置不同，决定了项目的生产是随项目的不同而不断流动的。工程项目部需要不断地从一个地方换到另一个地方进行建筑施工，施工流动性大，生产周期长，作业环境恶劣，可变因素多。

3. 多专业协调

一般来说，建筑工程项目整个周期要经过调研、立项、设计、组织、施工和维护等各个阶段才能完成。涉及工程项目管理、法律、经济、建筑、结构、电器、给水、暖通、造价、通信等相关专业，多专业协调才能确保项目的顺利实施。

4. 劳动密集型

建筑工程项目生产规模大,机械化程度相对较低,建设中需要大量的人力资源投入,是典型的劳动密集型行业。因此,建筑工程项目管理的重点是对人的管理,包括合理确定项目的组织形式,科学调配人力资源,确保大家工作目标的一致性和协调组织与组织之间、人与人之间、组织与人之间的关系。

7.6.2 施工项目现场安全管理的基本要求

项目经理、管理人员、作业人员必须具备相应的安全资格方可上岗。特种设备必须具有检定合格证。所有施工人员必须经过三级安全教育。特种作业人员必须持有特种作业操作证。对查出的安全隐患要做到"五定":定整改责任人、定整改措施、定整改完成时间、定整改完成人、定整改验收人。必须把好安全生产"六关":措施关、交底关、教育关、防护关、检查关、改进关。

7.6.3 施工项目职业健康安全事故的分类

1. 职业伤害事故的分类

职业健康安全事故分两大类型,即职业伤害事故与职业病。职业伤害事故是指生产过程及工作原因或与其相关的其他原因造成的伤亡事故。

1) 按照事故发生的原因分类

按照我国《企业伤亡事故分类标准》(GB 6441—1986)规定,职业伤害事故分为 20 类,其中与建筑业有关的有以下 12 类。

(1) 物体打击:指落物、滚石、锤击、碎裂、崩块、砸伤等造成的人身伤害,不包括爆炸引起的物体打击。

(2) 车辆伤害:指被车辆挤、压、撞和车辆倾覆等造成的人身伤害。

(3) 机械伤害:指被机械设备或工具绞、碾、碰、割、戳等造成的人身伤害,不包括车辆、起重设备引起的伤害。

(4) 起重伤害:指从事各种起重作业时发生的机械伤害事故,不包括上、下驾驶室时发生的坠落伤害,起重设备引起的触电伤害,及检修时制动失灵造成的伤害。

(5) 触电:由于电流经过人体导致的生理伤害,包括雷击伤害。

(6) 灼烫:指火焰引起的烧伤、高温物体引起的烫伤、强酸或强碱引起的灼伤、放射线引起的皮肤损伤,不包括电烧伤及火灾事故引起的烧伤。

(7) 火灾:在火灾时造成的人体烧伤、窒息、中毒等。

(8) 高处坠落:由危险势能差引起的伤害,包括从架子、屋架上坠落以及平地坠入坑内等。

(9) 坍塌:指建筑物、堆置物倒塌以及土石塌方等引起的事故伤害。

(10) 火药爆炸:指在火药的生产、运输、储藏过程中发生的爆炸事故。

(11) 中毒和窒息:指煤气、油气、沥青、化学、一氧化碳中毒等。

(12) 其他伤害:包括扭伤、跌伤、冻伤、野兽咬伤等。

以上 12 类职业伤害事故中,在建设工程领域中最常见的是高处坠落、物体打击、机械伤害、触电、坍塌、中毒、火灾 7 类。

2) 按事故后果严重程度分类

2007 年 6 月 1 日起实施的《生产安全事故报告和调查处理条例》规定,按生产安全事故造成的人员伤亡或者直接经济损失,事故分为:

（1）特别重大事故,是指造成 30 人以上死亡,或者 100 人以上重伤（包括急性工业中毒,下同）,或者 1 亿元以上直接经济损失的事故;

（2）重大事故,是指造成 10 人以上 30 人以下死亡,或者 50 人以上 100 人以下重伤,或者 5000 万元以上 1 亿元以下直接经济损失的事故;

（3）较大事故,是指造成 3 人以上 10 人以下死亡,或者 10 人以上 50 人以下重伤,或者 1000 万元以上 5000 万元以下直接经济损失的事故;

（4）一般事故,是指造成 3 人以下死亡,或者 10 人以下重伤,或者 1000 万元以下直接经济损失的事故。

7.7　施工项目现场管理

7.7.1　场容管理

施工现场场容规范化应建立在施工平面图设计的科学合理化和物料器具定位管理标准化的基础上。承包人应根据本企业的管理水平,建立和健全施工平面图管理和现场物料器具管理标准,为项目经理部提供场容管理策划的依据。

项目经理部应严格按照已审批的施工总平面图或相关的单位工程施工平面图划定的位置,布置施工项目的主要机械设备,脚手架,密封式安全网和围挡,模具,施工临时道路,供水、供电、供气管道或线路,施工材料制品堆场及仓库,土方及建筑垃圾,变配电间,消火栓,警卫室,现场的办公、生产和生活临时设施等。

施工物料器具除应按施工平面图指定位置就位布置外,尚应根据不同特点和性质,规范布置方式与要求,并执行码放整齐、限宽限高、上架入箱、规格分类、挂牌标识等管理标准。

在施工现场周边应设置临时围护设施。市区工地的周边围护设施高度不应低于 1.8 m,临街脚手架、高压电缆、起重把杆回转半径伸至街道的,均应设置安全隔离棚。危险品库附近应有明显标志及围挡设施。

施工现场应设置畅通的排水沟渠系统,场地不积水、不积泥浆,保持道路干燥坚实。工地地面应做硬化处理。

7.7.2　施工项目环境保护

工程建设过程中的污染主要包括对施工场界内的污染和对周围环境的污染。对施工场界内的污染防治属于职业健康安全问题,而对周围环境的污染防治是环境保护的问题。建设工程环境保护措施主要包括大气污染的防治、水污染的防治、噪声污染的防治、固体废弃物的处理以及文明施工措施等。

7.7.3　污染及其管理

1. 水污染物主要来源

（1）工业污染源：指各种工业废水向自然水体的排放。

（2）生活污染源：主要有食物废渣、食油、粪便、合成洗涤剂、杀虫剂、病原微生物等。

（3）农业污染源：主要有化肥、农药等。

2. 施工过程水污染的防治措施

（1）禁止将有毒有害废弃物用做土方回填。

（2）施工现场搅拌站废水、现制水磨石的污水、电石（碳化钙）的污水必须经沉淀池沉淀合格后再排放，最好将沉淀水用于工地洒水降尘或采取措施回收利用。

（3）现场存放油料，必须对库房地面进行防渗处理，如采用防渗混凝土地面、铺油毡等。使用时，要采取防止油料跑、冒、滴、漏的措施，以免污染水体。

（4）施工现场 100 人以上的临时食堂，污水排放时可设置简易有效的隔油池，定期清理，防止污染。

（5）工地临时厕所、化粪池应采取防渗漏措施。中心城市施工现场的临时厕所可采用水冲式厕所，并有防蝇灭蛆措施，防止污染水体和环境。

（6）化学用品、外加剂等要妥善保管，库内存放，防止污染环境。

3. 噪声污染的防治

按噪声来源可分为交通噪声（如汽车、火车、飞机等）、工业噪声（如鼓风机、汽轮机、冲压设备等）、建筑施工的噪声（如打桩机、推土机、混凝土搅拌机等发出的声音）、社会生活噪声（如高音喇叭、收音机等）。为防止噪声扰民，应控制人为强噪声。

噪声控制技术可从声源、传播途径、接收者防护等方面来考虑。

1）声源控制

（1）声源上降低噪声是防止噪声污染的最根本的措施。

（2）尽量采用低噪声设备和加工工艺代替高噪声设备与加工工艺。

（3）在声源处安装消声器消声。

2）传播途径的控制

（1）吸声：利用吸声材料（大多由多孔材料制成）或由吸声结构形成的共振结构降低噪声。

（2）隔声：应用隔声结构，阻碍噪声向空间传播，将接收者与噪声声源分隔。隔声结构包括隔声室、隔声罩、隔声屏障、隔声墙等。

（3）消声：利用消声器阻止传播。允许气流通过的消声降噪是防治空气动力性噪声的主要装置。

（4）减振降噪：对来自振动引起的噪声，通过降低机械振动减小噪声。

3）接收者的防护

让处于噪声环境下的人员使用耳塞、耳罩等防护用品。

4）严格控制人为噪声

（1）进入施工现场不得高声喊叫、无故甩打模板、乱吹哨，限制高音喇叭的使用。

（2）凡在人口稠密区进行强噪声作业时，须严格控制作业时间，一般晚 10 点到次日早 6

点之间停止强噪声作业。确系特殊情况必须昼夜施工时,尽量采取降低噪声措施,并会同建设单位找当地居委会、村委会或当地居民协调,出安民告示,求得群众谅解。

4. 建设工程施工工地上常见的固体废物

固体废物的主要处理方法。

(1)回收利用

回收利用是对固体废物进行资源化、减量化的重要手段之一。粉煤灰在建设工程领域的广泛应用就是对固体废弃物进行资源化利用的典型范例。

(2)减量化处理

减量化是对已经产生的固体废物进行分选、破碎、压实浓缩、脱水等减少其最终处置量,减低处理成本,减少对环境的污染。在减量化处理的过程中,也包括和其他处理技术相关的工艺方法,如焚烧、热解、堆肥等。

(3)焚烧

焚烧用于不适合再利用且不宜直接予以填埋处置的废物,除有符合规定的装置外,不得在施工现场熔化沥青和焚烧油毡、油漆,亦不得焚烧其他可产生有毒有害和恶臭气体的废弃物。垃圾焚烧处理应使用符合环境要求的处理装置,避免对大气的二次污染。

(4)稳定和固化

利用水泥、沥青等胶结材料,将松散的废物胶结包裹起来,减少有害物质从废物中向外迁移、扩散,使得废物对环境的污染减少。

(5)填埋

填埋是将固体废物经过无害化、减量化处理后的废物残渣集中到填埋场进行处置。禁止将有毒有害废弃物现场填埋,填埋场应利用天然或人工屏障。尽量使需处置的废物与环境隔离,并注意废物的稳定性和长期安全性。

5. 大气污染的防治

(1)施工现场垃圾渣土要及时清理出现场。

(2)高大建筑物清理施工垃圾时,要使用封闭式的容器或者采取其他措施处理高空废弃物,严禁凌空随意抛撒。

(3)施工现场道路应指定专人定期洒水清扫,形成制度,防止道路扬尘。

(4)细颗粒散体材料(如水泥、粉煤灰、白灰等)的运输、储存要注意遮盖、密封,防止和减少飞扬。

(5)车辆开出工地要做到不带泥沙,基本做到不洒土、不扬尘,减少对周围环境污染。

(6)除设有符合规定的装置外,禁止在施工现场焚烧油毡、橡胶、塑料、皮革、树叶、枯草、各种包装物等废弃物品以及其他会产生有毒、有害烟尘和恶臭气体的物质。

(7)机动车都要安装减少尾气排放的装置,确保符合国家标准。

(8)工地茶炉应尽量采用电热水器。若只能使用烧煤茶炉和锅炉时,应选用消烟除尘型茶炉和锅炉,大灶应选用消烟节能回风灶,使烟尘降至允许排放范围为止。

(9)大城市市区的建设工程已不容许搅拌混凝土。在容许设置搅拌站的工地,应将搅拌站封闭严密,并在进料仓上方安装除尘装置,采用可靠措施控制工地粉尘污染。

(10)拆除旧建筑物时,应适当洒水,防止扬尘。

7.8 建筑工程项目资源管理

7.8.1 项目资源管理的内容

（1）人力资源管理

人力资源泛指能够从事生产活动的体力和脑力劳动者，在项目管理中包括不同层次的管理人员和参与作业的各种工人。人是生产力中最活跃的因素，人具有能动性和社会性等。项目人力资源管理是指项目组织对该项目的人力资源进行的科学的计划、适当的培训教育、合理的配置、有效的约束和激励、准确的评估等方面的一系列管理工作。

项目人力资源管理的任务是根据项目目标，不断获取项目所需人员，并将其整合到项目组织中，使之与项目团队融为一体。项目中人力资源的使用，关键在于明确责任，调动职工的劳动积极性，提高工作效率。从劳动者个人的需要和行为科学的观点出发，责权利相结合，多采取激励措施，并在使用中重视对他们的培训，提高他们的综合素质。

（2）材料管理

一般工程中，建筑材料占工程造价的 70% 左右，加强材料管理对于保证工程质量、降低工程成本都将起到积极的作用。项目材料管理的重点在现场、使用、节约和核算，尤其是节约，其潜力巨大。建筑材料主要包括原材料、设备和周转材料。其中，原材料和设备构成工程建筑的实体。周转材料，如脚手架材、模板材、工具、预制构配件、机械零配件等，都因在施工中有独特作用而自成一类，其管理方式与材料基本相同。

（3）机械设备管理

工程项目的机械设备主要是指项目施工所需的施工设备、临时设施和必需的后勤供应。

施工设备包括塔吊、混凝土拌和设备、运输设备等。临时设施包括施工用仓库、宿舍、办公室、工棚、厕所、现场施工用供排系统（水电管网、道路等）。机械设备管理往往实行集中管理与分散管理相结合的办法，主要任务在于正确选择机械设备，保证机械设备在使用中处于良好状态，减少机械设备闲置、损坏，提高施工机械化水平，提高使用效率。机械设备管理关键在于提高机械使用效率，而提高机械使用效率必须提高利用率和完好率。利用率的提高靠人，完好率的提高在于保养和维修。

（4）技术管理

技术是指人们在改造自然、改造社会的生产和科学实践中积累的知识、技能、经验及体现这些的劳动资料。技术具体包括操作技能、劳动手段、生产工艺、检验试验方法及管理程序和方法等。任何物质生产活动都是建立在一定的技术基础上的，也是在一定技术要求和技术标准的控制下进行的。随着生产的发展，技术水平也在不断提高。施工的单件性、复杂性、受自然条件的影响等特点，决定了技术管理在工程项目管理中的作用尤其重要。工程项目技术管理，是对各项技术工作要素和技术活动过程的管理。其中技术工作要素包括技术人才、技术装备、技术规程等。工程项目技术管理的任务是：正确贯彻国家的技术政策，贯彻上级对技术工作的指示与决定；研究认识和利用技术规律，科学地组织各项技术工作，充分发挥技术的作用；确立正常的生产技术秩序，文明施工，以技术保证工程质量；努力提高技术工作的经济效果，使技术与经济有机地结合起来。

（5）资金管理

资金也是一种资源，从流动过程来讲，首先是投入，即将筹集到的资金投入到施工项目上；其次是使用，也就是支出。资金的合理使用是施工有序进行的重要保证，这也是常说的"资金是项目的生命线"的原因。

工程项目资金管理包括编制资金计划、筹集资金、投入资金（项目经理部收入）、资金使用（支出）、资金核算与分析等环节。资金管理应以保证收入、节约支出、防范风险为目的，重点是收入与支出问题，收支之差涉及核算、筹资、利息、利润、税收等问题。

7.8.2　施工项目人力资源管理计划

1. 工程施工项目劳动力组织与管理

1）施工项目劳动力组织

大多数施工企业通过长期的施工管理实践，形成了比较固定的劳动力分组方式及工种、技术等级的配合。

所有间接劳动力的组织与配置，都从属于施工项目经理部的需要。为直接劳动力服务的人员（如医生、厨师、司机等）、工地警卫、勤杂人员、工地管理人员等，根据劳动力投入量计划按比例计算，或根据现场的实际需要配置。对大型施工项目，这些人员的投入比例较大，在 5%～10%；中小型项目可利用项目周围社会资源，投入人数较少。

2）劳动力的配置原则

（1）配置劳动力时，应让工人有超额完成的可能，以获得奖励，进而激发工人的劳动热情。

（2）尽量使劳动力和劳动组织保持稳定，防止频繁调动。劳动组织的形式有专业班组、混合班组、大包队。但当原劳动组织不适应工程项目任务要求时，项目经理部可根据工程需要，打乱原派遣到现场的作业人员建制，对有关工种工人重新进行优化组合。

（3）为保证作业需要，工种组合、技工与壮工比例必须适当、配套。

（4）尽量使劳动力配置均衡，使劳动资源消耗强度适当，以方便管理，达到节约的目的。

（5）每日劳动力需求量最好是在正常操作条件下所需各工种劳动力的近似估计，有一些因素，如学习过程、天气条件、劳动力周转、矿工、病假和超工时工作制度，都会影响每日劳动力需求总和。虽然很难量化这些变量，但为编制计划，建议每类劳动力增加 5%左右以适应上述变化可能导致劳动力不足的情况。如果可能的话，适当加班能降低每日劳动需求量，最大可达 10%～15%。

3）劳动力的动态控制

项目经理部是项目施工范围内劳动力动态管理的直接责任者，劳动管理部门对劳动力的动态管理起主导作用。

2. 工程项目人力资源的确定

1）项目管理人员、专业技术人员的确定

（1）根据岗位编制计划，参考类似工程经验进行管理人员、技术人员需求预测。在人员需求中应明确需求的职务名称、人员需求数量、知识技能等方面的要求、招聘的途径、选择的方法和程序、希望到岗的时间等，最终形成一个有员工数量、招聘成本、技能要求、工作类别以及为满足管理需要的人员数量和层次的分列表。

（2）管理人员需求计划编制一定要提前做好工作分析。工作分析是指通过观察和研究，对特定的工作职务做出明确的规定，并规定这一职务的人员应具备什么素质，具体包括工作内容、责任者、工作岗位、工作时间、如何操作、为何要做。根据工作分析的结果，编制工作说明书，制订工作规范。

2）劳动力综合需要量计划的确定

劳动力综合需要量计划应根据工种工程量汇总表所列的各个建筑物不同专业工种的工程量编制。查劳动定额，便可得到各个建筑物不同工种的劳动量，再根据总进度计划中各单位工程或分部工程的专业工种工作持续时间，即可得到某单位工程在某时段里的平均劳动力数量。以同样方法可计算出各主要工种在各个时期的平均工人数。最后，将总进度计划图表纵坐标方向上各单位工程同工种的人数叠加在一起并连成一条曲线，即为某工种的劳动力动态曲线。

7.8.3　施工项目材料管理计划

1. 材料需求计划

（1）直接计算法。对于工程任务明确、施工图纸齐全的情况可直接按施工图纸计算出分部、分项工程实物工程量，套用相应的材料消耗定额，逐条逐项计算各种材料的需用量，然后汇总编制材料需用计划，再按施工进度计划分期编制各期材料需用计划。

（2）间接计算法。对于工程任务已经落实，但设计尚未完成，技术资料不全，不具备直接计算需用量条件的情况，为了事前做好备料工作，可采用间接计算法。当设计图纸等技术资料具备后，应按直接计算法进行计算调整。

间接计算法有概算指标法、比例计算法、类比计算法、经验估算法。

2. 材料总需求计划的编制

（1）编制依据。编制材料总需求计划时，其主要依据是项目设计文件、项目投标书中的《材料汇总表》、项目施工组织计划、当期物资市场采购价格及有关材料消耗定额等。

（2）编制步骤。计划编制人员与投标部门进行联系，了解工程投标书中该项目的《材料汇总表》。计划编制人员查看经主管领导审批的项目施工组织设计，了解工程工期安排和机械使用计划。根据企业资源和库存情况，对工程所需物资的供应进行策划，确定采购或租赁的范围；根据企业和地方主管部门的有关规定确定供应方式（招标或非招标，采购或租赁）；了解当期市场价格情况。

3. 材料计划期（季、月）需求计划的编制

（1）编制依据。计划期材料计划主要用来组织本计划期（季、月）内材料的采购、订货和供应等，其编制依据主要是施工项目的材料计划、企业年度方针目标、项目施工组织设计和年度施工计划、企业现行材料消耗定额、计划期内的施工进度计划等。

（2）确定计划期材料需用量。确定计划期（季、月）内材料的需用量常用以下两种方法：① 定额计算法。根据施工进度计划中各分部、分项工程量获取相应的材料消耗定额，求得各分部、分项的材料需用量，然后再汇总，求得计划期各种材料的总需用量。② 分段法。根据计划期施工进度的形象部位，从施工项目材料计划中，选出与施工进度相应部分的材料需用量，然后汇总，求得计划期各种材料的总需用量。

7.8.4　项目机械设备管理计划

1. 施工机械设备的选择

施工机械设备选择的总原则是切合需要、经济合理。

(1) 对施工设备的技术经济进行分析,选择既满足生产、技术先进又经济合理的施工设备。结合施工项目管理规划,分析购买和租赁的分界点,进行合理配备。如果设备数量多,但相互之间使用不配套,不但机械性能不能充分发挥,而且会造成经济上的浪费。

(2) 现场施工设备的配套必须考虑主导机械和辅助机械的配套关系,在综合机械化组列中前后工序施工设备之间的配套关系,大、中、小型工程机械及劳动工具的多层次结构的合理比例关系。

(3) 如果多种施工机械的技术性能可以满足施工工艺要求,还应对各种机械的下列特性进行综合考虑:工作效率、工作质量、施工费和维修费、能耗、操作人员及其辅助工作人员、安全性、稳定性、运输、安装、拆卸及操作的难易程度、灵活性、机械的完好性、维修难易程度、对气候条件的适应性、对环境保护的影响程度等。

2. 施工机械设备需求计划

施工机械设备需求计划一般由项目经理部机械设备管理员负责编制。中小型机械设备一般由项目部主管项目经理审批,大型机械设备经主管项目经理审批后,还需报企业有关部门审批,方可实施运作。

3. 施工机械设备验收

1) 企业的设备验收

企业要建立健全设备购置验收制度。对于企业新购置的设备,尤其是大型施工机械设备和进口的机械设备,相关部门和人员要认真进行检查验收,及时安装、调试、移交使用,以便在索赔期内发现问题,及时办理索赔手续。同时要按照国家档案管理要求,及时建立设备技术档案。

2) 工程项目的设备验收

(1) 工程项目要严格进行设备进场的验收工作,一般中小型机械设备由施工员(工长)会同专业技术管理人员和使用人员共同验收。

(2) 大型设备、成套设备需在项目经理部自检自查基础上报请公司有关部门组织技术负责人及有关部门、人员验收。

(3) 对于重点设备要组织具有认证或相关验收资质的第三方单位进行验收,如塔式起重机、电动吊篮、外用施工电梯、垂直卷扬提升架等。

4. 施工机械设备的使用

1) 机械操作人员

(1) 机械操作人员持证上岗,是指通过专业培训考核合格后,经有关部门注册,操作证年审合格,并且在有效期范围内,所操作的机种与所持操作证上允许操作机种相吻合。此外,机械操作人员还必须明确机组人员责任,并建立考核制度,奖优罚劣,使机组人员严格按规范作业,并在本岗位上发挥出最优的工作业绩。机组人员责任制应对机长、机员分别制定责任内容,对机组人员做到责、权、利三者相结合,定期考核,奖罚明确到位,以激励机组人员努力做好本职工作,使其操作的设备在一定条件下发挥出最大效能。

（2）为了使施工设备在最佳状态下运行使用，合理配备足够数量的操作人员并实行机械使用、保养责任制是关键。现场使用的各种施工设备应定机定组交给一个机组或个人，使之对施工设备的使用和保养负责。

（3）操作人员在开机前、使用中、停机后，必须按规定的项目和要求，对施工设备进行检查和例行保养，做好清洁、润滑、调整、坚固和防腐工作，经常保持施工设备的良好状态，提高施工设备的使用效率，节约使用费用，实现良好的经济效益，并保证施工的正常进行。

2）保养和维修

设备的管理、使用、保养与修理是几个互相影响、不可分割的方面。管好、养好、修好的目的是为了使用，但如果只强调使用，而忽视管理、保养、修理，则不能达到更好的使用目的。

（1）修理计划。机械设备的修理计划是企业组织机械修理的指导性文件，也是企业生产经营计划的重要组成部分。企业机械管理部门按年、季度编制机械大修、中修计划。编制修理计划时，要结合企业施工生产需要，尽量利用施工淡季，优先安排生产急需的重点机械设备，并做好各机械设备年度修理力量的平衡。

（2）修理的分类。机械设备的修理可分为大修、中修和零星小修。

（3）修理的方式。有故障修理、定期修理、按需修理、综合修理、预知修理。

保养，指在零件尚未达到极限磨损或发生故障以前，对零件采取相应的维护措施，以降低零件的磨损速度，消除产生故障的隐患，从而保证机械正常工作，延长使用寿命。

7.8.5 施工项目资金管理计划

1. 项目资金收支计划

1）项目资金收入与支出的管理原则

项目资金收入与支出的管理原则主要涉及资金的回收和分配两方面。资金的回收直接关系到工程项目能否顺利进行；而资金的分配则关系到能否合理使用资金，能否调动各种关系和相关单位的积极性。

项目资金的收支原则有：

（1）以收定支原则，即以收入确定支出。这样做虽然可能使项目的进度和质量受到影响，但可以不加大项目资金成本，对某些工期紧迫或施工质量要求较高的部位，应视具体情况采取区别对待的措施。

（2）制定资金使用计划原则，即根据工程项目的施工进度、业主支付能力、企业垫付能力、分包或供应商承受能力等制订相应的资金计划，按计划进行资金的回收和支付。

2）项目资金收支计划的内容

项目资金计划包括收入方和支出方两部分。

（1）收入方包括项目本期工程款等收入，向公司内部银行借款，以及月初项目的银行存款。

（2）支出方包括项目本期支付的各项工料费用、上缴利税基金及上级管理费、归还公司内部银行借款，以及上月末项目银行存款。

（3）工程前期投入一般要大于产出，主要是现场临时建筑、临时设施、部分材料及生产工具的购置,对分包单位的预付款等支出较多,另外还可能存在发包方拖欠工程款,使得项目存在较大债务的情况。

在安排资金时要考虑分包人、材料供应人的垫付能力,在双方协商的基础上安排付款。在资金收入上要与发包方协调,促其履行合同按期拨款。

2. 项目资金收支计划的编制

(1)年度资金收支计划的编制,要根据施工合同工程款支付的条款和年度生产计划安排,预测年内可能达到的资金收入,再参照施工方案,安排工、料、机费用等资金分阶段投入,做好收入和支出在时间上的平衡。

年度资金收支计划编制时,关键是要摸清工程款到位情况,测算筹集资金的额度,安排资金分期支付,平衡资金,确定年度资金管理工作总体安排。这对保证工程项目顺利施工,保证充分的经济支付能力,稳定队伍,提高职工生活,顺利完成各项税费基金的上缴是十分重要的。

(2)月、季度资金收支计划的编制,是年度资金收支计划的落实与调整。要结合生产计划的变化,安排好月、季度资金收支,重点是月度资金收支计划。以收定支,量入为出,根据施工月度作业计划,计算出主要工、料、机费用及分项收入,结合材料月末库存,由项目经理部各用款部门分别编制材料、人工、机械、管理费用及分包费支出等分项用款计划,经平衡确定后报企业审批实施。月末最后 5 日内提出执行情况分析报告。

3. 项目资金的使用

建筑业企业为了便于资金管理,确保资金的使用效率,往往在企业的财务部门设立项目专用账号,由财务部门对所承建的施工项目进行项目资金的收支预测,统一对外收支与结算。而施工项目经理则负责项目资金的使用管理。

7.9　建筑工程项目合同管理

7.9.1　工程合同的概念和种类

1. 建设工程合同的概念

建设工程合同是承包人进行工程建设,发包人支付价款的合同。承包人是指在建设工程合同中承担勘察、设计、施工任务的一方当事人;发包人是指在建设工程合同中委托承包人进行勘察、设计、施工的另一方当事人。

建设工程合同中没有规定的,适用承揽合同的有关规定。但是,建设工程合同还具有区别于承揽合同的下列特征:

(1)建设工程合同的标的是建设工程项目,并非一般的加工定作物。

(2)承包方必须是具有法人资格的企业,并须在注册资本、技术人员、装备、资质要求等方面具备一定条件。

(3)建设工程合同受到国家更加严格的管理和监督。

2. 建设工程合同的种类(表7-1)

表7-1 建设工程合同的种类

按照建设工程 的环节划分	(1) 勘察合同是指勘察人完成工程勘察任务,发包人支付勘察费的协议。即发包人与勘察人就完成建设工程地理、地质状况的调查研究工作而达成的协议。 (2) 设计合同是指设计人完成工程设计任务,发包人支付设计费的协议。按照此合同,设计人应按照发包人的要求对工程结构进行设计以及对工程价款进行概预算,向发包人提供设计方案和施工图纸。 (3) 施工合同是指施工人完成工程的建筑安装工作,发包人验收后,接受该工程并支付价款的合同。施工合同主要包括建筑和安装两方面内容。 (4) 工程监理合同。建设工程实行监理的,发包人应当与监理人采用书面形式订立委托监理合同。其本质属于委托合同。
按照建设工程 的标的划分	(1) 总承包合同。是发包人将建设工程的勘察、设计、施工等全部任务发包给一个承包人。 (2) 单项承包合同。是发包人将建设工程中的勘察、设计、施工等不同环节的工作任务,分别发包给勘察人、设计人、施工人,与其签订相应的承包合同。 (3) 分包合同。是指总承包人或者勘察、设计、施工单项承包人经发包人同意,将自己承包的部分工作交由第三人完成而与其签订的承包合同项下的分包合同。

(1) 总承包人或者勘察、设计、施工承包人经发包人同意,可以将自己承包的部分工作交由第三人完成。第三人就其完成的工作成果与总承包人或者勘察、设计、施工承包人向发包人承担连带责任。

(2) 发包人不得将应当由一个承包人完成的建设工程肢解成若干部分发包给几个承包人。

(3) 承包人不得将其承包的全部建设工程转包给第三人或者将其承包的全部建设工程肢解以后以分包的名义分别转包给第三人。

(4) 禁止承包人将工程分包给不具备相应资质条件的单位。禁止分包单位将其承包的工程再分包。建设工程主体结构的施工必须由承包人自行完成。

7.9.2 施工合同的特点

建设工程施工合同是一种双务有偿合同,具有以下特点。

(1) 合同标的的特殊性。合同的标的是各类建筑产品,建筑产品是不动产,其基础部分与大地相连,具有固定性的特点。因此,每个施工合同的标的都是特殊的,而且还决定了其施工生产的流动性。

(2) 合同履行期限的长期性。建筑物的施工由于结构复杂、体积庞大、建筑材料类型多、工作量大,其工期一般较长。又因为工程建设的施工应当在合同签订后才开始;合同签订后到正式开工前有一个较长的施工准备时间;工程项目全部竣工验收后要有办理竣工结算及保修期的时间;在工程的施工过程中,还可能因为不可抗力、工程变更、材料供应不及时等原因而导致工期顺延等,这就决定了施工合同履行期限要长于施工工期。

(3) 合同内容的多样性和复杂性。施工合同设计的主体有很多种,涉及的法律关系包括劳动关系、保险关系和运输关系等,这就要求施工合同的内容尽量详尽,具有多样性和复杂性。因此,施工合同除了应当具备建设工程合同的一般内容外,还应对安全施工、专利技术使用、发现地下障碍物和工程的分包、不可抗力、工程变更以及材料设备的供应、运输、验收等内容作出规定。

（4）合同监督的严格性。由于施工合同的履行对国家经济发展、人们的工作和生活都有很大的影响，国家对施工合同的监督是十分严格的。国家对合同的主体、合同的订立和合同的履行，都应该进行严格的监督。

7.9.3　施工合同的订立及履行

建筑工程的发包单位与承包单位应当依法订立书面合同，明确双方的权利和义务。发包单位和承包单位应当全面履行合同约定的义务。不按照合同约定履行义务的，依法承担违约责任。

1. 施工合同的签订

根据《中华人民共和国招标投标法》第四十六条规定："招标人和中标人应当自中标通知书发出之日起三十日内，按照招标文件和中标人的投标文件订立书面合同。招标人和中标人不得再行订立背离合同实质性内容的其他协议。"

第五十九条："招标人与中标人不按照招标文件和中标人的投标文件订立合同的，或者招标人、中标人订立背离合同实质性内容的协议的，责令改正；可以处中标项目金额5‰以上10‰以下的罚款。"

2. 施工合同的履行

合同的履行是合同当事人双方都应尽的义务。任何一方违反合同，不履行合同义务，或者未完全履行合同义务，给对方造成损失时，都应当承担赔偿责任。

7.9.4　施工合同的变更、终止和解决争议

1. 施工合同的变更

合同变更是指合同成立以后和履行完毕以前由双方当事人依法对合同的内容所进行的修改，包括合同价款、工程内容、工程的数量、质量要求和标准、实施程序等的一切改变都属于合同变更。

2. 施工合同的终止

工程项目合同终止是指在工程项目建设过程中，承包商按照施工承包合同约定的责任范围完成了施工任务，圆满地通过竣工验收，并与业主办理竣工结算手续，将所施工的工程移交给业主使用和照管，业主按照合同约定完成工程款支付工作后，合同效力及作用将结束。

3. 施工合同解决争议

（1）和解或调解。发生建设工程承包合同争议时，当事人可以自行协商和解，或者通过第三者进行调解。

和解是指当事人通过自行友好协商，解决合同发生的争议。调解是由当事人以外的调解组织或者个人主持，在查明事实和分清是非的基础上，通过说服引导，促进当事人互谅互让，友好地解决争议。

（2）仲裁。建设工程承包合同当事人如果不愿意和解、调解，或者和解、调解不成功，可以根据达成的仲裁协议，将合同争议提交仲裁机构仲裁。

提请仲裁的前提是合同双方当事人已经订立了仲裁协议,没有订立仲裁协议的,不能申请仲裁。仲裁协议包括合同订立的仲裁条款或者附属于合同的协议。合同中的仲裁条款或者附属于合同的协议,被视为与其他条款相分离而独立存在的一部分,合同的变更、解除、终止、失效或者被确认无效,均不影响仲裁条款或者仲裁协议的效力。国内合同当事人可以在仲裁协议中约定在发生争议后到国内的任何一家仲裁机构仲裁,对仲裁机构的选定没有级别管辖和地域管辖限制。

(3)诉讼。如果建设工程承包合同当事人没有在合同中订立仲裁条款,发生争议后也没有达成书面的仲裁协议,或者达成的仲裁协议无效,合同的任何一方当事人,包括涉外合同的当事人,都可向人民法院提起诉讼。在人民法院提起合同案诉讼,应依照《民事诉讼法》的规定进行。

经过诉讼程序或者仲裁程序产生的具有法律效力的判决、仲裁裁决或调解书,当事人应当履行。如果负有履行义务的当事人不履行判决、仲裁裁决或调解书,对方当事人可以请求人民法院予以执行。

7.9.5　施工索赔

施工索赔,通常是承包商向业主或分包商、供货商提出经济索赔和工期索赔。有时,业主也向承包商提出经济索赔和工期索赔的要求,即"反索赔"。施工索赔的方式一般可以在施工过程中沟通处理,在协商中解决。如工程联系单、签证单等。如果索赔需要经过诉讼程序来判决,那是双方对索赔事项发生争端,用法律手段来解决索赔事项的最后一个途径。

施工索赔和项目施工管理过程是密切相关的,施工索赔在项目施工过程中友好协商解决,是施工索赔的最佳途径,也是最好的结果。索赔工作要想达到这样的效果,需要重视组织和计划工作,加强从投标签约到保修回访阶段全过程、连续性的管理,充分认识施工索赔工作的重要性,全面了解施工索赔工作的要点。

施工索赔的依据是索赔工作成败的关键,有了完整的资料,索赔工作才能有效进行。施工索赔的主要依据是工程合同和法律、法规、有关政策文件的规定及惯例,是起主导作用的索赔依据。在施工过程中,要加强对基础资料的收集积累和保管,其内容包括文件和信件、日志、记录、报表、通知、图纸、影像照片等,这些资料都是事后索赔的重要依据。

7.10　建筑工程项目风险管理

7.10.1　风险管理的概念和种类

《建设工程项目管理规范》对项目风险管理的定义:项目风险管理是企业项目管理的一项重要管理过程,它包括对风险的预测、辨识、分析、判断、评估及采取相应的对策,如风险回避、控制、分隔、分散、转移、自留及利用等活动。

《建设工程项目管理规范》对项目风险的解释:在企业经营和项目施工过程中存在大量的风险因素,如自然风险、政治风险、经济风险、技术风险、社会风险、国际风险、内部决策与管理风险等。风险具有客观存在性、不确定性、可预测性、结果双重性等特征。工程承包事业是一项风险事业,承包人和项目经理要面临一系列的风险,必须在风险面前做出决策。决策正确与否,与承包人对风险的判断和分析能力密切相关。

不同的风险具有不同的特性,为有效地进行风险管理,有必要对各种风险进行分类。

（1）按风险后果划分

纯粹风险。纯粹风险是指风险导致的结果只有两种,即没有损失或有损失。

投机风险。投机风险导致的结果有三种,即没有损失、有损失或获得利益。

（2）按风险来源划分

自然风险。自然风险是指自然力的不规则变化导致财产毁损或人员伤亡,如风暴、地震等。

人为风险。人为风险是指人类活动导致的风险。人为风险又可细分为行为风险、政治风险、经济风险、技术风险和组织风险等。

（3）按风险的形态划分

静态风险。静态风险是自然力的不规则变化或人的行为失误导致的风险。从发生的后果来看,静态风险多属于纯粹风险。

动态风险。动态风险是人类需求的改变、制度的改进和政治、经济、社会、科技等环境的变迁导致的风险。从发生的后果来看,动态风险既可属于纯粹风险,又可属于投机风险。

（4）按风险可否管理划分

可管理风险。可管理风险是指用人的智慧、知识等可以预测、控制的风险。

不可管理风险。不可管理风险是指用人的智慧、知识等无法预测和无法控制的风险。风险可否管理取决于所收集资料的多少和掌握管理技术的水平。

（5）按风险影响范围划分

局部风险。局部风险是指某个特定因素导致的风险,其损失的影响范围较小。

总体风险。总体风险影响的范围大,其风险因素往往无法控制,如经济、政治等因素。

（6）按风险后果的承担者划分

按风险后果的承担者可分为政府风险、投资方风险、业主风险、承包商风险、供应商风险、担保方风险等。

7.10.2　风险规避方法

1. 回避风险

回避风险是指项目组织在决策中回避高风险的领域、项目和方案,进行低风险选择。通过回避风险,可以在风险事件发生之前彻底地消除特定风险可能造成的种种损失,而不仅仅是减少损失的影响程度。回避风险是对所有可能发生的风险尽可能地规避,这样可以直接消除风险损失。回避风险具有简单、易行、全面、彻底的优点,能将风险的概率保持为零,从而保证项目的安全运行。

回避风险的具体方法有放弃或终止某项活动;改变某项活动的性质。如放弃某项不成熟工艺;初冬时期为避免混凝土受冻,不用矿渣水泥而改用硅酸盐水泥。一般来说,回避风险有方向回避、项目回避和方案回避三个层次。

2. 转移风险

转移风险是指组织或个人项目的部分风险抵押或全部风险转移到其他组织或个人。风险转移一般分为两种形式:

项目风险的财务转移,即项目组织将项目风险损失转移给其他企业或组织;

项目客体转移,即项目组织将项目的一部分或全部转移给其他企业或组织。

从另外一个角度看,转移风险有控制型非保险转移、财务型非保险转移和保险三种形式。

（1）控制型非保险转移

控制型非保险转移,转移的是损失的法律责任,它通过合同或协议,消除或减少转让人对受让人的损失责任和对第三者的损失责任。有3种形式:

出售。通过买卖合同将风险转移给其他单位或个人。这种方式的特点是在出售项目所有权的同时也把与之有关的风险转移给了受让人。

分包。转让人通过分包合同,将他认为项目风险大的部分转移给非保险业的其他人。如一个大跨度网架结构项目,对总包单位来讲,他们认为高空作业多,吊装复杂,风险较大,因此,可以将网架的拼装和吊装任务分包给有专用设备和经验丰富的专业施工单位来承担。

开脱责任合同。通过开脱责任合同,风险承受者免除转移者对承受者承受损失的责任。

（2）财务型非保险转移

财务型非保险转移是转让人通过合同或协议寻求外来资金补偿其损失。有两种形式:

免责约定。免责约定是当合同不履行或不完全履行时,如果不是当事人一方的过错引起,而是不可抗力的原因造成的,违约者可以向对方请求部分或全部免除违约责任。

保证合同。保证合同是由保证人提供保证,使债权人获得保障。通常,保证人以被保证人的财产抵押来补偿可能遭受的损失。

（3）保险

保险是通过专门的机构,根据有关法律,运用大数法则,签订保险合同。当风险发生时,就可以获得保险公司的补偿,从而将风险转移给保险公司。如建筑工程一切险、安装工程一切险和建筑安装工程第三者责任险等。

技术创新风险的转移一般伴随着收益的转移,因此,是否转移风险以及采用何种方式转移风险,需要进行仔细权衡和决策。在一般情况下,当技术风险、市场风险不大而财务风险较大时,可采用财务转移的风险转移方式;当技术风险或生产风险较大时,可以采用客体转移的风险转移方式。

3. 损失控制

损失控制是指损失发生前消除损失可能发生的根源,并减少损失事件的频率,在风险事件发生后减少损失的程度。损失控制的基本点在于消除风险因素和减少风险损失。

（1）损失预防

损失预防是指损失发生前为了消除或减少可能引起损失的各种因素而采取的各种具体措施,也就是设法消除或减少各种风险因素,以降低损失发生的频率。

（2）损失抑制

损失抑制是指损失发生时或损失发生后,为了缩小损失幅度所采取的各项措施。

分割。将某一风险单位分割成许多独立的、较小的单位,以达到减小损失幅度的目的。例如,同一公司的高级领导成员不同时乘坐同一交通工具,这是一种化整为零的措施。

储备。例如,储存某项备用财产或人员,以及复制另一套资料或拟定另一套备用计划等,当原有财产、人员、资料及计划失效时,这些备用的人、财、物、资料可立即使用。

拟定减小损失幅度的规章制度。例如,在施工现场建立巡逻制度。

4. 自留风险

自留风险又称承担风险,它是一种由项目组织自己承担风险事故所致损失的措施。

主动自留风险又称计划性承担,是指经合理判断、慎重研究后,将风险承担下来。被动自留风险是指由于疏忽,未探究风险的存在而承担下来。

全部自留风险是对那些损失频率高、损失幅度小,且当最大损失额发生时项目组织有足够的财力来承担而采取的方法。部分自留风险是依靠自己的财力处理一定数量的风险。

自留风险的资金筹措。建立内部意外损失基金。建立意外损失专项基金,当损失发生时,由该基金补偿。

从外部取得应急贷款或特别贷款。应急贷款是在损失发生之前,通过谈判达成应急贷款协议,一旦损失发生,项目组织就可立即获得必要的资金,并按已商定的条件偿还贷款。特别贷款是在事故发生后,以高利率或其他苛刻条件接受贷款,以弥补损失。

5. 分散风险

项目风险的分散是指项目组织通过选择合适的项目组合,进行组合开发创新,使整体风险得到降低。在项目组合中,不同的项目之间的相互独立性越强或具有负相关性时,越有利于技术组合整体风险的降低。但在项目组合的实际操作过程中,选择独立不相关项目并不十分妥当,因为项目的生产设备、技术优势领域、市场占有状况等使得项目组织在项目选择时难以做到这种独立无关性;而且,当项目之间过于独立时,不能做到技术资源、人力资源、生产资源的共享,反而会加大项目的成本和难度。因此,在通过项目组合来分散项目风险时,应当允许项目之间存在一定的相关性。

7.11　建筑工程项目竣工验收

7.11.1　项目竣工验收的条件和标准

1. 项目竣工验收的条件

(1) 必须符合国家法律的规定。《中华人民共和国合同法》第279条规定:"建设工程竣工后,发包人应当根据施工图纸及说明书、国家颁发的施工验收规范和质量检验标准及时进行验收。"还规定:"建设工程竣工验收合格后,方可交付使用;未经验收或者验收不合格的,不得交付使用。"

《中华人民共和国建筑法》第61条规定:"交付竣工验收的建筑工程,必须符合规定的建筑工程质量标准,有完整的工程技术经济资料和经签署的工程保修书,并具备国家规定的其他竣工条件。"还规定:"建筑工程竣工验收合格后,方可交付使用;未经验收或者验收不合格的,不得交付使用。"

(2) 必须符合行政法规的规定。国务院令第279号《建设工程质量管理条例》第16条规定:"建设单位收到建设工程竣工报告后,应当组织设计、施工、工程监理等有关单位进行竣工验收。"建设工程竣工验收应当具备下列条件:完成建设工程设计和合同约定的各项内容;有完整的技术档案和施工管理资料;有工程使用的主要建筑材料、建筑构配件和设备进场试验报告;有勘察、设计、施工、工程监理等单位分别签署的质量合格文件;有施工单位签署的工程保修书。

（3）必须符合施工合同的规定。《合同法》第 12 条第二款规定："当事人可参照各类合同的示范文本订立合同。"承包人与发包人在签订施工合同中一旦约定了竣工验收的具体内容或事项，在履行施工合同时即具有强制性。承包人和发包人在工程交付竣工验收时，必须按施工合同的约定执行，不得违约。违约应承担违约的经济责任。

2. 项目竣工验收的标准

（1）土建工程验收标准。凡生产性工程、辅助公用设施及生活设施按照设计图纸、技术说明书、验收规范进行验收，工程质量符合各项要求，在工程内容上按规定全部施工完毕，不留尾巴。即对生产性工程要求室内全部做完，室外明沟勒脚、踏步斜道全部做，内外粉刷完毕；建筑物、构筑物周围 2 m 以内场地平整、障碍物清除、道路及下水道畅通。对生活设施和职工住宅除上述要求外，还要求水通、电通、道路通。

（2）安装工程验收标准。按照设计要求的施工项目内容、技术质量要求及验收规范的规定，各道工序全部保质保量施工完毕，不留尾巴。即工艺、燃料、热力等各种管道已做好清洗、试压、吹扫、油漆、保温等工作，各项设备、电气、空调、仪表、通讯等工程项目全部安装结束，经过单机、联动无负荷及投料试车，全部符合安装技术的质量要求，具备形成设计能力的条件。

7.11.2　施工项目竣工验收的管理程序和准备

1. 施工项目竣工验收的管理程序

（1）施工单位竣工预验。施工单位竣工预验是指工程项目完工后、要求监理工程师验收前，由施工单位自行组织的内部模拟验收。内部预验是顺利通过正式验收的可靠保证。

（2）施工单位提交验收申请报告。施工单位决定正式提请验收应向监理单位送交验收申请报告，监理工程师收到验收申请报告后应参照工程合同的要求、验收标准等进行仔细的审查。

（3）根据申请报告进行现场初验。监理工程师审查完验收申请报告后，若认为可以进行验收，则应由监理人员组成验收班子对竣工的工程项目进行初验，在初验中发现的质量问题，应及时以书面通知或以备忘录的形式告诉施工单位，并令其按有关的质量要求进行修理甚至返工。

（4）由业主组织，设计单位、施工单位、监理单位、勘察单位等参加正式验收。质监站应参加验收会议。

2. 施工项目竣工验收的准备

（1）完成收尾工程。收尾工程的特点是零星、分散、工程量小，但分布面广，如果不及时完成，将会直接影响项目的竣工验收及投产使用。

做好收尾工程，必须摸清收尾工程项目，通过竣工前的预检，做一次彻底的清查，按设计图纸和合同要求，逐一对照，找出遗漏项目和修补工作，制订作业计划，相互穿插施工。

（2）竣工验收资料的准备。竣工验收资料和文件是工程项目竣工验收的重要依据，从施工开始就应完整地积累和保管，竣工验收时应编目建档。

（3）竣工验收的预验收。竣工验收的预验收，是初步鉴定工程质量、避免竣工进程拖延、保证项目顺利投产使用不可缺少的工作。通过预验收，可及时发现遗留问题，事先予以返修、补修。

7.11.3　工程项目竣工资料

工程竣工资料是工程项目承包人按工程档案管理及竣工验收条件的有关规定,在工程施工过程中按时收集,认真整理,竣工验收后移交发包人汇总归档的技术与管理文件,是记录和反映工程项目实施全过程的工程技术与管理活动的档案。

1. 竣工资料的内容

工程竣工资料必须真实记录和反映项目管理全过程的实际,它的内容必须齐全、完整。按照我国《建设工程项目管理规范》的规定,竣工资料的内容应包括工程施工技术资料、工程质量保证资料、工程检验评定资料、竣工图和规定的其他应交资料。

2. 竣工资料的收集整理

工程项目的承包人应按竣工验收条件的有关规定,建立健全资料管理制度,要设置专人负责,认真收集和整理工程竣工资料。

3. 竣工资料的移交验收

交付竣工验收的工程项目必须有与竣工资料目录相符的分类组卷档案,工程项目的交工主体即承包人在建设工程竣工验收后,一方面要把完整的工程项目实体移交给发包人,另一方面要把全部应移交的竣工资料交给发包人。

7.12　工程管理信息化

7.12.1　项目管理信息系统的功能

建设项目管理信息系统是处理项目信息的人—机系统。它通过收集、存储及分析项目实施过程中的有关数据,辅助工程项目的管理人员和决策者规划、决策和检查,其核心是辅助对项目目标的控制。它与一般管理信息系统的差别在于一般管理信息系统是针对企业中的人、财、物、产、供、销的管理,是以企业管理系统为辅助工作的对象;而建设项目管理信息系统是针对建设项目中的投资、进度、质量目标的规划与控制,是以建设工程系统为辅助工作对象。项目管理信息系统与管理信息系统服务的对象和功能是不同的。

建设项目管理信息系统的基本功能构成应包括投资控制、进度控制和合同管理 3 个子系统。有些项目管理信息系统还包括质量控制和一些办公自动化的功能。

7.12.2　工程管理信息化

信息是各项管理工作的基础和依据,没有及时、准确和满足需要的信息,管理工作就不能有效地起到计划、组织、控制和协调的作用。随着社会经济的发展和人民生活水平的提高,建设项目本身的功能越来越复杂,专业分工越来越细,项目的参与人员构成也变得非常复杂。在一些大型项目上,业主方、设计人员、承包商、供应商等甚至来自全球不同的国家和地区。所有这些,都对工程项目的组织和管理提出了越来越高的要求,也就是说工程项目管理的任务日益繁重,工程项目管理工作日益复杂。这不仅对信息的及时性和准确性提出了更高的要求,而且项目管理人员对信息的需求量也大大增加。工程项目信息管理正变得越来越重要,任务也越来越繁重。

1. 项目管理信息系统的概念

在项目管理中，信息、信息流通和信息处理各方面的总和称为项目管理信息系统。管理信息系统是将各种管理职能和管理组织沟通起来并协调一致的神经系统。建立管理信息系统，并使它顺利地运行，是项目管理者的责任，也是完成项目管理任务的前提。项目管理者作为一个信息中心，他不仅与每个参加者有信息交流，他自己也有复杂的信息处理过程。

项目管理信息对系统有一般信息系统所具有的特性。总体模式如图7-1所示。必须对项目管理信息系统进行专门的策划和设计，并在项目实施中控制它的运行。

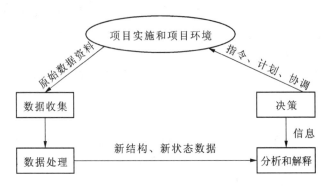

图7-1 项目管理信息系统总体模式

2. 项目管理信息系统的建立过程

信息系统是在项目组织模式、项目管理流程和项目实施流程基础上建立的。它们之间互相联系又互相影响。项目管理信息系统的建立要确定如下几个基本问题。

1）信息的需要

项目管理者为了决策、计划和控制需要哪些信息？以什么形式？何时？以什么渠道供应？上层系统和周边组织在项目过程中需要什么信息？这是调查确定信息系统的输出。不同层次的管理者对信息的内容、精度、综合性有不同的要求。上述报告系统主要解决这个问题。

管理者的信息需求是按照他在组织系统中的职责、权力、任务、目标设计的，即他要完成工作和行使权力时需要的信息，当然他的职责还包括他对其他方面提供信息。

2）信息的收集和加工

（1）信息的收集。在项目实施过程中，每天都要产生大量的数据，如记工单、领料单、图纸、报告、指令、信件等，必须确定由谁负责这些原始数据的收集；这些资料、数据的内容、结构、准确程度怎样；由什么渠道（从谁处）获得这些原始数据、资料；并具体落实到责任人。由责任人进行原始资料的收集、整理，并对它们的正确性和及时性负责。经常由专业班组的班组长、记工员、核算员、材料管理员、分包商、秘书等承担这个任务。

（2）信息的加工。这些原始资料面广、量大，形式丰富多彩，必须经过信息加工才能符合管理的需要，才能符合不同层次项目管理的不同要求。信息加工的概念很广，包括：

① 一般的信息处理方法，如排序、分类、合并、插入、删除等。

② 数学处理方法，如数学计算、数值分析、数理统计等。

③ 逻辑判断方法，包括评价原始资料的置信度、来源的可靠性、数值的准确性，进行项目诊断和风险分析等。

（3）编制索引和存贮。为了查询、调用方便，建立项目文档系统，将所有信息分解、编目。许多信息作为工程建设项目的历史资料和实施情况的证明,必须被妥善保存。一般的工程资料要保存到项目结束,而有些则要长期保存。按不同的使用和储存要求,数据和资料储存于一定的信息载体上。这样做既安全可靠,又使用方便。

(4) 信息的使用和传递渠道。信息的传递(流通)是信息系统的最主要特征之一,即信息流通到需要的地方,或由使用者享用的过程。信息传递的特点是仅传输信息的内容,而保持信息结构不变。在项目管理中,要设计好信息的传递路径,按不同的要求选择快速的、误差小的、成本低的传输方式。

3) 项目管理信息系统总体描述

项目管理信息系统是在项目管理组织、项目工作流程和项目管理工作流程基础上设计,并全面反映在它们之中的信息流。所以对项目管理组织、项目工作流程和项目管理流程的研究是建立管理信息系统的基础,而信息标准化、工作程序化、规范化是它的前提。项目管理信息系统可以从如下几个角度进行总体描述:

(1) 项目参加者之间的信息流通。项目的信息流就是信息在项目参加者之间的流通。它通常与项目的组织模式相似。在信息系统中,每个参加者为信息系统网络上的一个节点。他们都负责具体信息的收集(输入)、传递(输出)和信息处理工作。项目管理者要具体设计这些信息的内容、结构、传递时间、精确程序和其他要求。

(2) 项目管理职能之间的信息流通。项目管理系统是一个非常复杂的系统,由许多子系统构成,可以建立各个项目管理信息子系统。例如成本管理信息系统、合同管理信息系统、质量管理信息系统、材料管理信息系统等,是为专门的职能工作服务的,用来解决专门信息的流通问题。它们共同构成项目管理系统。

(3) 项目实施过程的信息流通。项目过程中的工作程序既可表示项目的工作流,又可以从一个侧面表示项目的信息流。可以设计在各工作阶段的信息输入、输出和处理过程及信息的内容、结构、要求、负责人等。按照过程,项目可以划分为可行性研究子系统、计划管理信息子系统、控制管理信息子系统。

模块小结

本模块主要学习施工项目现场管理的基本要求,对项目质量、成本、进度的控制方法进行了介绍,对项目风险管理及信息管理提出了要求。

实训练习

一、选择题

1. 施工成本分析是施工成本管理主要任务之一,下列关于施工成本分析的表述中正确的是 ( )

A. 施工成本分析的实质是在施工之前对成本进行估算

B. 施工成本分析是指科学地预测成本水平及其发展趋势

C. 施工成本分析是指预测成本控制的薄弱环节

D. 施工成本分析应贯穿施工成本管理的全过程

2. 施工成本构成的内容包括 （ ）

A. 人工费   B. 材料费   C. 利润   D. 税金

3. 施工成本计划应满足的要求是 （ ）

A. 材料、设备进场数量和质量的检查、验收与保管的要求

B. 任务单管理、限额领料、竣工报告审核的要求

C. 把施工成本管理责任制与对项目管理者的激励机制结合起来，以增强管理人员的成本意识和控制能力的要求

D. 组织对施工成本管理目标的要求

4. 绘制 S 形曲线这种编制成本计划的方法是 （ ）

A. 按施工成本组成编制

B. 按子项目组成和工程进度结合编制

C. 按工程进度编制

D. 按施工成本组成和工程进度相结合编制

5. 如果某项目编制施工成本计划时，先将成本按分部分项工程进行划分，又将各分部分项工程成本按人工费、材料费和施工机械使用费等分开编制，这种编制方法属于 （ ）

A. 按施工成本组成编制施工成本计划

B. 按项目组成编制施工成本计划

C. 按工程进度编制施工成本计划

D. 上述 A，B 两种方法的综合运用

6. 施工质量控制难度大的客观原因主要是由于建筑产品生产具有 （ ）

A. 工程的固定性   B. 单件性和流动性

C. 生产的预约性   D. 体形庞大

7. 施工质量的过程控制要求高主要是因为建筑产品生产过程 （ ）

A. 影响因素多   B. 不可预见的因素多

C. 工序交接多、隐蔽工程多   D. 质量满足的要求既有明示的，又有隐含的

8. 施工质量终检的局限性主要是因为 （ ）

A. 工程形体庞大   B. 施工生产的流动性

C. 建筑产品的单件性   D. 不能通过拆卸或解体来检查内在质量

9. 施工质量控制的基本出发点是控制 （ ）

A. 人的因素   B. 材料的因素

C. 机械的因素   D. 方法的因素

10. 在施工质量的因素中，保证工程质量的重要基础是加强控制 （ ）

A. 人的因素   B. 材料的因素

C. 机械的因素   D. 方法的因素

二、现场参观学院某在建工程项目，谈谈项目文明施工、质量控制、成本控制、进度控制的措施。

模块八
建筑工程项目管理规划

【任务目标】

熟悉建筑工程项目管理规划的作用、内容,掌握建筑工程项目管理规划的制定。

【案例引入】

举行迎接香港回归庆典的香港会展中心于 1994 年建设开始时,编制了建设项目管理规划,其主要内容如下:

1. 项目建设的任务;
2. 委托的咨询(顾问)公司;
3. 项目管理班子的组织;
4. 合同的策略;
5. 设计管理;
6. 投资管理;
7. 进度管理;
8. 招标和发包的工作程序;
9. 有关的政府部门;
10. 工程报告系统;
11. 质量保证系统和质量控制;
12. 竣工验收事务;
13. 项目进展工作程序;
14. 风险管理;
15. 信息管理;
16. 价值工程;
17. 安全;
18. 环境管理;
19. 不可预见事件管理。

建设工程项目管理规划内容涉及的范围和深度,在理论上和工程实践中并没有统一的规定,应视项目的特点而定。由于项目实施过程中主客观条件的变化是绝对的,不变则是相对的;在项目进展过程中平衡是暂时的,不平衡则是永恒的,因此,建设工程项目管理规划必须随着情况的变化而进行动态调整。

某施工企业为竞标某项目,需要做一份建筑工程项目管理规划大纲,应由谁主持编制?与编制施工组织设计有何区别?

8.1 建筑工程项目管理规划概述

8.1.1 建筑工程项目管理规划的概念

建筑工程项目管理规划是对工程项目全过程中的各种管理职能、各种管理过程以及各种管理要素进行完整而全面的总体计划。作为指导项目管理工作的纲领性文件,项目管理规划应对项目管理的目标、依据、内容、组织、资源、方法、程序和控制措施进行确定。项目管理规划包括项目管理规划大纲和项目管理实施规划两大类。

建筑工程项目管理规划大纲是由企业管理层在投标之前编制的,旨在作为投标依据、满足招标文件要求及签订合同要求的文件。项目管理规划大纲作为投标人的项目管理总体构想或项目管理宏观方案,具有战略性、全局性和宏观性,显示投标人的技术和管理方案的可行性与先进性,其作用是指导项目投标和签订施工合同。

建筑工程项目管理实施规划是在开工之前由项目经理主持编制的,旨在指导施工项目实施阶段管理的文件。

项目管理规划大纲和项目管理实施规划的关系:前者是后者的编制依据,后者是前者的延续、深化和具体化,二者的区别见表 8-1。

表 8-1 项目管理规划大纲和项目管理实施规划的区别

种类	编制时间	编制者	主要特征	服务范围	追求主要目标
项目管理规划大纲	投标书编制前	企业管理层	规划性	投标与签约	中标和经济效益
项目管理实施规划	签约后开工前	项目管理层	作业性	施工准备至验收	施工效率和效益

8.1.2 建筑工程项目管理规划大纲的编制依据与内容

1. 建筑工程项目管理规划大纲的编制依据

建筑工程项目管理规划大纲需要依靠企业管理层的智慧与经验,取得充分依据,发挥综合优势进行编制。一般需要收集下列资料:

(1) 可行性研究报告。

(2) 招标文件及发包人对招标文件的解释。

(3) 企业管理层对招标文件的分析研究结果。

(4) 工程现场环境情况的调查结果。

(5) 发包人提供的信息和资料。

(6) 有关该工程投标的竞争信息。

(7) 企业法定代表人的投标决策意见。

2. 建筑工程项目管理规划大纲的内容

国家标准《建设工程项目管理规范》(GB/T 50326—2006)规定,建筑工程项目管理规划

大纲可包括下列内容,企业应根据需要选定:

(1)项目概况。

(2)项目范围管理规划。

(3)项目范围目标规划。

(4)项目管理组织规划。

(5)项目成本管理规划。

(6)项目进度管理规划。

(7)项目质量管理规划。

(8)项目职业健康安全与环境管理规划。

(9)项目采购与资源管理规划。

(10)项目信息管理规划。

(11)项目沟通管理规划。

(12)项目风险管理规划。

(13)项目收尾管理规划。

8.2 建筑工程项目管理实施规划

建筑工程项目管理实施规划作为项目经理部实施项目管理的依据,必须由项目经理组织项目经理部成员在工程开工之前编制完成。

8.2.1 建筑工程项目实施管理规划的编制依据

建筑工程项目管理实施规划应依据下列资料编制:

(1)项目管理规划大纲。

(2)项目管理目标责任书。

(3)施工合同及相关资料。

(4)同类项目的相关资料。

8.2.2 建筑工程项目管理实施规划的编制程序

编制建筑工程项目管理实施规划应遵循下列程序:

对施工合同和施工条件进行分析——对项目管理目标责任书进行分析——编写目录及框架——分工编写——汇总、协调——统一审稿——修改定稿——报批。

8.2.3 建筑工程项目管理实施规划的内容

建筑工程项目管理实施规划应以项目管理规划大纲的总体构想和决策意图为指导,具体规定各项管理业务的目标要求、职责分工和管理方法,把履行合同和落实项目管理目标责任书的任务,贯彻在实施规划中,是项目管理人员的行为指南。项目管理实施规划应包括下列内容(编制时可以根据建筑工程施工项目的性质、规模、结构特点、技术复杂难易程度和施工条件等进行选择):

(1)工程概况。

(2) 施工部署。

(3) 施工方案。

(4) 施工进度计划。

(5) 质量计划。

(6) 职业健康安全与环境管理计划。

(7) 成本计划。

(8) 资源需求计划。

(9) 施工准备工作计划。

(10) 风险管理计划。

(11) 信息管理计划。

(12) 施工现场平面布置图。

(13) 项目目标控制措施。

(14) 技术经济指标。

8.2.4 工程概况

工程概况主要包括工程建设概况,工程建设地点及环境特征,建筑、结构设计概况,施工条件和工程特点分析5方面的内容。

1. 工程建设概况

工程建设概况主要介绍拟建工程的建设单位、工程名称、性质、用途和建设目的,资金来源及工程造价,开工、竣工日期,设计单位、施工单位、监理单位,施工图纸情况,施工合同情况,上级有关文件或要求,以及组织施工的指导思想等。

2. 工程建设地点及环境特征

工程建设地点及环境特征主要介绍拟建工程的地理位置、地形、地貌、地质、水文、气温、冬/雨期时间、主导风向、风力和抗震设防烈度等。

3. 建筑、结构设计概况

建筑、结构设计概况主要根据施工图纸,结合调查资料,简要概括工程全貌,综合分析,突出重点问题。对新结构、新材料、新技术、新工艺及施工的难点作重点说明。

建筑设计概况主要介绍拟建工程的建筑面积,平面形状和平面组合情况,层数,层高,总高、总长、总宽等尺寸,及室内外装修的情况。

结构设计概况主要介绍基础的形式、埋置深度,设备基础的形式,主体结构的类型,墙、柱、梁、板的材料及截面尺寸,预制构件的类型及安装位置,楼梯构造及形式等。

4. 施工条件

施工条件主要介绍"三通一平"的情况,当地的交通运输条件,资源生产及供应情况,施工现场大小及周围环境情况,预制构件生产及供应情况,施工单位机械、设备、劳动力的落实情况,内部承包方式、劳动组织形式及施工管理水平,现场临时设施、供水、供电问题的解决。

5. 工程施工特点分析

工程施工特点分析主要介绍拟建工程施工特点和施工中关键问题、难点所在,以便突出重点,抓住关键,使施工顺利进行,提高施工单位的经济效益和管理水平。

8.2.5 施工部署

施工部署主要是对重大的组织问题和技术问题作出规划和决策,因此主要内容包括以下几个方面:

1. 质量、进度、成本、职业健康安全和环境管理目标

上述 5 项控制目标应在已签订的工程承包合同的基础上从提高项目管理经济效益和施工效率的原则出发,做出更积极的决策,从而对职工提出更高要求,以调动其积极性。

2. 拟投入的最高人数和平均人数

3. 劳动力、材料、机械设备供应计划

4. 分包计划

该项内容在分包合同的基础上,根据综合进度计划进行规划。

5. 区段划分与施工程序

区段划分是指为了满足流水施工的需要,应对工程从平面上进行施工段的划分,从立面上进行施工层的划分。

施工程序是指工程中各施工阶段的先后次序及其制约关系,主要是解决时间搭接的问题,以便合理地压缩工期,处理好季节性施工。考虑时应注意以下两点:

(1) 严格执行开工报告制度。

(2) 遵守"先地下后地上"、"先土建后设备"、"先主体后围护"、"先结构后装修"的原则。

6. 项目管理总体安排

首先应根据工程的规模和特点确定项目经理部的组织或规模;其次确定组织结构的形式,一般提倡采用矩阵式,亦可采用事业部式或直线职能式;第三,确定职能部门的设置,应突出施工、技术、质量、安全和核算这些与建筑工程直接相关的部门设置;第四,根据部门责任配备职能人员;第五,制定项目经理部工作总流程以及管理过程中控制、协调、总结、考核工作过程的规定。

8.2.6 施工方案

施工方案的选择是建筑工程项目管理实施规划中的重要内容,施工方案选择恰当与否,将直接影响工程的施工效率、进度安排、施工质量、施工安全、工期长短等。因此,必须在若干个初步方案的基础上进行认真分析比较,力求选择出一个最经济、最合理的施工方案。

在选择施工方案时应着重研究以下几个方面的内容:施工流向、施工顺序、施工阶段划分、施工方法和施工机械的选择。

1. 施工流向的确定

施工流向是指施工项目在平面或空间上的流动方向,这主要取决于生产需要、缩短工期和保证质量等要求。施工流向的确定,需要考虑以下几个因素:

(1) 生产工艺或使用要求

生产工艺或使用要求往往是确定施工流向的基本因素。一般来讲,生产工艺上影响其他工段试车投产的或生产使用上要求时间紧的工段、部位先安排施工。例如:确定工业厂房的施工流向时,需要研究生产工艺流程,即先生产的区段先施工,以尽早交付生产使用,尽快发挥基本建设投资的效益。

（2）施工的繁简程度

一般说来，技术复杂、施工进度较慢、工期较长的工段或部位，应先施工。

（3）房屋高低层或高低跨

柱的吊装应从高低跨并列处开始；屋面防水层施工应按先高后低的方向施工，同一屋面则由檐口到屋脊方向施工。

（4）选用的施工机械

根据工程条件，挖土机械可选用正铲、反铲、拉铲等，吊装机械可选用履带式起重机、汽车式起重机、塔式起重机等。这些机械的开行路线或布置位置决定了基础挖土及结构吊装的施工起点和流向。

（5）组织施工的分层分段

划分施工层、施工段的部位，也是决定施工流向时应考虑的因素。

（6）分部工程或施工阶段的特点

如基础工程由施工机械和方法决定其平面的施工流向；主体工程从平面上看，哪一边先开始都可以，但竖向应自下而上施工；装修工程竖向的施工流向比较复杂，室外装修可采用自上而下的流向，室内装修则可采用自上而下、自下而上两种流向。

下面介绍室内和室外装修工程施工阶段的特点。

① 室外装修工程

室外装修工程一般采用自上而下的施工流向，屋面工程全部完工后，室外装修从顶层至底层逐层向下进行。采用这种顺序的优点是可以使房屋在主体结构完成后，有足够的沉降和收缩期，从而保证装修工程的质量，同时便于脚手架及时拆除。

② 室内装修工程

室内装修工程自上而下的施工流向是指屋面防水层完工后，装修从顶层至底层逐层向下进行，又可分为水平向下和垂直向下两种，通常采用水平向下的施工流向。其优点是房屋主体结构完成后，建筑物有足够的沉降和收缩期，这样可保证屋面防水工程质量，也能保证室内装修质量；可以减少或避免各工种操作互相交叉，便于组织施工，有利于施工安全，而且自上而下的楼层清理也很方便。其缺点是不能与主体结构施工搭接，故总工期相对较长。

室内装修自下而上的施工流向是指主体结构施工到三层及三层以上时（有两层楼板，以确保底层施工安全），装修从底层开始逐层向上进行，与主体结构平行搭接施工，也有水平向上和垂直向上两种形式，通常采用水平向上的施工流向。为了防止雨水或施工用水从上层楼板渗漏，应先做好上层楼板的面层，再进行本层顶棚、墙面、楼地面的饰面。这种施工流向的优点是可以与主体结构平行搭接施工，从而缩短工期。其缺点是工种操作相互交叉，需要增加安全措施；资源供应集中，现场施工组织和管理比较复杂。因此，只有当工期紧迫时，室内装修才考虑采取自下而上的施工顺序。

2. 施工阶段的划分与施工顺序的确定

施工顺序是指工程开工后各分部分项工程施工的先后次序。确定施工顺序既是为了按照客观的施工规律组织施工，也是为了解决工种之间的合理搭接，在保证工程质量和施工安全的前提下，充分利用空间，以达到缩短工期的目的。

在实际工程施工中，施工顺序可以有多种。不仅不同类型建筑物的建造过程有不同的施工顺序；而且同一类型的建筑工程施工，甚至同一幢房屋的施工，也会有不同的施工顺序。

因此,应该在众多的施工顺序中,选择既符合客观规律,又经济合理的施工顺序。

8.2.7 多层砌体结构房屋的施工阶段与施工顺序

多层砌体结构房屋按照房屋结构各部位施工特点的不同,可分为基础工程、主体工程、屋面、装修及设备安装等施工阶段。

1. 基础工程阶段施工顺序

基础工程是指室内地坪以下的工程。其施工顺序一般是挖土方——垫层——基础——回填土。具体内容视工程设计而定。如有地下障碍物、坟穴、防空洞、软弱地基等,需先进行处理;如有桩基础,应先进行桩基础施工;如有地下室,则施工过程和施工顺序一般是挖土方——垫层——地下室底板——地下室墙、柱结构——地下室顶板——防水层及保护层——回填土,但由于地下室结构、构造不同,有些施工内容应有一定的配合和交叉。

需要注意的是,为了避免基槽(坑)浸水或受冻害,挖土方与做垫层这两道工序,在施工安排上要紧凑,时间间隔不宜太长。各种管沟的挖土、铺设等施工过程,应尽可能与基础工程施工配合,采取平行搭接施工。回填土一般在基础工程完工后一次性分层、对称夯填,以避免基础受到浸泡并为后续工程创造良好的工作条件。当回填土工程量较大且工期较紧时,也可将回填土分段施工并与主体结构搭接进行。室内回填土(房心回填土)最好与基槽(坑)回填土同时进行,也可安排在室内装修施工前进行。

2. 主体工程阶段施工顺序

主体工程是指基础工程以上、屋面板以下的所有工程。这一施工阶段的施工过程主要包括安装起重垂直运输机械设备,搭设脚手架,砌筑墙体,现浇柱、梁、板、雨篷、阳台、楼梯等施工内容。其施工顺序一般为绑扎柱筋——砌墙——支柱模——浇筑柱混凝土——支梁、板、楼梯等模板——绑扎梁、板、楼梯等钢筋——浇筑梁、板、楼梯等混凝土。

砌墙和现浇楼板是主体工程施工阶段的主导过程,应以它们为主组织流水施工,使它们在施工中均衡、连续、有节奏地进行,而其他施工过程则应配合砌墙和现浇楼板组织流水施工,搭接进行。如脚手架搭设应配合砌墙和现浇楼板逐段、逐层进行;要及时做好模板、钢筋的加工制作工作,以免影响后续工程的按期投入。

3. 屋面、装修及设备安装阶段施工顺序

这一施工阶段的特点是施工内容多、繁、杂;有的工程量大而集中,有的工程量小而分散;劳动消耗大,手工作业多,工期较长。因此,妥善安排屋面、装修及设备安装工程的施工顺序,组织立体交叉流水作业,对加快工程进度有着特别重要的意义。

柔性防水屋面按照找平层——保温层——找平层——柔性防水层——保护隔热层的施工顺序依次进行。刚性防水屋面按照找平层——保温层——找平层——刚性防水层——隔热层的施工顺序依次进行。防水层应在主体结构完成后开始并尽快完成,为顺利进行室内装修创造条件。屋面工程施工在一般情况下不划分流水段,它可以和装修工程搭接或平行施工。

装修工程的施工可分为室外装修(檐沟、女儿墙、外墙、勒脚、散水、台阶、明沟、雨水管等)和室内装修(顶棚、墙面、楼面、地面、踢脚线、楼梯、门窗、五金、油漆及玻璃等)两个方面的内容。其中内、外墙及楼、地面的饰面是整个装修工程施工的主导过程。

在同一楼层内顶棚、墙面、楼地面之间的施工顺序一般有两种:楼地面——顶棚——墙面;顶棚——墙面——楼地面。这两种施工顺序各有利弊。前者便于清理地面基层,楼地面质量易保证,而且便于收集墙面和顶棚的落地灰,从而节约材料,但要注意楼地面成品保护,否则后一道工序不能及时进行。后者则在楼地面施工之前,必须将落地灰清扫干净,否则会影响面层与结构层间的黏结,引起楼地面起壳。底层地面施工通常在最后进行。

楼梯间和楼梯踏步,由于在施工期间易受损坏,为了保证装修工程质量,楼梯间和踏步装修往往安排在其他室内装修完工之后,自上而下统一进行。

门窗的安装可在抹灰之前或之后进行,主要视气候和施工条件而定,通常安排在抹灰之后进行,但若是在冬季施工,为防止抹灰层冻结,加速其干燥,门窗扇均应在抹灰前安装完毕。油漆和安装玻璃的次序是先油漆门窗扇,后安装玻璃,以免油漆时弄脏玻璃。

在装修施工阶段,还需考虑室内装修与室外装修的先后顺序,这与施工条件和天气变化有关。通常有先内后外、先外后内、内外同时进行三种施工顺序。当室内有水磨石楼面时,应先做水磨石楼面,再做室外装修,以免施工时渗漏水影响室外装修质量;当采用单排脚手架砌墙时,由于留有脚手眼需要填补,应先做室外装修,拆除脚手架,再做室内装修;如果为了赶工期,则应采取先外后内的顺序;当装饰工人较少时,则不宜采用内外同时施工的施工顺序。一般来说,采用先外后内的施工顺序较为有利。

水、暖、煤、卫、电等房屋设备安装工程不像土建工程可以分成几个明显的施工阶段,而是需要与土建工程中有关的分部分项工程进行交叉施工,紧密配合。例如,基础工程施工阶段,应先将相应的管沟埋设好,再进行回填土;主体结构施工阶段,应在砌墙或现浇楼板的同时,预留电线、水管等的孔洞或预埋埋件;装修工程阶段,应安装各种管道和附墙暗管、接线盒等;设备安装最好在楼地面和墙面抹灰之前或之后穿插施工;室外管道等的施工可安排在土建工程之前或与土建工程同时进行。

8.2.8 钢筋混凝土框架结构房屋的施工阶段与施工顺序

钢筋混凝土框架结构房屋的施工可分为基础、主体、围护、屋面及装修工程五个阶段。钢筋混凝土框架结构房屋在主体工程施工时与砌体结构房屋有所区别,即框架柱、框架梁、板交替进行,也可采用框架柱、梁、板同时进行。

围护工程包括墙体工程、安装门窗框。墙体工程包括砌筑用脚手架的搭设,内、外墙砌筑等分项工程。围护工程应与主体工程搭接施工。基础、屋面及装修工程的施工顺序与砌体结构房屋基本相同。

8.2.9 装配式单层工业厂房的施工阶段与施工顺序

装配式单层工业厂房的施工,按照厂房结构各部位不同的施工特点,一般可分为基础工程、预制工程、吊装工程和其他工程4个施工阶段。

在装配式单层工业厂房施工中,当工程规模较大、生产工艺复杂时,厂房按生产工艺要求分区、分段,施工时要分期、分批进行,分期、分批交付试生产,这是确定其施工顺序的总要求。下面根据中小型装配式单层工业厂房各施工阶段来介绍施工顺序。

1. 基础阶段施工顺序

装配式单层工业厂房的柱基础大多采用钢筋混凝土杯形基础。基础工程施工阶段的施工过程和施工顺序一般是挖土——垫层——钢筋混凝土杯形基础(也可分为绑扎钢筋、支模、浇混凝土、养护、拆模)——回填土。如有桩基础工程,则应另列桩基础工程。

对于厂房内设备基础的施工,视具体情况,采用封闭式和敞开式施工。封闭式施工,是指厂房柱基础先施工,设备基础在结构吊装后施工。它适用于设备基础埋置浅(不超过厂房柱基础埋置深度)、体积小、土质较好、距柱基础较远、对厂房结构稳定性并无影响的情况。采用封闭式施工的优点是土建施工工作面大,有利于构件现场预制、吊装和就位,便于选择合适的起重机械和开行路线;设备基础能在室内施工,不受气候影响;有时还可以利用厂房内的桥式吊车为设备基础施工服务。缺点是出现某些重复性工作,如部分柱基回填土的重复挖填;设备基础施工条件差,场地拥挤,基坑不宜采用机械开挖;若土质不佳,在设备基础基坑开挖过程中,容易造成土体不稳定,需增加加固措施费用。敞开式施工,是指厂房柱基础与设备基础同时施工或设备基础先施工。它的适用范围、优缺点与封闭式施工正好相反。

2. 预制阶段施工顺序

目前,装配式单层工业厂房构件一般采用加工厂预制和现场预制相结合的预制方式。这里着重介绍现场预制的施工顺序。对于重量大、批量小或运输不便的构件采用现场预制的方式,如柱子、吊车梁、屋架等。非预应力预制构件制作的施工顺序为支模——绑扎钢筋——预埋铁件——浇筑混凝土——养护——拆模。后张法预应力预制构件制作的施工顺序为支模——绑扎钢筋——预埋铁件——孔道留设——浇筑混凝土——养护——拆模——预应力钢筋的张拉、锚固——孔道灌浆——养护——拆模。

预制构件的顺序取决于吊装方法。当采用分件吊装法时,预制构件的制作有两种方案:若场地狭窄而工期又允许时,构件制作可分批进行,首先制作柱子和吊车梁,待柱子和吊车梁吊装完后再进行屋架制作;若场地宽敞,可考虑柱子和吊车梁等构件在拟建车间内部预制,屋架在拟建车间外进行制作。当采用综合吊装法时,预制构件需一次制作。

3. 吊装阶段施工顺序

结构吊装工程是装配式单层工业厂房施工中的主导施工过程。其内容依次为柱子、基础梁、吊车梁、连系梁、屋架、天窗架、屋面板等构件的吊装、校正和固定。

吊装的顺序取决于吊装方法。若采用分件吊装法时,其吊装顺序为第一次开行吊装柱子,随后校正与固定;第二次开行吊装基础梁、吊车梁、连系梁等;第三次开行吊装屋盖构件。有时也可将第二次开行、第三次开行合并为一次开行。若采用综合吊装法时,其吊装顺序为先吊装四根或六根柱子,迅速校正固定,再吊装基础梁、吊车梁、连系梁及屋盖等构件,如此逐个节间吊装,直至整个厂房吊装完毕。

抗风柱的吊装有两种顺序,一是在吊装柱子的同时先吊装该跨一端的抗风柱,另一端抗风柱则在屋盖吊装完后进行;二是全部抗风柱均在屋盖吊装完毕后进行。

4. 其他工程阶段施工顺序

其他工程阶段主要包括围护工程、屋面工程、装修工程、设备安装工程等内容。这一阶段总的施工顺序为围护工程——屋面工程——装修工程——设备安装工程,但有时也可互相交叉或平行搭接施工。

设备安装包括水、暖、煤、卫、电和生产设备安装。水、暖、煤、卫、电安装与前述多层砌体结构民用房屋基本相同。而生产设备的安装,则由于专业性强、技术要求高等,一般由专业公司分包安装。

上面所述多层砌体结构民用房屋、钢筋混凝土框架结构房屋和装配式单层工业厂房的施工顺序,仅适用于一般情况。建筑施工顺序的确定既是一个复杂的过程,又是一个发展的过程,它随着科学技术的发展和人们观念的更新在不断变化。因此,对于每一个工程,必须根据其施工特点和具体情况,合理确定施工顺序。

8.2.10 施工方法和施工机械的选择

正确选择施工方法和施工机械是制定施工方案的关键。单位工程中各个分部分项工程均可采用各种不同的施工方法和施工机械进行施工,而每一种施工方法和施工机械又都有其优缺点。因此,必须从先进、经济、合理的角度出发,综合考虑工程建筑结构特点、质量要求、工期长短、资源供应条件、现场施工条件、施工单位的技术装备水平和管理水平等因素进行选择,以达到提高工程质量、降低工程成本、提高劳动生产率和加快工程进度的预期效果。

1. 选择施工方法和施工机械的基本要求

(1) 应考虑主要分部分项工程的要求

应从工程施工全局出发,着重考虑影响整个工程施工的主要分部分项工程的施工方法和施工机械的选择。而对于一般的、常见的、工人熟悉的、工程量小的以及对施工全局和工期无多大影响的分部分项工程,只要提出若干注意事项和要求即可。

(2) 应满足施工技术的要求

施工方法和施工机械的选择,必须满足施工技术的要求。如预应力张拉方法和机械的选择应满足设计、质量、施工技术的要求,又如吊装机械的类型、型号、数量的选择应满足构件吊装技术和工程进度的要求。

(3) 应考虑如何符合工厂化、机械化施工的要求

尽可能实现和提高工厂化和机械化的施工程度,这是建筑施工发展的需要,也是提高工程质量、降低工程成本、提高劳动生产率、加快工程进度和实现文明施工的有效措施。

(4) 应符合先进、合理、可行、经济的要求

选择施工方法和施工机械,除要求先进、合理之外,还要考虑是否可行、经济。必要时,要进行分析比较,从施工技术水平和实际情况出发,选择先进、合理、可行、经济的施工方法和施工机械。

(5) 应满足工期、质量、成本和安全的要求

所选择的施工方法和施工机械应尽量满足缩短工期、提高工程质量、降低工程成本、确保施工安全的要求。

2. 主要分部分项工程施工方法和施工机械选择的内容

主要分部分项工程的施工方法和施工机械的选择,在建筑施工技术课程中已详细叙述,这里仅将其要点归纳如下:

(1) 土方工程

算土方开挖量,确定土方开挖方法、工作面宽度、放坡坡度、土壁支撑形式。

进行土方平衡调配,绘制平衡调配表。

选择土方工程施工所需机具的型号和数量。

选择排除地面水、地下水的方法,确定排水沟、集水井或井点布置,选择所需设备的型号和数量。

(2) 基础工程

浅基础施工中垫层、钢筋混凝土、基础墙砌筑的施工要点,选择所需机械的型号和数量。

地下室施工的防水要求,如施工缝的留置和处理等;大体积混凝土的浇筑要点、模板及支撑要求,选择所需机具型号和数量。

桩基础施工中桩的施工方法、灌注桩的施工方法及所需设备的型号和数量。

（3）砌筑工程

砌体的砌筑方式、砌筑方法及质量要求。

弹线及皮数杆的控制要求。

选择所需机具型号和数量。

（4）钢筋混凝土工程

确定模板类型及支模方法,进行模板支撑设计。

确定钢筋的加工、绑扎、焊接方法,选择所需机具型号和数量。

确定混凝土的搅拌、运输、浇筑、振捣、养护方法,施工缝的留置和处理,选择所需机具型号和数量。

确定预应力钢筋混凝土的施工方法,选择所需机具型号和数量。

（5）结构吊装工程

确定构件的预制、运输及堆放要求,选择所需机具型号和数量。

确定构件的吊装方法,选择所需机具型号和数量。

（6）屋面工程

确定屋面材料的运输方式,选择所需机具型号和数量。

确定各个层次的施工方法,选择所需机具型号和数量。

（7）装修工程

确定各种装修工程的做法及施工要点,有时需要做样板间。

确定材料运输方式、堆放位置。

选择所需机具型号和数量。

（8）现场垂直运输、水平运输及脚手架等的搭设

确定垂直运输及水平运输方式、布置位置、开行路线,选择垂直运输及水平运输机具型号和数量。

根据不同建筑类型,确定脚手架所用材料、搭设方法及安全网的挂设方法。

3. 多层砌体结构房屋施工方法的选择

这种房屋以砖砌体为竖向承重构件,以混凝土板、梁为水平承重构件。由于通常采用常规的、熟悉的施工方法,着重解决垂直运输及脚手架搭设等问题即可。材料吊装所需的机械,一般应根据结构特点、材料重量、数量及现场条件等因素综合考虑吊装机械的技术性能参数进行选择。为了便于砌墙操作,要从运输、堆放材料及工作面要求等方面选择脚手工具,一般选择钢管脚手架、木脚手架、竹脚手架、门式脚手架或碗扣式脚手架,也可选用里脚手砌墙和用吊篮脚手做外装修的方法。

4. 钢筋混凝土框架结构房屋施工方法的选择

根据这种建筑类型的特点,应着重考虑模板及支撑架的设计、钢筋混凝土的施工方法、脚手架及安全网的搭设、垂直运输设备的选择等问题。模板及支撑架应根据工程特点进行选择,一般可选用组合钢模板、大模板、爬模、台模、滑模等。采用组合钢模板时,应尽量先组装后安装,以提高效率。钢筋应采用先组装成骨架再安装的方法,以减少高空作业。混凝土

浇筑应采用泵送施工的方式,根据混凝土浇筑量选择输送泵;如采用现场搅拌混凝土,应减少吊次,加快浇筑速度。脚手架和安全网结合应考虑搭设,一般采用全封闭悬挑式钢管脚手架。垂直运输设备一般根据吊次和起重能力选择塔式起重机。此外,还应有外用电梯等,以便施工人员上下及材料的运输,一般选用双笼客货两用电梯。

此外,根据建筑节能的要求,还应考虑墙体保温的施工方法。

5. 装配式单层工业厂房施工方法的选择

这种厂房的构件预制和结构吊装是主导施工过程。构件预制(柱子、屋架等的现场制作)要与结构吊装一起综合考虑决定。柱子预制位置就是起吊位置,即采用就位预制。屋架也应尽量就位预制,否则采用扶直就位后再吊装。为节约场地和模板,还可采用重叠预制。结构吊装应着重考虑机械选择及其开行路线、吊装顺序、构件就位等问题,并拟定几种方法进行比较和选择,要求机械开行路线合理,尽量减少机械的停歇时间,避免吊装机械的二次进场。

8.2.11 各种管理计划

施工进度计划、质量计划、成本计划、职业健康安全与环境管理计划、资源需求计划分别参照相关模块。

施工准备工作计划应包括施工准备工作组织及时间安排、技术准备及编制质量计划、施工现场准备、作业队伍和管理人员的准备、物资准备、资金准备等内容。

风险管理计划应包括项目风险因素识别一览表、风险可能出现的概率及损失值估计、风险管理要点、风险防范对策和风险责任管理。

项目信息管理计划应包括与项目组织相适应的信息流通系统、信息中心的建立规划、项目管理软件的选择与使用规划、信息管理实施规划。

8.2.12 施工现场平面布置图

如果是建设项目或建筑群施工,应编制施工总平面图;如果是单位工程施工,应编制单位工程施工平面图。在该部分内容中,应说明施工现场情况、特点、施工现场平面布置的原则;确定现场管理的目标、原则、主要措施,施工平面图及其说明;在施工现场平面布置和施工现场管理规划中必须符合环境保护法、劳动保护法、城市管理规定、工程施工规范、文明现场标准等。

施工平面图设计是指结合拟建工程的施工特点和施工现场条件,按照一定的设计原则,对施工机械、施工道路、材料构件堆场、临时设施、水电管线等,进行平面的规划和布置。将布置方案绘制成图。

施工平面图是安排和布置施工现场的基本依据,是实现有组织、有计划和顺利进行施工的重要条件,也是施工现场文明施工的重要保证。因此,合理地、科学地规划施工平面图,并严格贯彻执行,加强督促和管理,不仅可以顺利地完成施工任务,还能提高施工效率和效益。

1. 施工平面图设计的原则

(1) 在确保施工安全以及使现场施工比较顺利进行的条件下,要布置紧凑,少占或不占农田,尽可能减少施工占地面积。

(2) 最大限度缩短场内运距,尽可能减少二次搬运。

(3) 在满足需要的前提下,减少临时设施的搭设。为了降低临时设施的费用,应尽量利用已有的或拟建的各种设施为施工服务;各种临时设施的布置,应便于生产和生活。

(4)各项布置内容,应符合劳动保护、技术安全、防火和防洪的要求。为此,机械设备的钢丝绳、缆风绳以及电缆、电线与管道等不应妨碍交通,应保证道路畅通;各种易燃库、棚(如木工、油毡、油料等)及沥青灶、化灰池应布置在下风向,并远离生活区;炸药、雷管要严格控制并由专人保管;根据工程具体情况,考虑各种劳保、安全、消防设施;在山区雨期施工时,应考虑防洪、排涝等措施,做到有备无患。

根据上述原则及施工现场的实际情况,尽可能进行多方案施工平面图设计,选择合理、安全、经济、可行的布置方案。

施工平面图设计的主要依据有建筑总平面图、施工图纸、现场地形图、水源和电源情况、施工场地情况、可利用的房屋及设施情况、自然条件和技术经济条件的调查资料、工程项目管理规划大纲、施工方案、施工进度计划和资源需求计划。

2. 施工平面图设计的内容

首先应该注意的是,建筑工程施工是一个复杂多变的过程,它随着工程施工的不断展开,需要规划和布置的内容也在发生变化。因此,在整个工程的不同施工阶段,施工现场布置的内容也各有侧重且在不断变化。所以,工程规模较大、结构复杂、工期较长的工程,应当按不同的施工阶段设计施工平面图,但要统筹兼顾。

规模不大的砌体结构和框架结构工程,由于工期不长,施工也不复杂,这些工程往往只考虑主要施工阶段,即主体结构施工阶段的施工平面布置,当然也要兼顾其他施工阶段的需要。

以单位工程为例,其施工平面图一般包括以下内容:

(1)单位工程施工区域范围内,已建的和拟建的地上的、地下的建筑物及构筑物的平面尺寸、位置,河流、湖泊等位置和尺寸以及指北针、风向玫瑰图等。

(2)拟建工程所需的起重机械、垂直运输设备、搅拌机械及其他机械的布置位置,起重机械开行的线路及方向等。

(3)施工道路的布置、现场出入口位置等。

(4)各种预制构件堆放及预制场地所需面积、布置位置;大宗材料堆场的面积、位置;仓库的面积和位置。

(5)临时设施的名称、面积、位置。

(6)临时供电、供水、供热等管线的布置;水源、电源、变压器位置确定;现场排水沟渠及排水方向的考虑。

(7)土方工程的弃土及取土地点等有关说明。

(8)劳动保护、安全、防火及防洪设施布置以及其他需要布置的内容。

3. 施工平面图的设计步骤

下面以单位工程为例,说明施工平面图的设计步骤。

(1)确定起重机械的位置

起重机械的位置直接影响仓库、材料堆场、砂浆和混凝土搅拌站、道路、水电线路的布置,因此,应首先予以考虑。

固定式垂直运输设备,例如井架、龙门架、施工电梯等,其布置应充分发挥起重机械的能力并使地面和楼面上的水平运距最小。应根据机械性能、建筑物的平面形状和大小、施工段的划分、房屋的高低分界、材料进场方向和道路情况而定。一般布置在靠现场较宽的一面，以便在运输设备附近堆放材料和构件。当建筑物各部位的高度相同时，布置在施工段的分界线附近；当建筑物各部位的高度不同时，布置在高低分界线处。这样布置的优点是楼面上各施工段水平运输互不干扰。若有可能，尽量选择布置在建筑的窗洞口处，以避免砌墙留槎，减少井架拆除后的修补工作。固定式起重运输设备中卷扬机的位置不应距离起重机过近，以便司机的视线能够看到起重机的整个升降过程。固定式塔式起重机的布置除了应注意安全上的问题以外，还应着重解决布置的位置问题。塔式起重机的安装位置，主要取决于建筑物的平面布置、形状、高度和吊装方法等。建筑物的平面应尽可能处于吊臂回转半径之内，以便直接将材料和构件运至任何施工地点，尽量避免出现"死角"。

（2）确定搅拌站、仓库和材料、构件堆场以及加工棚的位置

确定搅拌站、仓库和材料、构件堆场以及加工棚的位置，总的要求是既要使它们尽量靠近使用地点或将它们布置在起重机服务范围内，又要便于运输、装卸。

建筑物基础和第一施工层所用的材料，应该布置在建筑物的四周，但应与基槽（坑）边缘保持一定的安全距离，以免造成基槽（坑）土壁的塌方事故。

搅拌站、仓库、材料、构件，当采用固定式垂直运输设备时，应尽量靠近起重机布置，以缩短运距或减少二次搬运；当采用塔式起重机进行垂直运输时，应布置在塔式起重机的有效起重半径内；当采用无轨自行式起重机进行水平和垂直运输时，应沿起重机开行路线布置，且其位置应在起重臂的最大外伸长度范围内。

预制构件的堆放位置还要考虑吊装顺序。先吊的放在上面，后吊的放在下面，预制构件的进场时间与吊装就位密切配合，力求直接卸到其就位位置，避免二次搬运。

砂、石堆场及水泥仓库应布置在搅拌站附近，同时搅拌站的位置还应考虑到这些大宗材料运输和装卸的方便。

当多种材料同时布置时，对大宗的、重大的和先期使用的材料，应尽量布置在起重机附近；少量的、轻的和后期使用的材料，则可布置得稍远一些。

加工棚的位置可考虑布置在建筑物四周稍远的地方，但应有一定的场地堆放木材、钢筋和成品。石灰仓库和淋灰池的位置要接近砂浆搅拌站并在下风向；沥青堆场及熬制锅的位置要远离易燃仓库或堆场，并布置在下风向。

（3）现场运输道路的布置

现场运输道路的布置主要解决运输和消防两个问题。现场主要道路应尽可能利用永久性道路的路面或路基，以节约费用。现场道路布置时要保证行驶畅通，使运输工具有回转的可能性。因此，运输线路最好绕建筑物布置成环形道路，道路宽度大于 3.5 m。

（4）临时设施的布置

施工现场的临时设施可分为生产性与非生产性两大类。布置临时设施，应遵循使用方便、有利于施工、尽量合并搭建、符合防火安全的原则；同时结合现场地形和条件、施工道路的规划等因素考虑它们的布置。各种临时设施均不能布置在拟建工程（或后续开工工程）、拟建地下管沟、取土、弃土等地点。

各种临时设施尽可能采用活动式、装拆式结构或就地取材。警卫传达室应设在现场出入口处，办公室应靠近施工现场。生产性与非生产性设施应有所区分，不要互相干扰。

（5）水、电管网的布置

施工用临时给水管，一般由建设单位的干管或施工用干管接到用水地点。有枝状、环状和混合状等布置方式，应根据工程实际情况，从经济和保证供水两个方面考虑其布置方式。管径的大小、龙头数目根据工程规模由计算确定。管道可埋置于地下，也可铺设在地面，视气温情况和使用期限而定。工地内要设消防栓，消防栓距离建筑物应不小于 5 m，也不应大于 25 m，距离路边不大于 2 m。条件允许时，可利用城市或建设单位的永久消防设施。有时，为了防止供水的意外中断，可在建筑物附近设置简易蓄水池，储存一定数量的生产和消防用水。水压不足时，尚应设置高压水泵。

施工中的临时供电，应在施工总平面图中一并考虑。只有独立的单位工程施工时，才根据计算出的现场用电量选用变压器或由建设单位原有变压器供电。变压器的位置应布置在现场边缘高压线接入处，离地面应大于 3 m，四周设有防护栏，并设有明显的标志，注意不要把变压器布置在交通要道出入口处。现场导线宜采用绝缘线架空或埋地电缆布置。

8.2.13　项目目标控制措施

施工项目目标控制措施应针对目标需要进行制定，具体包括保证进度目标的措施、保证质量目标的措施、保证职工健康安全目标的措施、保证成本目标的措施、保证季节性施工的措施、保护环境的措施和文明施工措施。各项措施包括技术措施、组织措施、经济措施及合同措施。

8.2.14　技术经济指标

技术经济指标应根据施工项目的特点选定有代表性的指标，且应突出实施难点和对策，以满足分析评价和持续改进的需要。技术经济指标的计算与分析应包括以下内容：

1. 规划的技术经济指标

（1）进度方面的指标：总工期。

（2）质量方面的指标：工程整体质量标准、分部分项工程质量标准。

（3）成本方面的指标：工程总造价或总成本、单位工程量成本、成本降低率。

（4）资源消耗方面的指标：总用工量、单位工程用工量、平均劳动力投入量、高峰人数、劳动力不均衡系数、主要材料消耗量及节约量、主要大型机械使用数量及台班量。

（5）其他指标：施工机械化水平等。

2. 规划指标水平高低的分析与评价

根据施工项目管理实施规划列出的规划指标，对各项指标的水平高低作出分析与评价。

3. 实施难点的对策

根据技术经济指标要求，采取技术、经济、合同、组织等措施。

8.3　××实验楼工程项目管理实施规划案例

8.3.1　主要编制依据

施工合同：××实验大楼建设工程施工合同。

施工图：封面及设计组成、总平面布置图、建筑施工图、结构施工图、给排水施工图、暖通施工图、电气施工图。

有关法律法规；相关规程、规范，相关图集，相关标准。

8.3.2 工程概况

1. 工程建设概况

相关组织及合同见表8-2。

表8-2 相关组织及合同

工程名称	××实验大楼	地理位置	××市知春路63号
建设单位	××制造厂	设计单位	××工程设计研究总院
勘察单位	××工程公司	监理单位	××监理有限公司
监督单位	××市建设工程质量监督总站		
施工总承包单位	××建设工程有限公司		
施工外分包单位	××电梯有限公司等		
合同范围	施工图中全部	投资性质	自筹
合同质量目标	优良	合同性质	自筹
合同工期	总工期：630日历天；开工日期：2000年2月28日；竣工日期：2001年11月18日		

2. 建筑设计概况

建筑设计概况见表8-3。

表8-3 建筑设计概况

总建筑面积	29 052 m²	地下部分面积	3773 m³	用地面积	7949 m²
		地上部分面积	25 279 m²	基底面积	1716 m²
层数	地上部分 共16层	±0.00标高	+51.70 m	基础埋深	−10.75 m
	地下部分 共2层	设计室外地坪	−0.30 m	檐口高度	59.65 m
建筑防水设计	地下室		结构混凝土自防水P8抗渗；弹性体SBS改性沥青防水卷材（Ⅱ＋Ⅲ型复合胎基）		
	屋 面		弹性体SBS改性沥青防水卷材（Ⅱ＋Ⅲ型复合胎基）		
	卫生间、开水间		1.5 mm厚非焦油聚氨酯涂膜防水层		
建筑人防设计	本工程设六级人防物资库，设有人防专用通道，地面设防倒塌棚架；钢筋混凝土防护密闭门，密闭门与外界隔开，扩散室进、排风道直通地面				
外装修	以米黄色面砖及芝麻红花岗石为主基调，银灰色单反射镀膜中空玻璃铝合金窗，中间镶嵌银灰色铝板，芝麻红花岗石小饰件点缀				

内装修	大厅、展览厅、电梯厅、公共走道、卫生间、楼梯间地面均为磨光花岗石,开水间、垃圾间等地面铺贴防滑地砖,科研试验区为水泥地面上铺地毯; 大厅、电梯厅、公共走道为花岗石墙面,卫生间、开水间墙面镶贴釉面砖,其他为耐擦洗涂料墙面; 大厅采用金属吊顶板装饰,电梯厅为石膏板吊顶,公共走道、科研试验区、展览厅、垃圾间等采用硅钙石膏板吊顶,其他均为耐擦洗涂料顶棚
屋　面	三层、十六层上人屋面铺贴 100 mm×100 mm 玻化通体方块砖; 不上人屋面为防水卷材料涂银灰色着色剂保护层

3. 结构设计概况

结构设计概况见表 8-4。

4. 专业设计概况(略)

表 8-4　结构设计概况

地下室结构	结构参数		混凝土强度等级	备　注
垫层	厚度：100 mm		C15	结构混凝土属Ⅱ类工程
基础	平板筏基,底板厚度：1500 mm		C35,P8 抗渗	
外墙	厚度：350 mm		C40,P8 抗渗	
内墙	厚度：250,300,350,500 mm		C40	
梁板	井字梁结构,框架梁：800 mm×800 mm,800 mm×700 mm; 非框架梁：300 mm×700 mm,250 mm×600 mm; 板厚：250,200 mm		C35,其中地下二层顶板、梁为 P8 抗渗	
柱	1100 mm×1100 mm、800 mm×800 mm		C40,边柱抗渗同外墙	
地上部分	结构形式 框架简体	结构参数	混凝土强度等级	备　注
框架柱	一～三层	1100 mm×1100 mm,1000 mm×1000 mm,800 mm×800 mm	C40	结构混凝土属Ⅰ类工程
	四～八层	1000 mm×1000 mm,800 mm×800 mm	C35	
	九～十二层	900 mm×900 mm,700 mm×700 mm	C30	
	十三层以上	900 mm×900 mm,700 mm×700 mm	C25	
梁、板	一～三层	框架梁：800 mm×600 mm; 井字梁：250 mm×500 mm; 板厚：90(标准层),100,120,150 mm	C35	
	四～八层		C30	
	九层以上		C25	
简体墙	200,250,300,350 mm		同框架柱	
剪力墙一级防震、框架二级防震				

8.3.3　施工部署

1. 工程施工目标

工程施工目标见表 8-5。

表 8-5 工程施工目标

序号	项目	目标、指标
1	工期	开工日期：2000 年 2 月 28 日；竣工日期：2001 年 11 月 18 日
2	质量	创结构"优质工程"，竣工创"市优"，争创国家优质工程"鲁班奖"
3	成本	降低成本不低于 1.85%
4	安全	不发生重大伤亡事故，重伤事故率控制在 0.5‰以内，工伤事故率不超过 10‰
5	文明施工	确保市级文明安全施工现场

2. 施工组织

项目经理部领导班子由项目经理、主任工程师及 3 名副经理组成，主管技术、质量、生产、安全、经营、成本和行政管理工作，并负责工程的领导、指挥、协调、决策等重大事宜。具体安排如图 8-1 所示。

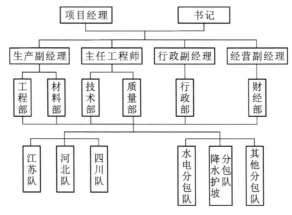

图 8-1 施工现场组织机构框图

项目经理对公司负责，其余人员对项目经理负责，项目经理部设 6 个职能部门。

（1）质量保证体系及分工

① 施工质量保证体系如图 8-2 所示。

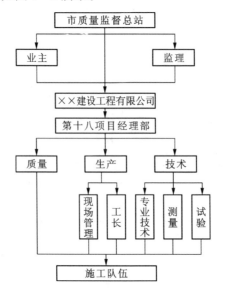

图 8-2 施工质量保证体系框图

② 质量管理领导小组。为了确保工程质量目标的实现,现场成立了质量管理领导小组,其组长由项目经理兼任,副组长2人(生产副经理与主任工程师),成员6人。

施工质量管理系统如图8-3所示。

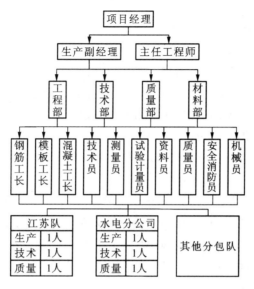

图8-3　施工质量管理系统框图

（2）任务划分

由项目经理部组织总承包管理和施工。承包范围为结构、装修、给排水、采暖、通风、电气等,项目部按专业进行分包,分包项目见表8-6。

表8-6　总包组织分包施工项目一览表

序号	分包单位	分包项目	分包类型	要　　求
1	××市地质基础工程公司	降水护坡工程	包工包料	各分包单位按照总承包的施工进度计划和各项管理要求组织施工,服从总承包统一协调,完成合同各项指标
2	××防水有限公司	防水工程	包工包料	
3	××第二建筑工程公司	结构施工	劳务分包	
4	××建筑装饰工程公司	砌筑及装修	劳务分包	
5	××公司水电分公司	设备安装工程	包工包料	
6	××消防保安技术有限公司	消防工程	包工包料	
7	××安防公司	弱电工程	包工包料	
8	××公司人防经理部	人防工程	包工包料	
9	××东芝电梯厂	电梯工程	包工包料	

（3）总包、分包协调

① 每周二上午召开监理例会,由建设单位、监理单位及项目经理部共同协调该工程的有关事宜。

② 项目经理部根据施工合同制定年度、月度及周进度计划,并转发给各分包单位,每日下午4:30组织各分包单位召开碰头会,总结当日及前一段时期进度、质量等方面的情况,并提出次日及下一步进度和质量要求。

(4) 劳动力组织

① 集结精干的施工队伍,组织好劳动力进场。根据结构特点、建设单位工期要求及项目部承诺条件,结合地区施工情况,合理组织一支强有力的施工队伍进场。要求该队伍自身管理水平高,施工能力强,雨季不回家,既有利于施工生产的连续,又可保证工程的工期及施工质量。

② 做好职工的入场教育,搞好全员的各项交底工作。职工进场后利用一段时间进行入场教育,对职工大力宣传国家的法律、法规和各项规定以及我公司的各项规章制度,组织职工学习文明公约,让职工做文明市民。

③ 加强职工的职业健康安全教育,树立安全第一的意识,由安全员给职工上安全课,全体职工把安全工作当作头等大事来抓。

④ 落实各级人员的岗位责任制。对职工进行施工项目管理实施规划及各分部分项方案的集体交底工作,使全体职工都能掌握技术及质量标准;对关键部位除做详细交底外,还应做现场示范,促使操作工人理解"企业在我心中,质量在我手中"及"百年大计,质量第一"的内涵。

⑤ 结构施工期间、装修施工期间劳动力计划见表8-7。

⑥ 劳动力分布动态曲线如图8-4所示。

表8-7 结构施工、装修施工劳动力计划表

序号	结构施工劳动力计划			装修施工劳动力计划			备 注
	工 种	计划人数	进场时间	工 种	计划人数	进场时间	
1	壮 工	100	2000.1	抹灰工	100	2000.6	劳动力根据工程量大小安排进场
2	钢 筋 工	60	2000.1	油漆工	60	2000.6	
3	木 工	80	2000.1	木 工	90	2000.6	
4	混凝土工	40	2000.1	防水工	10	2000.6	
5	架 子 工	15	2000.3	电 工	25	2000.6	
6	防水工	15	2000.2	水暖工	40	2000.6	
7	塔式起重机司机	3	2000.2	电梯工	4	2000.6	
8	信 号 工	2	2000.2				
9	瓦 工	40	2000.1				
10	电气焊工	3	2000.1				

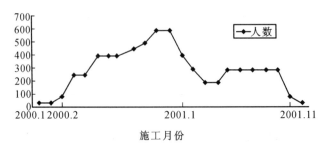

图8-4 劳动力分布

（5）主要项目工程量

为确保工程按计划正常有序地施工，根据进度计划，计算出主要项目的工程量，见表8-8。

表8-8　主要项目工程量一览

项　　　目		单位	数量	项　　　目		单位	数量
土方工程	开挖土方量	m²	24 000	砌体工程	红机砖	块	315 210
	回填土方量	m³	2500		陶粒混凝土砌块	m³	1983
防水工程	地下室	m²	4300	精装修工程	内装修	花岗石	m²	14 485
	屋面	m²	1850			吊顶	m²	25 636
	卫生间、开水间	m²	457			瓷砖	m²	7980
混凝土工程	地下室	m³	4500(抗渗)/1550			涂料	m²	64 407
	地上部分	m³	9830		外装修	花岗石	m²	1823
钢筋工程	地下室	t	1130			玻化砖	m²	10 087
	地上部分	t	1835			铝合金窗	m²	3308

（6）主要材料计划（略）

（7）主要机械计划

根据进度计划制定机械需用计划，及时组织好施工机械的进场就位，并检查保养一遍，使设备完好率达到90%以上。

（8）施工程序及验收安排

① 结构工程本着先地下、后地上的原则组织施工。结构施工分三步进行验收，基础结构及主体结构第一层至第三层验收为第一次；主体结构第四层至第十层验收为第二次；第十一层（含）以上验收为第三次。

② 每次结构验收合格后及时插入二次结构、初装修及专业干管安装等施工，精装修工程提前插入。单位工程竣工验收日期为2001年11月18日。

8.3.4　施工方案

1. 流水段划分

流水段划分既要考虑现浇混凝土工程的模板配置数量、周转次数及每日混凝土的浇筑量，也要考虑流水段材料和工程量的均衡程度，塔式起重机每台班的效率，具体流水段划分（如图8-5）规则如下。

（1）底板整体一次性施工，不分流水段。

（2）地下室竖向分为5个流水段，其中筒体为一个单独流水段；水平分为两个流水段。

（3）主体结构竖向分为3个流水段，其中筒体为一个单独流水段；水平分为两个流水段。

地下室、首层、第十六层及地上筒体段结构施工，先施工墙、柱分项，后施工梁、板分项；主体结构其余层除筒体段外，结构墙、柱与梁、板混凝土一次性浇筑，其中筒体段先施工。

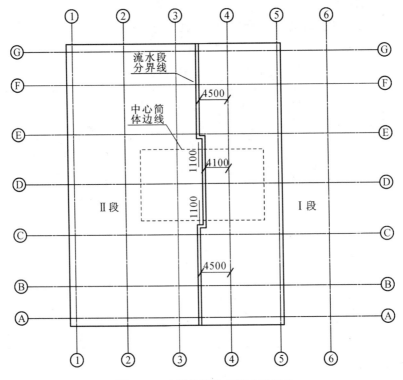

图 8-5　水平结构施工流水段划分

2. 施工顺序

(1) 基础工程

测量放线——基坑降水、支护——土方开挖、护坡——钎探、验槽——混凝土垫层——防水保护墙砌筑——底板防水及保护层——底板钢筋绑扎、柱墙体插筋——底板导墙模板——底板混凝土——墙柱放线——墙柱钢筋——水电预留、预埋——墙、柱模板——墙柱混凝土——拆模养护——标高放线——梁、板模板——梁、板钢筋——水电预留、预埋——梁、板混凝土——养护——外墙防水——防水保护层——基础土方回填。

(2) 主体工程

测量放线——墙柱钢筋——水电预留、预埋——墙、柱模板——墙、柱混凝土——拆模养护——标高放线——梁、板模板——梁、板钢筋——水电预留、预埋——梁、板混凝土——养护。

(3) 装修工程

测量放线——二次结构砌筑、屋面防水完成——立门窗口——内墙抹灰——楼地面——设备安装——门窗扇安装——墙面踢脚——吊顶——涂料——地面面层——油漆。

3. 主要项目施工方法

1) 测量放线(略)

2) 降水和护坡工程

(1) 降水工程

根据勘测报告,采用自渗砂井体系降水,井径 400 mm,井深 18 m,25 m(每隔 2 个孔设 1 个),每隔 5 个孔设 1 个观测孔,以备降水效果不理想时抽水引渗,井距为 5.0 m。

（2）护坡工程

根据场地周围情况，东侧为热力管沟，距结构外墙 1.6 m，西侧水泵房距结构外墙 1.8 m，考虑现场场地情况，在建筑物东、南、西三侧采用护坡桩支护，肥槽按 45 cm 考虑。主楼北侧采用土钉墙(1：0.3 放坡)围护。汽车坡道处施工采用土钉墙护坡，坡度 1：0.15～1：0.3。

护坡桩桩径 600 mm，桩长 12.55 m，桩距 1.3 m，连梁顶标高－1.20 m（连梁尺寸 600 mm×400 mm），设一道预应力锚杆，位于－4.00 m 处，两桩一锚，倾斜角 15°连梁以上砌 240 mm 砖墙(75°倾角)，每隔 3 m 设 370 mm 砖垛，回填土密实，砖墙上返 300 mm。

土钉墙按 1：0.3 放坡，土钉直径 110 mm，倾角 10°，面层 8～10 cm 厚 C20 混凝土，注浆水灰比 1：0.5，压力为 0.3～0.5 MPa。

地下室降水可能引起地面沉降和支护位移，故在变形影响范围之外设观测基准点，在护坡桩连梁上每侧设三点，按"一稳定，三固定"原则定期进行观测，发现问题及时上报，以便采取有效措施，观测至地下室施工完毕止。

具体详见基坑降水支护方案。

4. 土方工程

1）土方开挖

本工程土方开挖分两次，主楼部分为第一次，汽车坡道处为第二次（待主楼结构完成以后）。主楼拟采用一台 1.6 m³ 日本小松反铲挖土机进行土方开挖，开挖分三步进行，第一步保证帽梁施工，第二步至锚杆下 1.5 m，第三步至－10.45 m，剩余 30 cm 由人工清槽，桩间土用人工剔除喷射混凝土护壁。

土方开挖必须在地下水位降至基底标高 0.5 m 以下进行，机械施工严禁撞击桩体与锚头，土方外运配 10～15 辆自卸卡车。

第二次开挖采用机械配合人工，按弧形车道底板标高由深至浅依次进行，对于超挖部分回填与垫层相同的混凝土至设计标高。

钎探采用测绘局指定的标准穿心锤，钎探点以梅花形布置，钎探深度 1.5 m，随钎探随覆盖，并做好记录，请甲方、监理、设计、勘察、监督站等有关单位联合验槽，遇有持力层或与勘察不符的及时与有关方面制定地基处理方案，进行地基处理，经检查合格后方可进行下道工序。

2）土方回填

本工程建筑物北侧肥槽距结构外表面 800(底)～1800 mm(顶)范围内用 2：8 灰土回填，其余部分用素土回填；东、南、西三面全部采用 2：8 灰土回填。

回填土采用黏土或粉质黏土，过 15 mm 孔径筛，白灰用充分熟透的石灰并过 5 mm 孔径筛。

灰土、素土在筛拌时严格控制含水率，达到手握成团、落地开花程度，回填分层厚度为 200～250 mm，采用蛙夯机夯实，每层夯打四遍，蛙夯不能夯打的边角由人力夯实。

回填土密实度应达到规范要求的 93%，环刀取样部位在该层厚度的 2/3 处。

5. 垫层混凝土(略)

6. 防水工程

（1）本工程地下室防水为结构混凝土自防水 P8 抗渗，SBS(Ⅱ＋Ⅲ型)复合胎基改性沥青防水卷材双重设防,东、南、西三面为内贴法结合外贴法,北侧为外贴法,热熔法施工。

搭接宽度短边不小于 150 mm,长边不小于 100 mm。第一层与第二层接缝错开不小于 1/3 幅宽。东、南、西外墙防水分四步完成,第一步底板及导墙,第二步地下二层外墙,第三、四步地下一层外墙,其中第四步为外贴法。考虑建筑物沉降,第一步立面防水采用点粘,其余为满粘。

(2)屋面防水采用 SBS 复合胎基改性沥青防水卷材,热熔法施工。

(3)厕浴间防水采用 1.5 mm 厚聚氨酯涂料,阴阳角处附加层采用粘贴玻璃无纺布,防水层上卷 250 mm 高。

(4)屋面防水及厕浴间防水施工完成后,需进行 48 h 的蓄水试验。

具体详见防水施工方案。

7. 钢筋工程(略)

8. 模板工程(略)

9. 混凝土工程

混凝土工程应在钢筋、模板等施工完毕,并经检查验收合格后方可进行。本工程全部采用预拌(商品)混凝土,梁、板、墙体采用泵送,柱采用塔式起重机吊运,盲区搭设溜槽。地下一层墙体分两次浇筑。

墙体(除梁柱接头处)混凝土浇筑高度均高于板底 30 mm,剔除浮浆层,施工缝处理必须保证混凝土强度达到 1.2 MPa 后进行。

(1)选择供应商,考查运距能否满足施工需求及混凝土质量;随时抽检搅拌站后台计量、原材料等,确保供应质量;签订供货合同时,由技术部门提供具体供应时间、混凝土强度等级、所需车辆及其间隔时间,特殊要求如抗渗、防冻、入模温度、坍落度、水泥及预防混凝土碱骨料反应所需资料等。

本工程地下室属于Ⅱ类工程,预拌混凝土供应商应编制预防混凝土碱骨料反应的技术措施,必须确保 20 年内不发生混凝土碱骨料反应损害;浇筑每部位混凝土前预先上报配合比及所选各种材料的产地、碱活性等级、各项指标检测及混凝土碱含量的评估结果。

(2)进场后抽验每个台班不少于两次,或对混凝土质量产生怀疑的罐车坍落度做好记录,不满足要求一律予以退场。现场严禁加水,如气温过高,与搅拌站协商加入适量减水剂。

(3)试块制作。常温时制作 28 d 标养试块、同条件试块(顶板、墙体均制作一组同条件试块,作为拆模依据)。同条件试块置于现场带笆加锁铁笼中做好标记同条件养护。在冬期施工中除常温试块外,增加抗冻临界强度和冬期施工转常温试块,依据测温记录用成熟度法计算混凝土强度增长,随时采取措施控制。抗渗混凝土留置两组试块,一组标养,一组同条件养护。

(4)施工缝留置严格按现行《混凝土结构施工及验收规范》执行,其中楼梯施工缝留置位置在所在楼层休息平台、上跑(去上一层)楼梯踏步及临侧墙宽度范围之内,另一方向为休息平台宽度的 1/3 处。

(5)柱墙与板交接部分均先浇筑 50~100 mm 厚同配比无石子砂浆,不得遗漏。

(6)墙柱混凝土下灰高度根据现场使用振捣棒(50 棒或 30 棒)而定,为振捣棒有效长度的 1.25 倍,洞口两侧混凝土高度保持一致,必须同时振捣,以防止洞口变形,大洞口下部模板应开口补充振捣,封闭洞口留设透气孔。

(7) 严格控制顶板混凝土浇筑厚度及找平,以便于墙柱模板支立。混凝土浇筑完毕及浇筑过程中设专人清理落地灰及沾污成品上的混凝土颗粒(配水管接消防立管)。

(8) 底板大体积混凝土施工优选混凝土原材料、配合比、外加剂,分层浇筑,根据气温采用塑料薄膜及阻燃草纤被覆盖,防止温差引起收缩裂缝。

材料选用:水泥选用矿渣硅酸盐水泥,粗骨料选用连续级配好的石子,采用热膨胀系数较低而强度较高未风化的石灰岩石子。砂石含泥量控制在 1% 以内,部分不足的选用碎石或卵石,石子中针片状颗粒含量控制在 15% 以内。细骨料采用不含有机质的中粗砂。

外加剂具体由预拌混凝土供应商选择,但必须保证混凝土的质量要求。

10. 二次结构

(1) 设一部双笼外用电梯,解决垂直运输问题。

(2) 二次结构工程包括框架填充墙、房间内隔墙用陶粒混凝土空心砌块砌筑,砌块强度等级 MU2.0,密度不大于 $0.8t/m^3$,混合砂浆强度等级 M5,构造柱、圈梁、过梁、腰带、抱框混凝土强度等级 C20。

(3) 门窗洞顶设混凝土过梁,梁宽同墙宽,钢筋端部采用膨胀螺栓与柱连接。

(4) 在墙转角处、沿墙长每隔 4 m、门窗洞两侧设置构造柱,构造柱钢筋上、下端通过膨胀螺栓与上、下梁板连接。

(5) 外墙窗台处及窗顶各设一道腰带(连带过梁),沿外墙全长设置。

(6) 砌体灰缝应横平竖直,灰缝饱满,水平灰缝砂浆饱满度不低于 90%,竖缝砂浆饱满度不低于 80%。填充墙砌至梁、板底附近后,留出一皮砌块高度,待砌体沉实后再用红机砖斜砌法把下部砌体与上部梁板间用砌块砌紧、顶实。

11. 屋面工程

1) 施工顺序

焦砟找坡层——保温层——找平层——SBS 防水层——保护层——镶贴面砖。

2) 屋面防水层

(1) 防水层下各层必须办完隐蔽检查手续,合格后方可进行防水施工。

(2) 基层处理干净后,涂刷基层处理剂,涂刷均匀,不得有遗漏和麻点等缺陷。

(3) 附加层施工:女儿墙、水落口、管根、阴阳角等细部先做附加层,必须粘接牢固。

(4) 大面积施工防水层:先弹好标准线,用汽油喷灯将卷材一端固定在基层,喷枪距离交接处 30 cm,边烤边缓慢地滚铺卷材。

(5) 卷材搭接长度长边为 100 mm,短边为 150 mm,错开 1/2 宽,操作同第一层。

(6) 防水层黏结牢固,无空鼓、损伤、翘边、起泡、皱折等缺陷,末端黏结封严,

(7) 屋面防水层做好后,做 48 h 蓄水试验检查有无渗漏现象。

12. 脚手架工程

(1) 基础施工阶段:在四周渗水井外侧 50 cm 处设立不低于 1.2 m 的防护栏杆,在基坑东南角搭设临时梯子。

(2) 主体结构及装修施工阶段:沿结构周边距建筑物外边线 330 mm(一至三层为 400 mm)搭设双排扣件式钢管脚手架,地面起 36.9 m 高度内采用双排双立杆形式,其上采用双排单立杆形式。脚手架立杆纵距 1.5 m,大横杆间距 1.2 m,小横杆间距 0.75 m。剪刀

撑每 5 根立杆设置一道,倾角为 45°～60°。脚手架与柱刚性连接,采用双杆箍柱式横向拉结,逢柱必抱,在六、十二层两次卸荷。所有立杆金属底座下垫 50 mm 厚通长脚手板,基土夯实密度达到设计要求。脚手架外立杆内侧挂密目安全网封严,架子顶部高出屋面最高处 1.2 m。在结构的南侧搭设人行马道一座,东北角设一部外用电梯。装修时亦使用此脚手架。

(3) 设计计算书(略)。

13. 门窗工程

(1) 铝合金门窗安装工艺顺序:弹线找规矩——门窗洞口处理——防腐处理及埋设连接铁件——铝合金门窗拆包、检查——门窗框就位和临时固定——检查框位合格——固定门窗框——门窗扇安装——门窗口周边堵缝(嵌填密封膏)——清理——安装五金配件——安装门窗纱扇密封条。

(2) 成品保护:所有门必须在室内湿作业完成 10 d 后方能开始安装,装好后用保护胶带、塑料薄膜贴封遮盖严,以防污染。

14. 装修工程

(1) 进入装修阶段时先编制内外装修方案,经审批后方可遵照方案实施,施工中先制作样板间,以样板引路,然后大面积展开施工。

(2) 为缩短工期,装修与结构采用立体交叉作业,自下而上相继插入隔墙、抹灰、地面、墙面、水电及油漆涂刷。

(3) 内、外装修施工(略)。

8.3.5 施工进度计划

本工程定额工期为 820 日历天,合同工期为 630 日历天(其中不含降水、护坡时间),开工日期 2000 年 2 月 28 日,地下室工程 120 日历天,主体结构 180 日历天,装修工程 330 日历天,2001 年 11 月 18 日竣工交付使用。设备安装工程的管线预留、预埋、安装等穿插在土建施工中。施工中,土建专业要安排月、周进度计划,其他专业要随其安排相应的计划。

8.3.6 施工准备工作计划

1. 技术准备

1) 熟悉和审查施工图纸,组织图纸会审

合同签订后,由技术部门向建设单位领取各专业图纸,由资料员负责施工图纸的收发,并建立管理台账。

由主任工程师组织工程技术人员认真审图,做好图纸会审的前期工作,针对有关施工技术和图纸存在的疑点做好记录。

工程开工前及时与业主、设计单位联系,做好设计交底及图纸会审工作。

2) 准备与本工程有关的规程、规范、图集

根据施工图纸,准备与本工程相关的规范、规程及有关图集,并分发给项目经理部相关人员。

3) 测量准备工作

测量人员根据建设单位提供的水准点高程及坐标位置,做好工程控制网桩的测量定位,

同时做好定位桩的闭合复测工作,并做好标记加以保护。

4) 了解地下管网及周围环境

工程技术人员认真了解地下管网及周围环境情况,明确其具体位置和深(高)度。

5) 器具配置

根据需要配置测量器具和试验器具。

6) 技术工作计划

(1) 技术工作计划内容

根据工程特点,经过详细的技术论证,按期编制缜密、合理的施工项目管理实施规划及各分项工程施工方案,要求施工项目管理实施规划和施工方案必须经审批后实施,技术交底及时准确并有针对性。编制内容包括施工项目管理实施规划、项目质量计划、钢筋工程方案、模板设计方案、混凝土施工方案、基坑降水支护方案、土方施工方案、防水施工方案、临时用水施工方案、临时用电施工方案、塔式起重机方案、测量方案、试验方案、计量器具选用方案、脚手架及防护体系施工方案、技术资料目标设计、成品保护方案、现场文明施工方案、环境管理方案、现场消防保卫方案、水电工程施工方案、雨期施工方案、冬期施工方案和装修装饰施工方案。

(2) 试验工作计划

根据工程情况,及时计算各种原材料、成品及半成品的用量,按有关的规范、标准进行试验工作。主要试验项目有混凝土、钢筋、钢筋连接、防水等。

(3) 样板工序、样板间计划

钢筋加工先做样板,验收合格后方可大批量加工;钢筋绑扎及模板支立设定样板墙与样板段,内装修设定样板间。

(4) 新技术、新材料、新工艺推广应用计划

根据工程的情况,结合市场的调查和研究,积极推广和应用"三新"项目达 20 类、25 项,严格执行集团科技示范工程的标准,并达到降低工程成本的目的。

7) 提前做好模板设计详图及钢筋放样工作

8) 做好各种材料进场计划

2. 现场准备

1) 施工道路及场地

做好现场三通一平,按城建集团 CIS 战略设置围墙,并进行美化装饰,做好邻近建筑物、道路等安全防护工作。

根据临水、临电设计方案,搞好施工现场临时用水、用电管线敷设工作;修建并硬化场地临时道路,搭设办公、生活、生产临时设施,搞好工程通信工作。

建筑物南侧在路基上铺 8 cm 碎石压实,面层做 100 mm 厚 C10 混凝土,顶标高 −0.45 m,做好排水;建筑物北侧利用现场路面平整找坡,上铺 100 mm 厚碎石压实,同样采用 100 mm 厚 C10 混凝土硬化面层。

2) 施工现场临时用水

(1) 水源

采用施工、生活和消防合一的供水方式,利用建筑物西侧甲方原有蓄水池,出口处设高压水泵,通过 DN100 的镀锌钢管提供临时用水水源。蓄水池的储水容积为 30 m³,原有蓄

水池内已设 DN100 的浮球阀,用来自动控制储水高度,高压水泵的控制采用手动控制系统。水管连接采用焊接方法,钢管的埋设深度为 800 mm。

(2) 用水量的计算(略)

(3) 消火栓的布置

在给水系统立管上焊接口径 65 mm 消火栓,并保证消防半径不大于 60 m。消火栓股数为 2 股,水枪喷嘴口径为 19 mm,选用 65 mm 口径的帆布水龙带三节。

现场周围布置有五处地下消火栓,已能满足消防要求,所以地下室至地上第三层均不设消火栓口,第四层至第十六层每隔一层设置消火栓口,以满足消防保护面积的要求,并适当减少灭火器的配置,栓口设置距地高度为 120 cm,栓口向外,出水方向垂直于墙面呈 90°。

3) 施工现场临时用电

在施工现场西北侧设 450kW 配电室,由甲方开闭所引入两路电缆,干线全部采用地埋方式,埋入深度 700 mm,采用三相五线制,现场共设 10 个分配电箱,以满足各部位机械及照明需要。

3. 协调场外工作,创造良好环境

(1) 制约和影响施工生产的因素很多,内部、外部的因素都有,特别是场外协调工作十分重要,项目工程部设专人联系,协调对外工作。

(2) 走访当地街道和居民委员会,并根据本市和建委的有关规定,征求街道和居民委员会的意见,合理调整和安排现场的施工计划,确保施工不扰民。

(3) 与消防保卫部门、环保部门、当地派出所取得联系,做好现场所需证件的办理工作,使施工纳入法制化、合理化轨道。

积极协调好建设单位、设计单位、监理单位及质量监督部门的关系,及时解决工程中出现的各种问题。

4. 施工过程通信联络(略)

5. 大型机械设施准备

(1) 反铲挖土机:用于基础土方开挖,2000 年 2 月 28 日进场,3 月 10 日退场。

(2) 主体结构施工选用 1 台 SIMMA GT187C2.5 塔式起重机,设置于建筑物北侧偏西位置,塔式起重机基础底标高与建筑物基础底板底标高相同,在基础垫层施工时浇筑,待强度达到要求后即立塔。

(3) 二次结构及装修施工时垂直运输采用 1 台 SCD200/200L 双笼电梯,设置于建筑物北侧⑤轴处,计划于结构施工至第十二层时开始支立。

6. 岗位培训(略)

7. 现场试验室准备

(1) 根据本工程结构情况及设计要求,建立一座试验室,内分 3 室,分别为标准养护室、放置试验器具及成型试件的操作间、供试验人员办公的值班室,健全试验管理制度。

(2) 标准养护室购置安装温度及湿度自控仪,降温及加湿采用淋水,升温采取加热器加热,以确保温度和湿度,试验室完全封闭,做好保温隔热处理,确保室内温度在 20±3 ℃范围内,湿度不小于 90%。养护室的试件必须上架,试验人员办公室必须配备桌椅、资料柜、资料盒、办公用具等。要保持仪器设备摆放整齐、房间整洁。

8.3.7　施工现场平面布置图

现场的围挡按城建集团 CIS 战略设置,临时道路硬化,办公、生活、生产临时设施布置紧凑。

主体结构施工时布置一台 SIMMA GT187C2.5 塔式起重机,设置于建筑物北侧偏西位置,臂长 55 m,塔式起重机大臂端部距离建筑物南侧 110 kV 高压电缆不小于 2 m,在基坑土方挖运完毕即开始立塔,保证地下室施工使用。装修施工时垂直运输采用 1 台双笼电梯,型号为 SCD200/200L,单笼载质量为 1000 kg,设置于建筑物北侧⑤轴处,计划于结构施工至第十二层时,开始支立。

现场东南角、东侧偏北处各设一个施工大门,由于建筑物离东侧、西侧围墙较近,约 3 m,故施工现场消防通道自身不能形成环路。现考虑利用东侧围墙外原有道路和西侧围墙外甲方院内道路作为临时消防通道,并与现场建筑物北侧形成消防回转道路。施工场地消防道路最窄处保证 3.5 m,总长约 300 m,现场消防通道设置指示牌,确保消防车昼夜通行,在施工现场较狭小的情况下,各种施工材料禁止占用消防通道。

施工现场建筑物南侧设置木工棚、钢筋加工棚及钢筋、木料堆场;在结构施工期间,北侧地下汽车坡道暂缓施工,作为大模板堆放区域。

除以上主要设施外,施工现场还设置职工食堂、项目经理部会议室、办公用房、材料库房、机械库房及其他必备的配套临时设施。

根据以上要求编制 3 个阶段施工平面布置图,其主体结构施工平面布置如图 8-6 所示。

8.3.8　项目目标控制措施

1. 技术管理措施

(1) 测量管理措施、试验管理措施、资料管理措施及目标设计(略)

(2) 技术节约措施

钢筋模板加工前坚持放样制度,减少返工。

钢筋现场加工充分利用下脚料。

拌灰砂浆中掺加粉煤灰以节约水泥。

合理划分流水段,加快施工进度,减少各项费用支出。

结构工程提高模板设计及施工质量,确保墙体预板不进行抹灰,减少材料用量及抹灰用工,确保结构混凝土清水化,减少剔凿用工及由此产生的材料浪费。

建筑垃圾粉碎后二次利用,减少材料浪费。

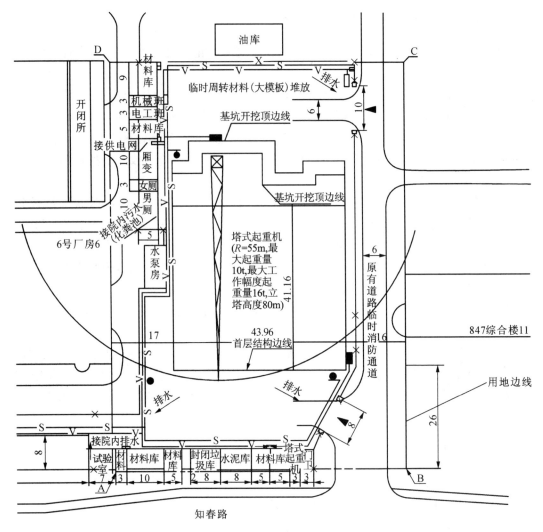

图 8-6　结构施工平面布置图

（3）其他技术管理措施

技术人员要熟悉图纸及施工规范，采取按工种定人、定岗、定质量的"三定"措施，掌握建筑物的各细部做法。

做好技术交底，并把交底内容传达到班组，现场跟班检查，使之贯彻执行。

按图纸编制材料使用计划，组织加工订货翻样小组，统一管理加工订货事项，执行加工订货验收工作。

采用网络计划控制施工，全面贯彻执行 ISO 9002 标准和质量保证模式，并按文件实施，实行栋号管理，达到优质工程。

加强计量工作的管理。计量员根据计量器具检测期限，及时做好检测工作，并在计量器具上做好标记，建立各种计量台账，保证各种计量设备有效运行。

大量采用建设部推广的 10 项新技术，由专人负责，并设奖励基金。本工程预计采用 25 项新技术。

2. 质量管理措施

1) 质量方针和目标

(1) 质量方针

质量为本,让顾客永远满意;精心施工,创建名牌产品;科学管理,赢得最佳信誉。

(2) 质量目标

分项工程质量一次合格率 100%,优良率 90%以上。

单位工程质量一次交验合格率 100%。

观感评分达到 90 分以上。

确保结构"优质工程",竣工创"市优",争创国家优质工程"鲁班奖"。搞好规范服务,做到三坚持:坚持管理制度化、坚持现场标准化、坚持服务规范化。建设精品工程,为用户优质服务。

2) 质量管理控制措施

成立质量控制体系,由主任工程师、质量部长、技术部长、工长、施工班组的专职质检员组成,质量控制体系对工程分项工序有否决权。

加强人的控制,发挥"人的因素第一"的主导作用,把人的控制作为全过程控制的重点。项目管理人员,根据职责分工,必须尽职尽责,做好本职工作,同时搞好团结协作,对不称职的管理人员及时调整;对外埠施工队伍严格进行施工资质审查,并进行考核上岗施工。在编制施工计划时,全面考虑各种因素对工程质量的影响和人与任务的平衡,防止发生人为事故。

加强施工生产和进度安排的控制。会同技术人员合理安排施工进度,在进度和质量发生矛盾时,进度服从于质量;合理安排劳动力,科学地进行施工调度,加强施工机具、设备管理,保证施工生产的需要。

加强材料和构配件的质量控制。原材料、成品、半成品的采购必须认真执行采购工作程序,建立合格供应商名册,并对供应商进行评价。凡采购到现场的物资,材料人员必须依据采购文件资料中规定的质量和申请计划进行验证,严把质量、数量、品种、规格验收关,必要时请有关技术、质检人员参加。

严格检查制度,所有施工过程都要按规定认真进行检验,未达到标准要求的必须返工,验收合格后才能转入下道工序。

自检:操作工人在施工中按分项工程质量检验评定标准进行自我检查,并由施工队专职质检员进行复核,合格后填写自检单报质检员,保证本班组完成的分项达到质量目标的要求,为下道工序创造良好的条件。

专检:在自检满足要求的基础上质检员和有关专业技术人员进行复查,合格后报监理验收。检查中要严格执行标准,一切用数据说话,确保分项工程质量。

交接检:各分项或上道工序经专检合格满足要求后,组织上、下工序负责人进行交接验收,并办理交接验收手续。

坚持样板引路制度。各道工序或各个分项在施工前必须做样板,由有关人员进行监控指导。样板完成后要由质检员和专业技术人员共同进行验收,满足要求后才能全面施工。对样板间和主要项目的样板,还必须经公司或上级有关部门检查验收后才能施工。

加强成品保护,指定专人负责。严格执行成品保护工作程序,采取"护、包、盖、封"的保护措施,并合理安排施工顺序,防止后道工序损坏或污染前道工序。

3. 工期保证措施

(1) 技术人员认真阅读图纸,制订出合理有效的施工方案,保证各工序在符合设计及施工规范的前提下进行,避免返工返修现象,以免影响工期。

(2) 在每道工序之前,技术人员根据图纸及时上报材料计划,保证在工序施工之前材料提前进场,杜绝因材料原因影响施工正常进行。

(3) 正确进行施工布置,工序衔接紧凑,劳动力安排合理,避免窝工现象。

(4) 制定详细的网络控制计划,分阶段设置控制点,将影响关键线路的各个分部分项工程进行分解,用小节点保大节点,从而保证总体进度计划顺利实现。

(5) 质检人员在工序施工过程中严格认真,细致检查,将一切质量隐患消灭在萌芽中,防止出现事后返工现象。

(6) ±0.000以上混凝土浇筑,采用地泵加布料杆的方式,使塔式起重机保证垂直运输需要。

(7) 采取切实可行的冬、雨期施工措施,连续施工,确保进度和质量。

4. 职业健康安全防护措施

(1) 建立健全职业健康安全组织机构并配备合格的安全员,制定各项安全管理措施,确保达到市级安全文明施工现场。

(2) 施工人员进入现场时必须进行三级安全教育,教育率达到100%。电工、电气焊工、架子工、信号工等特种作业人员必须经过专业培训,取得合格的证件后方允许操作,持证上岗率达到100%。

(3) 土方开挖要探明地下管网,防止发生意外事故,开挖过程中有专人监视基坑边的情况变化,防止发生塌方伤人。四周用钢管围护,立杆间距3.0 m,下埋500 mm,水平杆设三道,分别为扫地杆、腰杆、上杆,护栏高1.2 m,刷红、白双色油漆标志,夜间挂红灯示警。栏杆内侧挂密目网封闭,人员及物料上下设两个固定出入口并搭设马道。

(4) 楼层、屋面的孔洞,在1.5 m×1.5 m以下的预埋通长钢筋并加固定盖板;1.5 m×1.5 m以上的孔洞四周设两道护身杆,中间支挂水平安全网;电梯井口加设高度1.5 m的开启式金属防护门,井道内首层和首层以上每隔4层设一道水平安全网。

(5) 楼梯间搭设固定的钢管防护栏杆,随结构一直搭设到作业面,内设低压照明设备,防止因光线暗发生人身伤害。

(6) 本工程在南侧设置安全出入口,并在出入口搭设长6 m、宽度大于出入口两侧各1 m的防护棚,棚顶满铺50 mm厚的脚手板两层,两侧用密目网封严。临近道路一侧对人或物构成威胁的地方用钢管搭设防护棚,确保人和物的安全。

(7) 脚手架在搭设、使用和拆除过程中的安全措施详见脚手架及防护体系施工方案。

(8) 电梯司机必须身体健康(无心脏病和高血压病),并经训练合格。定期进行电梯技术检查和润滑,严禁电梯超载。班前、满载和架设时均应进行电机制动效果检查,记好当班记录,发现问题及时报告并查明解决。

5. 现场管理措施

(1) 场容管理措施

本工程现场管理目标为市级文明安全工地,为保证这一目标的实现,根据《市建设工程

施工现场管理规定实施细则》和集团公司《施工现场管理工作实施细则》的规定,场容管理采取以下措施:

本施工现场采用 240 mm 墙全封闭,墙高 2 m,围墙按集团公司 CIS 手册要求进行美化装饰,位于现场东南角的大门采用金属门扇,按 CIS 手册要求装饰。

现场大门口内设置集团统一样式的施工标牌,字体规范、内容完整。

现场大门内设置集团统一样式的"一图、两牌、四板",即施工平面布置图;安全记数牌,施工现场管理体系牌;安全生产管理制度板,消防保卫管理制度板,环境保护管理制度板,文明施工管理制度板。图、牌、板内容详细,针对性强,字迹工整、规范,保持完好。

施工现场的临时设施按集团公司的要求搭设,材质符合要求,宿舍高度 2.5 m 以上,一律采用上下铺钢架床,厕所设隔板和高位水箱,伙房设储藏间,PVC 板吊顶,瓷砖墙裙,配套式燃气灶。根据需要设洗浴间、理发室、图书室、娱乐室,配备相应设备。

施工区和生活区实行区域分离,建立卫生区管理责任制,挂牌显示,分片包干,责任到人,确保施工区和生活区整洁、文明、有序。

施工现场的所有料具构件按平面图指定的位置码放整齐,建筑物内外的零散碎料及时清理,悬挑结构不得堆放料具和杂物。施工现场禁止随地大小便。

施工现场建立和完善成品保护措施,对易损坏部位和成品、半成品采取必要的保护手段,确保成品完好。

现场的施工道路一律铺设混凝土路面,明沟排水,确保路面畅通,无积水。

按集团公司的要求建立健全 10 项内业管理资料,每月组织综合检查 3 次,发现问题随时纠正。

(2)文明施工管理措施

在工地四周的围挡、宿舍外墙书写反映集团意识、企业精神、时代风貌的标语。

现场内设阅报栏、劳动竞赛栏、黑板报,及时反映工地内外各类动态。

宿舍和活动场所挂贴首都市民文明公约,增强内外职工争当首都好市民的意识。

与住地居民搞好团结,开展文明共建活动,做到施工不扰民,争取周围群众的理解和支持。

8.3.9 主要经济技术指标

(1)工期

计划工期 630 天。

(2)质量目标

分项工程质量合格率 100%,优良率 90% 以上;分部工程质量合格率 100%,优良率 85% 以上。确保北京市结构"长城杯"及整体"长城杯",争创国家优质工程"鲁班奖"。

(3)安全指标

不发生重大伤亡事故,重伤事故频率控制在 0.5‰ 以内,工伤事故频率不超过 10‰。

(4)文明施工目标

现场达标,确保北京市市级文明安全施工现场。

(5)新技术应用目标

确保集团总公司科技示范工程二等奖以上。

（6）总耗工

8.5 工日/m^2。

（7）降低成本率及三材节约指标

降低成本不低于 1.85%。节约钢材 2.0%，节约木材 2.5%，节约水泥 1.5%。

模块小结

本模块主要介绍了项目管理规划大纲和项目管理实施规划编制的要求，并通过具体案例进行了示范。

实训练习

结合学院建设项目编制项目管理实施规划。

参考文献

[1] 全国一级建造师执业资格考试用书编写委员会.建设工程项目管理[M].北京：中国建筑工业出版社,2007.

[2] 丁王昭.工程项目管理[M].北京：中国建筑工业出版社,2006.

[3] 王辉.建筑施工项目管理[M].北京：机械工业出版社,2009.

[4] 韩国平.施工项目管理[M].南京：东南大学出版社,2006.

[5] 中国建设监理协会.建设工程进度控制[M].北京：中国建筑工业出版社,2008.

[6] 尹军,夏瀛.建筑施工组织与进度管理[M].北京：化学工业出版社,2005.

[7] 杨平,丁晓欣,赖芨宇,陶学明.工程合同管理[M].北京：人民交通出版社,2007.

[8] 刘伊生.建设工程招标与合同管理[M].北京：机械工业出版社,2007.

[9] 陈伟珂.工程项目风险管理[M].北京：人民交通出版社,2008.

[10] 危道军.建筑施工组织[M].北京：中国建筑工业出版社,2004.

[11] 蔡雪峰.建筑施工组织[M].武汉：武汉理工大学出版社,2002.

[12] 中华人民共和国建设部.GB/T 50326—2006 建设工程项目管理规范[S].北京：中国建筑工业出版社,2006.

[13] 关罡.建设行业项目经理继续教育教材[M].郑州：黄河水利出版社,2007.

[14] 田振郁.工程项目管理实用手册[M].北京：中国建筑工业出版社,2000.

[15] 丛培经.实用工程项目管理手册[M].北京：中国建筑工业出版社,1999.

[16] 蒲建明.建筑工程施工项目管理总论[M].北京：机械工业出版社,2003.

[17] 项建国.建筑工程施工项目管理[M].北京：中国建筑工业出版社,2005.

[18] 宫立鸣.工程项目管理[M].北京：化学工业出版社,2005.